O MAPA FANTASMA

Steven Johnson

O MAPA FANTASMA

Uma epidemia letal e a epopeia científica que transformou nossas cidades

Tradução:
Sérgio Lopes

Revisão técnica:
Luiz Antonio da Costa Sardinha
Hospital das Clínicas, Unicamp

ZAHAR

Às mulheres da minha vida: minha mãe e minhas irmãs,
pelo trabalho sensacional no campo da saúde pública;
Alexa, pelo Henry Whitehead que me deu de presente;
e Mame, por me apresentar a Londres muitos anos atrás...

Tradução autorizada da primeira edição norte-americana, publicada em 2006
por Riverhead Books, um membro de Penguin Group (USA) Inc., de Nova York, EUA

Grafia atualizada segundo o Acordo Ortográfico da Língua Portuguesa de 1990, que entrou em vigor no Brasil em 2009.

Título original:
The Ghost Map: The Story of London's Most Terrifying Epidemic – and How It Changed Science, Cities, and the Modern World

Capa e ilustração:
Filipa Damião Pinto | Foresti Design

Dados Internacionais de Catalogação na Publicação (CIP)
(Câmara Brasileira do Livro, SP, Brasil)

Johnson, Steven
O mapa fantasma: uma epidemia letal e a epopeia científica que transformou nossas cidades / Steven Johnson; tradução Sérgio Lopes; revisão técnica Luiz Antonio da Costa Sardinha. – 1ª ed. – Rio de Janeiro: Zahar, 2021.

Título original: The Ghost Map: The Story of London's Most Terrifying Epidemic – and How It Changed Science, Cities, and the Modern World.
Bibliografia.
ISBN 978-85-378-1893-0

1. Cólera (Doença) – História – Londres 2. Epidemias – História – Inglaterra – Londres 3. Londres – História – Século 19 4. Snow, John, 1813-1858 I. Lopes, Sérgio. II. Sardinha, Luiz Antonio da Costa. III. Título.

20-42851 CDD: 614.514

Índice para catálogo sistemático:
1. Cólera : Epidemia : História : Saúde pública 614.514
Cibele Maria Dias – Bibliotecária – CRB-8/9427

[2021]

EDITORA SCHWARCZ S.A.
Praça Floriano, 19, sala 3001 – Cinelândia
20031-050 – Rio de Janeiro – RJ
Telefone: (21) 3993-7510
www.companhiadasletras.com.br
www.blogdacompanhia.com.br
facebook.com/editorazahar
instagram.com/editorazahar
twitter.com/editorazahar

SUMÁRIO

Um quadro de Klee intitulado *Angelus novus* retrata um anjo que aparentemente está prestes a se afastar de algo que contempla. Seus olhos estão escancarados; sua boca, aberta; suas asas, desdobradas. Eis como é representado o anjo da história. Sua face está voltada para o passado. Onde identificamos uma cadeia de acontecimentos, ele vê uma catástrofe única que, sem cessar, acumula escombros e os lança diante de seus pés. O anjo almeja permanecer para despertar os mortos e reerguer as ruínas. Mas uma tempestade sopra desde o Paraíso e enfuna suas asas com tal violência que o anjo não mais pode cerrá-las. A tempestade o impele irremediavelmente para o futuro, para onde suas costas estão voltadas, enquanto a pilha de despojos à sua frente cresce em direção aos céus. Essa tempestade é o que chamamos progresso.

WALTER BENJAMIN, *Teses sobre a filosofia da história*

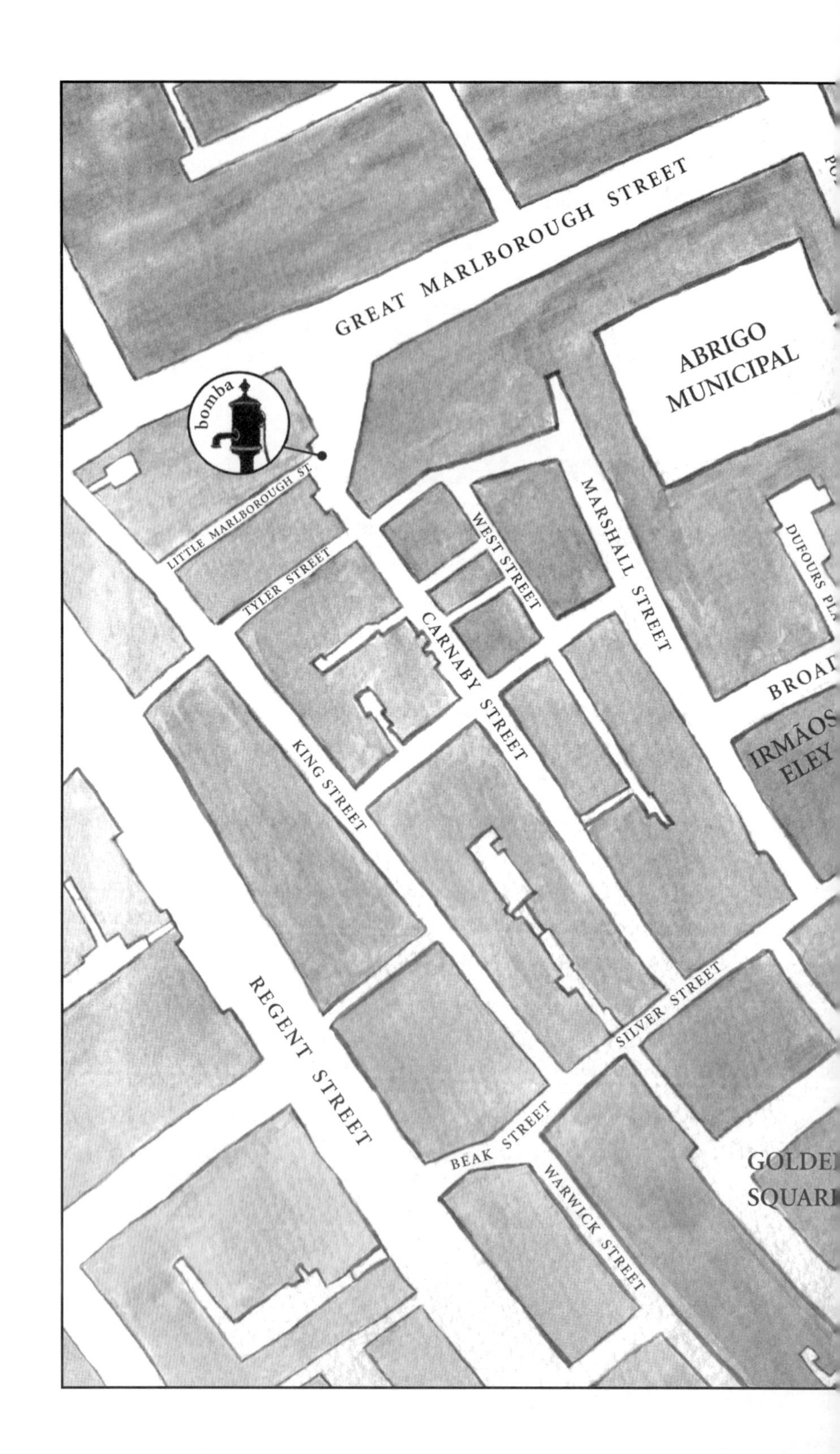
GREAT MARLBOROUGH STREET
ABRIGO MUNICIPAL
bomba
LITTLE MARLBOROUGH ST.
TYLER STREET
WEST STREET
MARSHALL STREET
CARNABY STREET
KING STREET
IRMÃOS ELEY
SILVER STREET
REGENT STREET
BEAK STREET
WARWICK STREET

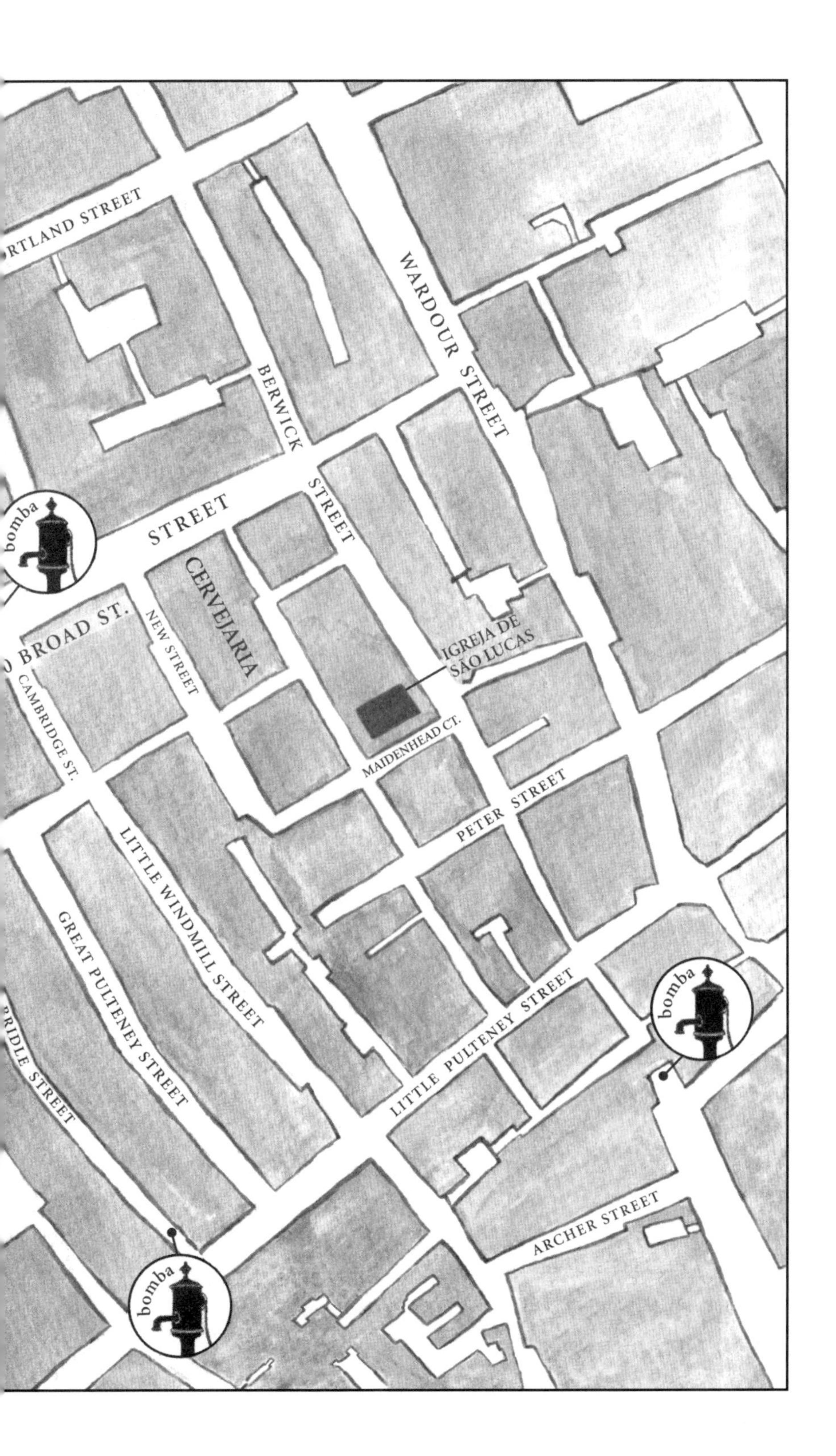
RTLAND STREET
WARDOUR STREET
BERWICK STREET
STREET
bomba
BROAD ST.
CERVEJARIA
NEW STREET
IGREJA DE SÃO LUCAS
CAMBRIDGE ST.
MAIDENHEAD CT.
PETER STREET
LITTLE WINDMILL STREET
GREAT PULTENEY STREET
BRIDLE STREET
LITTLE PULTENEY STREET
bomba
ARCHER STREET
bomba

Prefácio

ESTA É UMA HISTÓRIA com quatro protagonistas: uma bactéria letal, uma grande cidade e dois homens igualmente talentosos, mas muito diferentes. Em uma semana sombria, há mais de cento e cinquenta anos, suas vidas se defrontaram em meio ao imenso horror e sofrimento humano na Broad Street, extremo oeste do bairro do Soho.

Este livro é uma tentativa de narrar a história desse encontro de modo a fazer justiça aos múltiplos níveis de existência que ajudaram a moldá-la: do reino invisível das bactérias microscópicas à vastidão da metrópole de Londres, passando pela vida trágica, destemida e solidária de tantos indivíduos e pela extensão cultural de conceitos e ideologias. É a história de um mapa que se encontra na interseção de todos esses diferentes vetores, um mapa criado para ajudar a entender o sentido de uma experiência que desafiou a compreensão humana. É também um estudo de caso sobre como se dá a mudança na nossa sociedade; a maneira turbulenta por meio da qual ideias equivocadas e ineficientes são superadas por outras melhores. Mais do que qualquer outra coisa, no entanto, esta análise busca comprovar que aquela terrível semana é um dos momentos cruciais na invenção da vida moderna.

Limpadores de fossa

~ SEGUNDA-FEIRA, 28 DE AGOSTO

AGOSTO DE 1854. Londres é uma cidade de catadores de lixo, cujos nomes, isoladamente, soam hoje tal qual um estranho catálogo zoológico: catadores de ossos, de fezes, de ostras, junta-trapos, lameiros, exploradores de esgotos, lixeiros, limpadores de fossa, cata-velas, cata-bagulhos, varredores da costa. Eles eram as classes baixas de Londres, um contingente de no mínimo cem mil pessoas. Os catadores de lixo eram tão numerosos que, se tivessem resolvido fundar sua própria cidade, esta seria a quinta maior de toda a Inglaterra. Ainda mais notáveis que seu grande número, no entanto, eram a diversidade e a precisão de suas rotinas. Quem acordasse ao nascer do Sol e passasse furtivamente ao longo do Tâmisa veria os cata-bagulhos se arrastando em meio ao monturo que se acumulava na vazante, vestidos quase comicamente com seus casacos flutuantes de belbute, com os enormes bolsos abarrotados de pedaços de cobre recolhidos às margens do rio. No lusco-fusco da manhã, a fim de melhor enxergar, caminhavam com uma lanterna atada ao peito e empunhavam um comprido bastão que usavam para tatear o caminho e ajudá-los a sair quando atolavam na lama. O bastão e o brilho misterioso da lanterna luzindo através dos mantos davam-lhes o aspecto de magos maltrapilhos, que percorriam a margem enlameada do rio em busca de moedas mágicas. A seu redor, agitavam-se os lameiros, geralmente crianças vestidas em andrajos e contentes por limpar toda a sujeira que os cata-bagulhos menosprezavam: pedras de carvão, madeira velha, restos de corda.

Acima do rio, nas ruas da cidade, os catadores de fezes garantiam seu sustento com a coleta de excrementos de cachorros, enquanto os catadores de ossos procuravam carcaças de qualquer espécie. No subsolo, no restrito, mas crescente, sistema de canalização sob as ruas de Londres, os exploradores de esgotos se arrastavam em meio aos dejetos flutuantes da metrópole. De tempos em tempos, uma concentração de metano surpreendentemente densa se inflamava ao contato de uma lamparina de querosene e, em meio a um rio de águas fétidas, seis metros abaixo do chão, as chamas consumiam um daqueles desafortunados.

Os catadores de lixo, em outras palavras, viviam em um mundo de excremento e morte. No início de *Nosso amigo comum*, Dickens descreveu o encontro no Tâmisa de dois cata-bagulhos, pai e filha, com um cadáver flutuante, cujas moedas solenemente embolsam. "A que mundo pertence um homem morto?", pergunta retoricamente o pai, ao ser repreendido por um companheiro de ofício por pilhar um cadáver. "Ao outro mundo. E a que mundo pertence o dinheiro? A este." Embora não o explicite, o argumento de Dickens é o de que os dois mundos, o dos vivos e o dos mortos, passavam a coexistir nesses espaços marginais. O comércio florescente da grande cidade invocava sua contraparte: uma classe de fantasmas que de algum modo mimetiza os marcadores de status e as avaliações de prestígio do mundo material. Veja-se, por exemplo, a assombrosa precisão da rotina dos catadores de ossos, da forma como foi registrada em 1844 na obra pioneira de Henry Mayhew, *London Labour and the London Poor*:

> Em geral, o catador de ossos leva de sete a nove horas para percorrer seu itinerário/ durante esse tempo perfaz de trinta a cinquenta quilômetros, com um saco de até vinte e cinco quilos nas costas. Em geral, no verão, volta para casa em torno das onze horas da manhã e, no inverno, em torno da uma ou duas da tarde. Em casa, faz a seleção do conteúdo da sua bolsa. Separa os trapos dos ossos, e estes das sucatas (se tiver sorte de encontrar alguma). Divide os trapos em várias porções de acordo com a cor – brancos ou tingidos – e, caso tenha apanhado algum pedaço de lona ou pano de saco grosseiro, coloca-o igualmente em um lote à parte. Ao terminar a seleção,

leva as várias porções a uma loja de retalhos ou ao armazém do cais, a fim de auferir o que quer que valham. Pelos farrapos brancos, recebe de quatro a seis centavos por quilo, dependendo se estiverem limpos ou emporcalhados. É extremamente difícil encontrar farrapos brancos; em geral estão muito sujos e são, portanto, vendidos em conjunto com os tingidos a uma taxa de dois centavos por quilo.

Embora continuem a assombrar as cidades pós-industriais de hoje, os sem-teto raramente exibem a clareza profissional do comércio improvisado dos catadores de ossos, por duas razões básicas. Em primeiro lugar, salários mínimos e seguridade social são agora suficientemente substanciais para que não seja necessário apelar para a catação de lixo como meio de subsistência. (Onde os salários continuam baixos, revirar o lixo permanece sendo uma ocupação vital; como provam os *perpendadores* da Cidade do México.) Além disso, o comércio dos catadores de ossos entrou em decadência, pois a maioria das cidades modernas dispõe de elaborados sistemas de manejo do lixo gerado por sua população. (De fato, os catadores de latas de alumínio – que, na sociedade norte-americana, são os que mais se assemelham aos catadores de lixo vitorianos – se apoiam, para auferir seus rendimentos, justamente nesses sistemas de manejo.) Porém, em 1854, Londres era ainda uma metrópole vitoriana às voltas com uma infraestrutura pública elisabetana. A cidade era vasta até mesmo para os padrões de hoje, com dois milhões e meio de habitantes amontoados em uma área de cinquenta quilômetros de circunferência. No entanto, a maior parte das técnicas administrativas para esse tipo de densidade populacional, que hoje consideramos normais – centros de reciclagem, departamentos de saúde pública, remoção segura da água dos esgotos –, ainda não havia sido inventada.

E, assim, a própria cidade improvisou uma resposta – a bem da verdade, uma resposta orgânica e não planejada, mas que, ao mesmo tempo, se adaptava perfeitamente às necessidades de remoção de dejetos da população. À medida que se avolumavam o lixo e os excrementos, desenvolveu-se para os refugos um mercado informal, que se ancorava no comércio estabelecido. Surgiram especialistas, cada qual carreando zelosamente seus produtos para o local apropriado no comércio oficial:

os coletores de ossos vendiam seus produtos para cocção, os catadores de fezes vendiam o fruto de sua coleta para curtimento, no qual se empregava excremento de cachorro para livrar o couro do visgo que o embebia por semanas, a fim de remover o pelo dos animais. (Um processo considerado por muitos, como bem observou um curtidor, "a mais desagradável entre todas as manufaturas".)

Naturalmente, ficamos inclinados a considerar esses catadores de lixo figuras trágicas e a fulminar o sistema que permitiu que milhares de indivíduos buscassem seu sustento no refugo humano. De certa forma, essa é, sem dúvida, a reação adequada. (Era, a bem da verdade, a reação dos grandes paladinos da época, entre os quais Dickens e Mayhew.) No entanto, essa indignação deveria estar acompanhada de uma boa dose de admiração e respeito: sem qualquer planejador social que centralizasse as ações e sem qualquer conhecimento formal, essa subclasse itinerante conseguiu dar forma a um sistema de processamento e seleção do lixo gerado por dois milhões de pessoas. Em geral, o grande mérito atribuído ao *London Labour* de Mayhew é simplesmente sua prontidão para perceber e registrar as minúcias da vida desses desvalidos. Mas igualmente importante foi o discernimento que surgiu a partir dessa contabilidade, uma vez lançados os números: Mayhew descobriu que, longe de serem vagabundos improdutivos, esses indivíduos desempenhavam, na verdade, uma função essencial em sua comunidade. "A remoção de dejetos de uma grande cidade", escreveu ele, "é, talvez, uma das mais importantes ações sociais." E os catadores de lixo da Londres vitoriana não apenas se desfaziam dos dejetos – eles os reciclavam.

A RECICLAGEM DE LIXO, embora muitas vezes seja considerada uma invenção do movimento ambiental, tão moderna quanto as sacolas de plástico que enchemos atualmente com embalagens de detergente e latas de refrigerante, é uma arte antiga. Valas de compostagem eram empregadas pelos cidadãos de Cnossos, em Creta, há quatro mil anos. Grande parte da Roma medieval foi construída com materiais extraídos das ruínas da cidade imperial. (Antes de ser um ponto turístico, o Coliseu serviu como uma verdadeira pedreira.) A reciclagem do lixo – na forma de compostagem e adubação – desempenhou um papel crucial na explosiva expansão das cidades medievais da Europa. Uma densa concentração de seres humanos exige, por definição, uma significativa absorção de energia para se sustentar, a começar por um sistema confiável de abastecimento de alimentos. As cidades da Idade Média não dispunham de rodovias ou cargueiros para o transporte de gêneros alimentícios e, assim, o tamanho de suas populações estava limitado à fertilidade do solo circundante. Se a terra pudesse prover alimentos para cinco mil pessoas, a população estava limitada a esse número. Ao restituir à terra o lixo orgânico que produziam, no entanto, as primeiras cidades medievais aumentaram a produtividade do solo, elevando, portanto, o teto populacional, e, consequentemente, produzindo mais lixo – e cada vez mais solo fértil. Esse ciclo de realimentação transformou as extensões pantanosas dos Países Baixos, que historicamente sustentavam não mais que isolados grupos de pescadores, em alguns dos solos mais produtivos de toda a Europa. Ainda hoje, quando comparada a qualquer outra nação do mundo, a Holanda tem a maior densidade populacional.

A reciclagem de lixo demonstra ser o selo de qualidade de quase todo sistema complexo, quer os ecossistemas da vida urbana construídos pelo homem, quer as economias microscópicas das células. Nossos próprios ossos são o resultado de um programa de reciclagem levado a cabo pela seleção natural bilhões de anos atrás. Todos os organismos eucariontes produzem excesso de cálcio como resíduo. Desde, no mínimo, a Era Cambriana, os organismos acumulam essas reservas de cálcio e a usam de modo produtivo: construindo conchas, dentes e esqueletos. O homem deve sua capacidade de caminhar ereto à habilidade evolutiva de reciclar resíduos nocivos.

Os mais diversos ecossistemas da Terra têm como atributo crucial a reciclagem do lixo. As florestas tropicais têm um grande valor, por desperdiçarem muito pouco a energia fornecida pelo Sol, graças a seu extenso e interligado sistema de organismos que exploram cada nicho mínimo do ciclo de nutrientes. A diversidade da floresta tropical não é apenas um caso curioso de multiculturalismo biológico, mas reside precisamente no fato de a floresta fazer um grande trabalho de captura da energia que a atravessa: um organismo absorve certa quantidade de energia, gerando, ao processá-la, um resíduo. Em um sistema eficiente, esse resíduo se torna uma nova fonte de energia para outro indivíduo da cadeia. (Essa eficiência é uma das razões que comprovam a visão limitada de quem promove queimadas nas florestas tropicais: os ciclos de nutrientes são tão interligados que o solo é, em geral, muito pobre para a agricultura, toda a energia disponível foi capturada ao longo de seu percurso até o solo da floresta.)

Os recifes de corais demonstram uma destreza semelhante na administração de resíduos. Os corais vivem em simbiose com pequenas algas chamadas zooxantelas. Graças à fotossíntese, as algas capturam a luz do Sol e a aproveitam para transformar dióxido de carbono em carbono orgânico, tendo o oxigênio como resíduo nesse processo. O coral usa então o oxigênio no seu ciclo metabólico. Por sermos, nós mesmos, criaturas aeróbicas, temos dificuldade em conceber o oxigênio como um produto residual, porém, do ponto de vista da alga, é justamente o que ele é: uma substância inútil, descartada como parte de seu ciclo metabólico. O próprio coral produz resíduos na forma de dióxido de carbono, nitratos e fosfatos, que auxiliam o desenvolvimento das algas. Essa íntima cadeia de produção e reciclagem de resíduos é uma das razões primordiais para que os recifes de corais sejam capazes de dar suporte a uma população tão densa e diversificada de animais, a despeito de residirem em águas tropicais, que em geral são pobres em nutrientes. Esses recifes são as cidades do mar.

Muitas são as causas que podem estar por trás de uma extrema densidade populacional – seja a população composta por peixes-anjos, cuatás ou seres humanos. Sem uma forma eficiente de reciclagem de resíduos, no entanto, essas densas concentrações de vida não sobrevivem por muito tempo. Grande parte do trabalho de reciclagem, tanto nas florestas tropicais como em centros urbanos, ocorre no nível microbiano. Sem os processos de decomposição promovidos pelas bactérias, a Terra teria ficado coberta de carcaças milhões de anos atrás, e o invólucro vital garantido pela atmosfera terrestre estaria próximo da superfície inabitável e ácida de Vênus. Se algum vírus pernicioso exterminasse todos os mamíferos do planeta, a vida na Terra prosseguiria sem sofrer grandes danos com essa perda. Se as bactérias desaparecessem da noite para o dia, no entanto, toda a vida no planeta se extinguiria em questão de anos.

Na Londres vitoriana, o trabalho desses catadores de lixo microscópicos não era percebido, e a grande maioria dos cientistas – para não mencionar os leigos – não tinha a menor ideia de que o mundo, de fato, fervilhava com minúsculos organismos que tornavam a vida humana possível. Apesar disso, era possível detectá-los por meio de outro canal sensorial: o olfato. Nenhuma descrição da Londres daquele período estaria completa se não mencionasse o fedor da cidade. Parte dessa fedentina vinha da queima de combustíveis industriais, mas os cheiros mais desagradáveis – aqueles que realmente ajudaram a promover toda uma infraestrutura de saúde pública – vinham do constante e incansável trabalho de decomposição de matéria orgânica pelas bactérias. Mesmo aquelas fatais concentrações de metano nas tubulações dos esgotos eram produzidas por milhões de microrganismos que, diligentemente, transformavam excremento humano em biomassa microbiana, lançando, como resíduo, uma grande variedade de gases. Podem-se considerar essas explosões subterrâneas uma espécie de conflito entre dois tipos de catadores de lixo: de um lado, os exploradores de esgotos; de outro, as bactérias – embora vivendo em níveis diferentes, eles disputavam o mesmo território.

No fim do verão de 1854, no entanto, quando os cata-bagulhos, lameiros e catadores de ossos percorriam seus itinerários, Londres se encaminhava para uma outra batalha, ainda mais assustadora, entre micróbios e seres humanos. Algo que, ao final da estação, se comprovaria tão mortal quanto qualquer outro conflito na história da cidade.

Em Londres, o mercado informal da catação de lixo tinha seu próprio sistema de castas e privilégios. Próximos ao topo se encontravam os limpadores de fossa, que, como os adoráveis limpadores de chaminés de *Mary Poppins*, eram trabalhadores autônomos que atuavam nos limites da economia formal. Seu trabalho, porém, era significativamente mais repulsivo do que o de lameiros e cata-bagulhos. Os senhorios da cidade contratavam aqueles homens para remover os dejetos das fossas transbordantes de suas casas. A coleta de excremento humano era uma ocupação venerável: em tempos medievais, os limpadores de fossa eram conhecidos como "catadores" e desempenhavam um papel indispensável no sistema de reciclagem de resíduos que ajudou Londres a se transformar em uma verdadeira metrópole, graças à venda de dejetos aos fazendeiros além dos muros da cidade. (Mais tarde, alguns empreendedores desenvolveram uma técnica de extração de nitrogênio a partir do esterco para reutilização na fabricação de pólvora.) Ainda que os catadores e seus sucessores recebessem uma boa paga, as condições de trabalho podiam ser fatais: em 1326, um desafortunado trabalhador conhecido como Richard, o Catador, caiu em uma fossa e literalmente se afogou em merda humana.

No século XIX, os limpadores de fossa desenvolveram uma dinâmica precisa para sua atividade. Trabalhavam no turno da madrugada, entre meia-noite e cinco da manhã, em grupos de quatro: um "homem-corda", um "homem-buraco" e dois "homens-tonéis". O grupo afixava lanternas na beirada da fossa e, em seguida, removia a pedra ou as tábuas que a cobriam, às vezes com uma picareta. Se os dejetos estivessem muito próximos da borda, o homem-corda e o homem-buraco começavam a encher o tonel com uma concha. Finalmente, à medida que os dejetos eram removidos, abaixavam uma escada e o homem-buraco entrava na fossa para encher o tonel. Uma vez cheio, o homem-corda ajudava a puxá-lo e o passava aos dois homens-tonéis que entornavam os dejetos na carroça. Era comum os limpadores de fossa receberem uma garrafa de gim por seu trabalho. Como um deles relatou a Mayhew: "Eu diria que bebíamos uma garrafa de gim a cada duas fossas, ah, e às vezes eram duas a cada três fossas limpas em Londres; se bem que, pensando bem, creio que eram três garrafas a cada quatro."

O trabalho era repugnante, mas o rendimento era bom. Muito bom, como se comprovaria. Graças à sua proteção geográfica contra invasões, Londres se tornou a mais vasta das cidades europeias, expandindo-se muito além dos muros romanos. (A outra grande metrópole do século XIX, Paris, tinha praticamente a mesma população espremida em metade do território.) Para os limpadores de fossa, a expansão significava mais tempo de transporte – agora as terras cultiváveis à disposição estavam, em geral, a quinze quilômetros de distância –, o que encarecia a remoção de dejetos. Na era vitoriana, os limpadores de fossa cobravam um xelim por fossa, um rendimento que era ao menos o dobro do que ganhava um trabalhador medianamente habilidoso. Para muitos londrinos, o custo financeiro da remoção de dejetos era maior do que o custo ao ambiente de, simplesmente, deixá-los acumular – particularmente para os senhorios, que em geral não moravam próximo das fossas transbordantes. Cenas como a relatada por um engenheiro contratado para inspecionar a reforma de duas casas na década de 1840 tornaram-se comuns. "Descobri que toda a área dos porões estava coberta por um monturo de cerca de um metro de dejetos humanos, que se acumularam ao longo dos anos com o transbordamento das fossas. ... Ao atravessar a primeira casa, encontrei, em um jardim coberto por uma camada de dez centímetros de excrementos, alguns tijolos que foram ali colocados para permitir que os moradores passassem sem sujar os pés." Outro relato descreve um monturo em Spitalfields, no coração de East End: "Um monte de esterco da altura de uma casa razoavelmente grande e um tanque artificial no qual o conteúdo das fossas era arremessado. Esses dejetos ficavam, então, secando a céu aberto e eram frequentemente revolvidos com esse propósito." Em 1848, Mayhew descreveu esse cenário grotesco em um artigo publicado no jornal londrino *Morning Chronicle*, que buscava identificar o ponto em que se originou o surto de cólera daquele ano:

> Percorremos, então, a London Street. ... No número 1 dessa rua o cólera aparecera pela primeira vez há dezessete anos e se espalhara com terrível virulência; mas, neste ano, a doença irrompeu do lado oposto e desceu a rua com igual violência. À medida que passávamos pelos fétidos aterros da rede de esgoto, o Sol brilhava sobre uma fina camada de água. Sob a luz brilhante, assemelhava-se à cor de chá verde forte e positivamente parecia tão sólida quanto mármore preto à sombra – na verdade, era mais uma lama aquosa do que uma água enlameada; e ainda assim nos asseguravam de que aquela era a única água que aqueles infelizes moradores dispunham para beber. Enquanto a olhávamos horrorizados, vimos alguns encanamentos da rede de esgoto despejando ali seu imundo conteúdo; vimos toda uma série de privadas, voltada para o meio da rua e construída sobre o filete de água; baldes e baldes de imundície ali entornados; e os braços de alguns jovens vagabundos que ali se banhavam pareciam, por força do mero contraste, mármore de Paros. E, ainda assim, enquanto estávamos ali parados, incrédulos diante daquela

demonstração, vimos, em uma das galerias adjacentes, uma menininha abaixar uma lata com o auxílio de uma corda para encher o tonel que jazia a seu lado. Em cada um dos balcões que se projetavam sobre o canal, podia-se ver a mesma barrica na qual os moradores depositavam o fétido líquido, a fim de que pudessem, depois de um ou dois dias de descanso, livrá-lo das partículas sólidas de sujeira, poluição e doença. Enquanto a menininha balançava com a maior delicadeza possível sua lata, um tonel de excrementos foi arremessado de uma galeria próxima.

A bem da verdade, a Londres vitoriana possuía maravilhosos cartões-postais – o Palácio de Cristal, a Trafalgar Square, o reformado Palácio de Westminster. No entanto possuía também maravilhas de outra ordem, não menos notáveis: tanques artificiais de esgoto e enormes monturos de esterco do tamanho de casas.

Os elevados custos dos limpadores de fossa não eram os únicos culpados pelo crescente fluxo de excrementos. A desenfreada popularidade dos vasos sanitários com descarga d'água agravava a crise. No fim do século XVI, um dispositivo desse feitio fora inventado por sir John Harington, que até mesmo instalara uma versão de seu invento para uso de sua madrinha, a rainha Elizabeth, no Richmond Palace. O invento, porém, só decolaria no final do século XVIII, quando o relojoeiro Alexander Cummings e o marceneiro Joseph Bramah solicitaram a patente para duas distintas e aperfeiçoadas versões do projeto de Harington. Em seguida, Bramah iniciou um rentável negócio de instalação de privadas em casas mais abastadas. De acordo com uma fonte, a instalação de vasos sanitários foi multiplicada por dez no período de 1824 a 1844. Houve um novo impulso depois que o fabricante de vasos sanitários George Jennings instalou seus produtos para uso público no Hyde Park, durante a Grande Exibição de 1851. Cerca de oitocentos e vinte e sete mil pessoas utilizaram as instalações. Os visitantes, sem dúvida, se maravilharam com a espetacular exibição de cultura global e moderna engenharia, mas, para muitos, a experiência mais surpreendente foi simplesmente sentar-se pela primeira vez em uma privada com descarga d'água.

Embora representassem um notável avanço no que diz respeito à qualidade de vida, os vasos sanitários tiveram um efeito desastroso sobre a rede de esgotos da cidade. Na ausência de um sistema de encanamentos ao qual pudesse se conectar, a maioria das privadas simplesmente despejava seus conteúdos nas fossas existentes, aumentando significativamente sua tendência ao transbordamento. De acordo com uma estimativa, em 1850, uma casa usava em média cento e sessenta galões de água por dia. Em 1856, graças ao crescente sucesso das privadas, o uso aumentou para duzentos e vinte e quatro galões no mesmo período.

Isoladamente, no entanto, o fator mais relevante para desencadear a crise de remoção de dejetos era uma mera questão demográfica: a quantidade de pessoas que geravam lixo praticamente triplicara no intervalo de cinquenta anos. Na virada para o século XIX, Londres tinha cerca de um milhão de habitantes; no entanto, no censo de 1851, esse número saltou para dois milhões e quatrocentos mil. Mesmo com uma moderna infraestrutura urbana, a administração desse tipo de explosão demográfica é difícil. Porém, sem qualquer infraestrutura, dois milhões de pessoas subitamente forçadas a dividir uma área de cento e quarenta quilômetros quadrados não representavam apenas um iminente desastre – era um permanente e retumbante desastre, um vasto organismo que destruía a si mesmo ao depositar despojos em seu próprio meio ambiente. Quinhentos anos depois, Londres recriava, lentamente, a trágica morte de Richard, o Catador: a cidade afundava em sua própria imundície.

Assim amontoadas, todas aquelas vidas humanas levavam a uma inevitável consequência: uma onda de cadáveres. No início da década de 1840, um jovem prussiano de vinte e três anos chamado Friedrich Engels desembarcava a mando de seu pai, um industrial, na cidade para uma empreitada comercial, que inspiraria um clássico da sociologia urbana e um moderno movimento socialista. Sobre suas vivências em Londres, Engels escreveu:

> Os cadáveres [dos pobres] não têm melhor destino do que as carcaças dos animais. O cemitério dos indigentes em St. Bride é um verdadeiro pântano a céu aberto, utilizado desde os tempos de Charles II e coberto com pilhas de ossos. Às quartas-feiras, os despojos dos desvalidos são arremessados em uma cova de quatro metros de profundidade. Com palavras breves, um pároco celebra

> o funeral e, em seguida, a cova é coberta de terra. Na quarta-feira seguinte, abre-se novamente o buraco e isso se repete até que esteja completamente tomado. Toda a vizinhança encontra-se impregnada por esse terrível fedor.

Um cemitério particular em Islington amontoou oitenta mil cadáveres em uma área destinada a abrigar no máximo três mil. Um coveiro do local relatou ao *Times* de Londres que estava afundado "em carne humana até os joelhos, saltando sobre os corpos, a fim de espremê-los no menor espaço possível no fundo das covas, para que os corpos recém-chegados fossem posteriormente colocados".

Dickens enterrou o misterioso escritor viciado em ópio, morto por overdose no início de *A casa soturna*, em um local igualmente repugnante, inspirando uma das mais famosas, e comoventes, passagens do livro:

> Um cemitério cercado, pestilento e obsceno, de onde doenças perniciosas se alastram pelos corpos de nossos irmãos e irmãs que ainda não partiram. ... De ambos os lados, as casas observam, exceto onde no pátio um túnel, fétido e diminuto, dá acesso ao portão de ferro – com cada vilania da vida em ação nas proximidades da morte e cada nocivo traço da morte em ação nas proximidades da vida – aqui, nosso querido irmão afunda alguns poucos centímetros; aqui, semeado pela corrupção, para se elevar em corrupção; um fantasma vingador à cabeceira de muitos leitos doentios; um infame testemunho para eras futuras de como civilização e barbárie atravessam esta presunçosa ilha de mãos dadas.

A leitura dessas últimas sentenças nos permite vivenciar o nascimento do que se tornaria o modelo retórico dominante do pensamento do século XIX, um modo de atribuir sentido ao massacre tecnológico da Grande Guerra ou à eficiência taylorista dos campos de concentração. O teórico social Walter Benjamin retomou o lema original de Dickens em sua enigmática obra-prima *Teses sobre a filosofia da história*, escrita enquanto o flagelo do fascismo encobria a Europa: "Não há qualquer documento de civilização que não seja igualmente um documento de barbárie."

A oposição entre civilização e barbárie era praticamente tão antiga quanto a própria cidade cercada por muros. (Assim que se construíram portões, surgiram bárbaros dispostos a derrubá-los.) Mas Engels e Dickens sugeriam uma nova perspectiva: que o avanço da civilização produziu a barbárie como seu inevitável resíduo, tão essencial a seu metabolismo quanto os para-raios e as ideias refinadas da sociedade urbana. Os bárbaros não estavam atacando os portões. Eles eram alimentados de dentro. Marx pegou essa ideia, envolveu-a com a dialética de Hegel e transformou o século XX. Porém, a própria ideia originou-se de certo tipo de experiência de vida – do chão, como alguns ativistas gostam de dizer. Veio, em parte, da visão dos seres humanos que eram enterrados em condições que ultrajavam tanto os mortos como os vivos.

Em um aspecto crucial, no entanto, Dickens e Engels se equivocaram. Por mais repulsiva que fosse a visão das sepulturas, muito provavelmente os cadáveres não estavam disseminando "doenças perniciosas". O fedor era suficientemente opressivo, mas não "infectava" ninguém. Uma cova rasa coberta de corpos em decomposição era uma afronta aos sentidos e à dignidade humana, mas o odor exalado não representava um risco à saúde pública. Ninguém morreu por causa do fedor da Londres vitoriana. Dezenas de milhares morreram, entretanto, pois o medo da pestilência os cegou para os verdadeiros perigos da cidade e os levou à implementação de uma série de reformas maldirecionadas que apenas agravaram a crise. Dickens e Engels não foram os únicos: praticamente todo o meio médico e o político cometeram o mesmo erro fatal: todos, de Florence Nightingale ao pioneiro reformador Edwin Chadwick, dos editores de *The Lancet* à própria rainha Vitória. Em geral, a história do conhecimento concentra suas atenções nas ideias de ruptura e nos saltos cognitivos. No entanto, os pontos cegos no mapa, os sombrios continentes de erros e preconceitos, carregam também seu próprio mistério. Como tantas pessoas inteligentes puderam se equivocar tão completamente por um período tão extenso? Como puderam ignorar tantas evidências esmagadoras que contradiziam suas teorias mais básicas? Essas questões merecem igualmente sua própria disciplina – a sociologia do erro.

O medo da contaminação da morte pode às vezes durar séculos. Em meio à Grande Peste de 1665, o conde de Craven adquiriu uma extensão de terra em uma área semirrural chamada Soho Field, a oeste do centro de Londres. Construiu ali trinta e seis pequenas casas "para receber indivíduos pobres e miseráveis" acometidos pela doença. O restante da terra era usado como sepultura comum. Toda noite, as funestas carroças despejavam dezenas de corpos no terreno. Segundo algumas estimativas, mais de quatro mil corpos infectados pela peste foram ali enterrados em uma questão de meses. Moradores das redondezas deram-lhe o nome apropriadamente macabro e sonoro de "campo da peste do conde de Craven" ou, simplesmente, "campo de Craven". Por duas gerações, ninguém ousou erigir qualquer fundação naquelas terras por medo de infecção. Com o tempo, o inexorável apelo da cidade por mais moradias venceu o medo da doença e o terreno das doenças contagiosas tornou-se o elegante distrito de Golden Square, habitado basicamente por aristocratas e imigrantes huguenotes. Ao longo de outros cem anos, os esqueletos repousaram tranquilos sob a agitação do comércio da cidade, até o fim do verão de 1854, quando a deflagração de um novo surto acometeu sobre Golden Square e invocou as almas repugnantes que regressaram para assombrar, mais uma vez, as extensões de seu último descanso.

Nas décadas que se seguiram à peste, à exceção do campo de Craven, Soho se tornou rapidamente um dos bairros mais elegantes de Londres. Quase uma centena de famílias com títulos de nobreza ali morava na década de 1690. Em 1717, o príncipe e a princesa de Gales fixaram residência em Leicester House, no Soho. A própria Golden Square, ocupada por elegantes casas georgianas, tornara-se um refúgio distante do tumulto de Piccadilly Circus, vários quarteirões ao sul. No entanto, em meados do século XVIII, as elites continuaram sua inexorável marcha para o oeste, construindo casas ainda mais grandiosas no novo bairro burguês de Mayfair. Em 1740, restavam somente vinte moradores com títulos de nobreza. Surgia um outro tipo de morador do Soho, muito bem representado pelo filho de um negociante de malhas que nasceu no número 28 da Broad Street em 1757, uma criança talentosa e problemática chamada William Blake, que se tornaria um dos maiores poetas e artistas da Inglaterra. Próximo dos trinta anos, Blake retornou ao Soho e abriu uma gráfica ao lado da loja de seu falecido pai, agora administrada por seu irmão. Pouco depois, outro irmão de Blake abriu uma padaria do outro lado da rua, no número 29, e, assim, em poucos anos, a família Blake constituíra um pequeno e crescente império na Broad Street, com três negócios distintos no mesmo quarteirão.

A combinação de visão artística e espírito empreendedor definiria a região por várias gerações. À medida que a cidade se industrializava e à medida que o antigo dinheiro se esvaía, o bairro tornava-se mais e mais efervescente; os senhorios compartimentavam as velhas casas em apartamentos distintos, enquanto os pátios entre as construções eram ocupados por depósitos e estábulos improvisados. Dickens descreveu com maestria esse cenário em *Nicholas Nickleby*:

> Na região de Londres na qual se localiza a Golden Square há uma rua antiquada, sem graça e decadente, com duas fileiras de casas altas e esguias, que parecem há anos encarar umas às outras com um ar desaprovador. As próprias chaminés parecem mais sinistras e melancólicas por nada terem para olhar senão as chaminés do outro lado da rua. ... A julgar pelo tamanho, essas casas foram ocupadas por pessoas em melhores condições do que seus atuais moradores; agora, porém, foram desmembradas, semana a semana, em pavimentos e cômodos, e cada porta tem tantas placas e campainhas quanto o número de apartamentos que há ali. As janelas são, pela mesma razão, suficientemente diversificadas em aparência, decoradas com todas as variedades ordinárias de anteparos e cortinas que se pode facilmente imaginar; de modo que o vão de cada porta encontra-se bloqueado, o que o torna praticamente intransitável, por uma mistura heterogênea de crianças e vasos de todos os tamanhos, dos bebês de colo e vasos de meio litro às moças feitas e vasilhas de meio galão.

Em 1851, Berwick Street, no lado oeste do Soho, era o mais densamente povoado de todos os cento e trinta e cinco subdistritos que compunham a Grande Londres, com cento e oito habitantes por quilômetro quadrado. (Mesmo com seus arranha-céus, Manhattan abriga hoje algo em torno de vinte e cinco habitantes por quilômetro quadrado.) A paróquia de St. Luke no Soho abrigava um pouco mais de sete casas por quilômetro quadrado. Em Kensington, por sua vez, esse número era de apenas meia casa por quilômetro quadrado.

Apesar das crescentes condições de superpopulação e insalubridade, no entanto, ou até mesmo por isso, o bairro tornou-se um celeiro de criatividade.

A lista de poetas, músicos, escultores e filósofos que viviam no Soho durante esse período se assemelha ao índice de um manual sobre a era iluminista da cultura britânica. Edmund Burke, Fanny Burney, Percy Shelley, William Hogarth – todos foram moradores do Soho em diversas fases de suas vidas. Em 1764, Leopold Mozart arrendou um apartamento na Frith Street durante sua visita à cidade ao lado de seu filho, um prodígio de oito anos de idade chamado Wolfgang Mozart. Franz Liszt e Richard Wagner também se hospedaram no bairro quando estiveram em Londres em 1839-40.

"Novas ideias requerem prédios antigos", escreveu certa vez Jane Jacobs, e a máxima se aplica perfeitamente ao Soho no alvorecer da era industrial: uma classe de visionários, excêntricos e radicais vivia sob tetos decadentes que, um século antes, foram abandonados pelas classes mais abastadas. Embora hoje nos seja familiar – artistas e marginais se apropriarem de uma vizinhança decadente e até mesmo apreciarem tal decadência –, naquele momento, quando Blake, Hogarth e Shelley fixaram pela primeira vez suas residências ao longo das apinhadas ruas do Soho, esse cenário constituía um novo padrão de ocupação urbana. Em vez de se sentirem intimidados, eles pareciam inspirados pela miséria circundante. Eis a descrição de uma típica residência da Dean Sreet, feita nos primeiros anos da década de 1850:

> [O apartamento] tem dois cômodos, o que dá de frente para a rua é a sala de visitas; o dos fundos, o quarto de dormir. Não há sequer uma única peça de mobília em bom estado em todo o apartamento. Tudo está quebrado, despedaçado e rasgado; há uma grossa camada de poeira por toda parte; e tudo está em uma grande desordem. ... Quando se entra no ... apartamento, tem-se a visão ofuscada pela fumaça de tabaco e carvão, de modo que se tateia à volta tal qual se estivesse em uma caverna, até que os olhos se acostumem com a fumaça e, como em um nevoeiro, gradualmente notem alguns objetos. Tudo é sujo, tudo está coberto de pó; é perigoso sentar-se.

Morando nesse sótão de dois cômodos encontravam-se sete indivíduos: um casal de imigrantes prussianos, seus quatro filhos e uma empregada (aparentemente avessa à espanação). No entanto, de algum modo, esses aposentos apertados e esfarrapados não atrapalhavam significativamente a produtividade do marido, embora se possa entender com facilidade por que ele desenvolveu tamanho apreço pela Sala de Leitura do Museu Britânico. Esse homem, como se vê, era um radical de pouco mais de trinta anos chamado Karl Marx.

Quando Marx chegou ao Soho, a região se transformara no clássico bairro de tipo multifuncional e economicamente diversificado que os "novos urbanistas" de hoje celebram como o fundamento para o sucesso de uma cidade: prédios residenciais de dois ou quatro pavimentos com lojas no térreo em praticamente todas as unidades, entremeadas com eventuais espaços comerciais mais amplos. (No entanto, ao contrário do novo típico ambiente urbanístico, o Soho possuía também seu lado industrial: matadouros, fábricas, salsicharias.) Pelos atuais padrões das nações industrializadas, os moradores do bairro eram pobres, quase miseráveis, mas, pelos padrões vitorianos, constituíam uma mescla de trabalhadores pobres e uma classe média empreendedora. (É claro que pelos padrões dos lameiros estavam muito bem providos.) O Soho, porém, era uma espécie de anomalia encravada no próspero West End da cidade: uma ilha de pobreza proletária e indústria malcheirosa rodeada pelas opulentas casas de Mayfair e Kensington.

A descontinuidade econômica ainda está codificada na aparência física das ruas ao redor do Soho. O limite ocidental do bairro é definido pela larga avenida de Regent Street, com o límpido brilho de suas fachadas comerciais. A oeste de Regent Street, encontra-se o enclave aristocrático de Mayfair, distinto até os dias de hoje. De algum modo, porém, o incansável tráfego e o alvoroço de Regent Street são praticamente imperceptíveis a partir das travessas e dos becos estreitos do Soho ocidental, em grande medida em virtude do fato de haver poucos canais que se abrem diretamente para Regent Street. Ao vagar pelo bairro, tem-se a impressão de que uma barricada foi ali erguida a fim de impedir que se alcance a proeminente avenida que se sabe estar a poucos metros de distância. E, de fato, o traçado das ruas foi explicitamente projetado para servir como uma barricada. Quando concebeu a Regent Street como uma conexão entre o Marylebone Park e a nova casa do príncipe regente em Carlton House, John Nash planejou que essa via pública funcionasse como um cordão sanitário que separasse as classes abastadas de Mayfair da crescente classe trabalhadora do Soho. A intenção explícita de Nash era criar "uma completa separação entre as ruas ocupadas pela alta e pequena nobreza e as ruas mais estreitas e as casas desprezíveis habitadas pelos operários e comerciantes da cidade. ... Meu propósito era que a nova rua, ao cruzar com todas as ruas ocupadas pelas classes mais altas, funcionasse como seu limite ocidental, deixando de fora todas as ruas ruins".

A topografia social desempenharia um papel essencial nos acontecimentos que se desencadearam no fim do verão de 1854, quando um terrível flagelo se abateu sobre o Soho, mas deixou os bairros vizinhos totalmente intactos. Esse ataque seletivo parecia confirmar todos os clichês elitistas: a praga atacava os depravados e os destituídos, enquanto passava ao largo das classes mais altas que viviam a apenas algumas quadras de distância. É verdade que a praga devastou as "casas desprezíveis" e as "ruas ruins"; qualquer um que visitasse aqueles esquálidos quarteirões teria pressentido a sua chegada. Pobreza, depravação e ignorância criaram um ambiente no qual a doença prosperou, como qualquer pessoa de bom nível social teria declarado. Justamente por isso eles ergueram aquelas barricadas. Mas do lado errado da Regent Street, atrás da barricada, os comerciantes e os artífices se arranjavam nas desprezíveis casas do Soho. O bairro era uma verdadeira locomotiva de comércio local, em praticamente cada casa havia algum tipo de pequeno negócio. A grande variedade de lojas térreas soa em geral de modo estranho aos ouvidos modernos. Havia mercearias e padarias que não destoariam em um centro urbano dos dias de hoje, mas ali também se encontravam, trabalhando a seu lado, artífices e protéticos. Em agosto de 1854, ao descer a Broad Street, uma quadra ao norte da Golden Square, seria possível encontrar, respectivamente, um merceeiro, um fabricante de gorros, um padeiro, outro merceeiro, um seleiro, um gravador, um ferrageiro, um vendedor de adornos, um fabricante de cápsulas fulminantes, um comerciante de guarda-roupas, um fabricante de alargadores de botas e um *pub*, chamado The Newcastle-on-Tyne. No que diz respeito aos profissionais, os alfaiates superavam em número os demais por uma margem relativamente grande. Em seguida, apareciam, em número aproximadamente semelhante, os sapateiros, os empregados domésticos, os pedreiros, os lojistas e as costureiras.

A certa altura, no fim da década de 1840, o policial londrino Thomas Lewis e sua esposa se mudaram para o número 40 da Broad Street, uma casa acima do *pub*. Era uma casa de onze cômodos que originalmente fora concebida para receber uma única família e um punhado de serviçais. Agora abrigava vinte moradores. Para essa região da cidade onde a maioria das casas tinha, em média, cinco pessoas por cômodo, essas acomodações eram amplas. Thomas e Sarah Lewis viviam na sala de estar no número 40 da Broad Street, de início ao lado do filho, uma criança doente que morreu com apenas dez meses de vida. Em março de 1854, Sarah Lewis deu à luz uma menina, que, desde o princípio, demonstrou uma constituição mais promissora do que a de seu falecido irmão. Sarah Lewis não conseguiu amamentar o bebê em razão de seus próprios problemas de saúde e, por isso, o alimentou com papa de arroz e leite engarrafado. A menininha foi acometida por algumas doenças em seu segundo mês de vida, mas atravessara quase todo o verão com relativa saúde.

Alguns mistérios permanecem acerca do segundo bebê Lewis, detalhes que os ventos da história varreram para longe. Não sabemos seu nome, por exemplo, mas conhecemos uma série de eventos que a levaram a contrair o cólera com menos de seis meses de vida, no fim de agosto de 1854. Por quase vinte meses, a doença estivera rondando certos bairros de Londres, tendo aparecido pela última vez durante os anos revolucionários de 1848-49. (Pestes e agitações políticas têm uma longa tradição de seguirem os mesmos ciclos.) No entanto, a maior parte dos casos de cólera que irromperam em 1854 ficou confinada ao sul do Tâmisa. A área da Golden Square fora amplamente poupada.

Em 28 de agosto, tudo mudou. Por volta das seis horas da manhã, enquanto o resto da cidade lutava por mais alguns minutos de sono ao fim de uma noite de verão opressivamente abafada, o bebê Lewis começou a vomitar e expelir fezes esverdeadas e aquosas que apresentavam um cheiro sufocante. Sarah mandou chamar William Rogers, um médico dos arredores, que mantinha uma clínica a apenas algumas quadras de distância, em Berners Street. Enquanto aguardava a chegada do médico, Sarah embebeu as fraldas emporcalhadas em um balde de água morna. Em um dos raros momentos em que sua filha conseguiu dormir um pouco, Sarah Lewis arrastou-se até o porão de sua casa, no número 40 da Broad Street, e lançou a água pestilenta na fossa que havia em frente à casa.

Foi assim que tudo começou.

Henry Whitehead

Olhos fundos, lábios lívidos

~ SÁBADO, 2 DE SETEMBRO

NOS DOIS DIAS QUE SE SEGUIRAM ao adoecimento do bebê Lewis, a vida em Golden Square preservou seu habitual alarido. Na vizinha Soho Square, Henry Whitehead, um benevolente padre de apenas vinte e oito anos, deixou a pensão em que dividia um quarto com seu irmão e seguiu para seu passeio matinal em direção à igreja de St. Luke, na Berwick Street, onde fora nomeado pároco auxiliar. Whitehead nascera na cidade litorânea de Ramsgate e frequentara a prestigiosa escola pública de Chatham House, cujo diretor era seu pai. Estudante extraordinário, Whitehead deixou Chatham com o título de melhor aluno em redação e seguiu para cursar o Lincoln College, em Oxford, onde angariou a reputação de sociabilidade e gentileza que o acompanharia pelo resto de seus dias. Tornou-se um grande entusiasta da vida intelectual das tavernas: durante o jantar, sentado com um grupo de amigos, saboreava um cachimbo, contava histórias, debatia política ou discutia filosofia moral até altas horas da noite. Quando lhe perguntavam a respeito dos anos passados na faculdade, Whitehead costumava dizer que se beneficiara mais dos homens do que dos livros.

Ao deixar Oxford, Whitehead estava decidido a ingressar na Igreja anglicana e ordenou-se em Londres alguns anos depois. Sua vocação religiosa em nada diminuiu seu apreço pelas tavernas londrinas e continuou a frequentar os velhos estabelecimentos ao longo da Fleet Street – The Cock, The Cheschire Cheese, The Rainbow. Quanto às suas posições políticas, era um liberal, mas, no que dizia respeito à moral, com frequência os amigos assinalavam que ele era um conservador. Além de sua formação religiosa, tinha uma mente penetrante e empírica e uma boa memória para detalhes. Tinha também o raro costume de tolerar ideias divergentes e parecia imune às obviedades do senso comum. Muitas vezes o ouviam dizer a amigos: "Prestem atenção, o homem que se encontra em minoria quase sempre está do lado certo."

Em 1851, o pároco da igreja de St. Luke ofereceu-lhe um cargo, dizendo a Whitehead que a paróquia era um ótimo lugar para aqueles que "se preocupam mais com a aprovação do que com o aplauso dos homens". Na St. Luke, trabalhava como uma espécie de missionário entre os moradores dos cortiços da Berwick Street, tendo uma presença constante e bem considerada na tumultuosa vizinhança. Um dos contemporâneos de Whitehead capturou o ambiente e a algazarra das ruas em torno da St. Luke naquele período:

> Não se percebe, ao passar pela Regent Street, quão pequena é a distância que separa "os pequenos dos grandes anônimos". Mas para quem ingressa no território desconhecido dos cortiços do Soho através do acesso que a Beak Street ou a Berwick Street proporcionam, ali há muito motivo para espanto e interesse, caso alguém resolva se dedicar ao estudo do modo de vida dos desvalidos de Londres. Subitamente, o cabriolé tem seu caminho cortado pelo carrinho de um vendedor ambulante, que lhe pergunta se você seguirá em direção à St. Luke. Berwick Street: caso você insinue que é esse o seu destino, eles lhe dizem de modo educado, mas com a típica ênfase do Soho, que levará uma semana até que você chegue ao destino e logo acredita-se que há alguma dose de verdade em tal vaticínio. Intimamente enfileiradas lado a lado em uma rua estreita estão as barracas e os carrinhos dos vendedores. O vendedor ambulante de carnes, o peixeiro, o açougueiro, o vendedor de frutas e o de brinquedos se acotovelam e anunciam aos brados seus produtos: "Carne de primeira! Carne! Carne! Compre! Compre! Compre! Aqui! Aqui! Aqui! Vitela! Vitela! Vitela fresquinha, hoje! Bem ao gosto do freguês! Vendido, vendido outra vez! Peixe por uma ninharia! Cerejas maduras!" Seu destino é a igreja de St. Luke, na Berwick Street: logo se vê a diminuta fileira

de janelas desbotadas e semigóticas. Um homem encontra-se do lado oposto do portão gradeado, esfolando enguias; ouve-se um grito e logo se sabe que uma daquelas pobres criaturas se recusa a aceitar seu destino e escorrega-lhe das mãos, para abrir caminho em meio à multidão.

No calor e na umidade do fim de agosto, o mau cheiro do Soho é inevitável, vindo das fossas e esgotos, das fábricas e fornalhas. Parte da fedentina deriva da onipresença dos animais no centro da cidade. Um visitante dos dias de hoje que viajasse no tempo até a Londres vitoriana não se surpreenderia em ver cavalos (e, consequentemente, seu esterco) em grande quantidade pelas ruas da cidade, mas talvez se espantasse com os muitos animais de fazenda que se viam nos bairros densamente povoados, como Golden Square. Verdadeiros rebanhos se estendiam pela cidade; o principal mercado de animais, em Smithfield, vendia regularmente trinta mil carneiros em dois dias. Um matadouro do Soho, na Marshall Street, abatia em média cinco bois e sete carneiros por dia, enquanto o sangue e os despojos dos animais escoavam para os bueiros da rua. Sem armazéns apropriados, os moradores convertiam residências tradicionais em "estábulos" – agrupando de vinte e cinco a trinta vacas em um único cômodo. Em alguns casos, estas eram içadas até os sótãos com a ajuda de guindastes, onde ficavam trancafiadas no escuro até que seu leite minguasse.

Até mesmo os animais domésticos podiam tornar-se opressivos. Um sujeito que vivia no segundo andar do número 38 da Silver Street mantinha vinte e sete cachorros em um único cômodo. Ele certamente espalhava no telhado da casa, para secar sob o brutal sol de verão, o que devia ser uma fabulosa quantidade de excremento canino. Uma faxineira no fim da rua tinha dezessete cachorros, gatos e coelhos em seu apartamento de um só cômodo.

O contingente humano era quase tão opressivo quanto. Whitehead costumava contar a história de uma visita que fizera a uma abarrotada casa de família. Ao perguntar à pobre mulher que ali vivia como conseguia se adaptar a tamanho aperto, ela respondeu: "Bem, estávamos bem acomodados até que o senhor chegou para se intrometer." Em seguida apontou um círculo de giz no centro do cômodo, que definia o espaço que o "cavalheiro" tinha permissão de ocupar.

Naquela manhã, a jornada de Henry Whitehead talvez tenha sido bastante animada. Ele parou em uma cafeteria frequentada por mecânicos, visitou as casas dos paroquianos, passou alguns minutos no fim da rua com os internos do asilo de St. James, onde se abrigavam quinhentos desvalidos de Londres em troca de árduos trabalhos ao longo do dia. Talvez tenha visitado a fábrica Eley Brothers, que abrigava cento e cinquenta funcionários que produziam a toque de caixa uma das mais importantes invenções militares do século: a "cápsula fulminante", que permitia que as armas de fogo funcionassem sob quaisquer condições meteorológicas. (Bastava uma leve chuva para que os sistemas mais antigos, com base em pederneiras, ficassem inoperantes.) Com a eclosão da Guerra da Crimeia alguns meses antes, o negócio dos irmãos Eley funcionava a todo o vapor.

Na Lion, uma cervejaria da Broad Street, os setenta homens ali empregados seguiam sua jornada de trabalho, sorvendo goles da bebida que lhes era oferecida como parte do pagamento. Um alfaiate que vivia no segundo andar da casa da família Lewis no número 40 da Broad Street – o conhecemos apenas como sr. G. – entregava-se a seu ofício, com o eventual auxílio da esposa. Nas calçadas, aglomeravam-se os mais altos escalões dos trabalhadores de rua: artífices que fabricavam e reparavam os mais variados produtos e vendedores ambulantes que vendiam de tudo, de bolos a almanaques, de caixas de rapé a esquilos vivos. Henry Whitehead certamente conhecia muitas dessas pessoas por nome, e seu dia se estenderia em uma corrente constante e metódica de conversas nas calçadas e salas de estar. Não há dúvida de que o calor devia ser o principal assunto das conversas: a temperatura chegara à casa dos trinta graus por vários dias seguidos e, desde meados de agosto, raras gotas de chuva caíram sobre a cidade. Havia as notícias da Guerra da Crimeia para se debater, bem como a nomeação do novo diretor do Departamento de Saúde, um certo Benjamin Hall, que prometera continuar a arrojada campanha sanitária de seu antecessor, Edwin Chadwick, sem, no entanto, alienar tantas pessoas. A cidade finalizava a leitura de *Hard Times*, o longo libelo de Dickens contra as cidades metalúrgicas do Norte do país, cuja derradeira parte fora publicada pela revista *Household Words* algumas semanas antes. E havia ainda os detalhes pessoais da vida cotidiana – um futuro casamento, a perda de um emprego, um neto a caminho – que Whitehead discutia com a mesma prontidão, por conhecer tão bem seus paroquianos. Mas de todas as conversas que teve ao longo dos três primeiros dias daquela fatídica semana, Whitehead se lembraria mais tarde de uma irônica omissão: nenhuma das conversas abordava o tema do cólera.

Imagine uma vista aérea da Broad Street naquela semana, apresentada de modo acelerado como em uma sequência cinematográfica. Grande parte da ação seria tomada pelo intenso alarido da cidade: "O ruidoso e o impetuoso, o arrogante, o petulante e o presunçoso ... [fazendo] seu usual rebuliço", como narra Dickens, no fim de *Little Dorrit*. Porém, em meio a toda essa turbulência, certos padrões aparecem, como redemoinhos em uma torrente de outro modo caótica. As ruas se dobravam diante do equivalente vitoriano da hora do *rush*, ascendendo ao romper do dia e, então, cedendo com a chegada da noite; rios de gente pobre afluindo a cada celebração diária da St. Luke; pequenas filas se formam ao redor de atarefados vendedores ambulantes. Em frente ao número 40 da Broad Street, enquanto o bebê Lewis agoniza a apenas poucos metros de distância, um único ponto na calçada atrai uma constante – e sempre nova – multidão de visitantes ao longo do dia, como um turbilhão de moléculas escoando por um dreno.

Ali estão por causa da água.

A bomba-d'água da Broad Street havia muito desfrutava uma reputação como uma confiável fonte de água límpida. Estendia-se por quase oito metros abaixo da superfície da rua, passando por baixo da camada de três metros de lixo e entulho sobre a qual artificialmente se elevava grande parte de Londres, através de um leito pedregoso que percorria todo o caminho até o Hyde Park e os veios arenosos e lamacentos embebidos com água da superfície. Muitos moradores do Soho, embora vivessem mais próximo de outras bombas – uma na Rupert Street, outra na Little Marlborough –, optavam por andar alguns quarteirões a mais a fim de provar o refrescante sabor da água da Broad Street. Com um agradável toque de gás carbônico, era mais fresca que a água encontrada nas bombas com que rivalizava. Por essas razões, a água da Broad Street se inseria numa complicada rede de hábitos da população. A cafeteria do fim da rua preparava o café com a água dali extraída; muitas lojinhas na vizinhança vendiam uma bebida denominada "sherbet", uma refrescante mistura de pó efervescente e água da Broad Street. Os *pubs* da Golden Square diluíam seus destilados com a mesma água.

Mesmo aqueles que abandonaram a Golden Square mantinham-se fiéis à bomba da Broad Street. Depois de perder o marido, que fundara a fábrica de cápsulas fulminantes na Broad Street, Susannah Eley se mudara para Hampstead. Seus filhos, porém, iam regularmente à Broad Street para encher um pote d'água, que levavam para a mãe em um carrinho de mão. Os irmãos Eley também mantinham dois grandes barris para que seus funcionários pudessem beber a água da fonte durante a jornada de trabalho. Com temperaturas que alcançavam os trinta graus à sombra naqueles derradeiros dias de agosto e nenhuma brisa para refrescar o ambiente, a sede coletiva pela água fresca da fonte deve ter sido intensa.

Temos uma notável quantidade de informações sobre os hábitos cotidianos de consumo de água no bairro de Golden Square naqueles dias opressivos de 1854. Sabemos que, na segunda-feira, os irmãos Eley despacharam uma garrafa para sua mãe, que a dividiria com uma sobrinha que a visitava naquela mesma semana. Sabemos que o filho de um boticário, em visita ao pai, saboreou um copo d'água da fonte depois de comer um pudim em um restaurante da Wardour Street. Sabemos que um oficial do Exército, que visitava um amigo na Wardour Street, tomou um copo de água da Broad Street durante o jantar. Sabemos que o alfaiate sr. G. enviou a esposa inúmeras vezes para apanhar um jarro d'água na bomba em frente a seu ateliê.

Também sabemos daqueles que naquela semana não beberam a água da fonte por inúmeros motivos: os trabalhadores da cervejaria Lion, em cuja cerveja era adicionada a água fornecida pela popular New River Company; uma família que normalmente dependia da filha de dez anos para buscar a água na fonte ficou alguns dias sem sua provisão, pois a menina estava de cama, recuperando-se de uma gripe. No sábado, John Gould, um contumaz consumidor da mesma água e notável ornitologista, recusou um copo, alegando que continha um cheiro repulsivo. A despeito de morar a alguns passos da bomba, Thomas Lewis jamais provou dessa água.

Há algo de notável a respeito dos pormenores de todas essas vidas em uma semana aparentemente comum que permanece nos anais da história há quase dois séculos. Quando o filho do boticário provou uma colher de seu pudim, jamais imaginaria que sua refeição seria objeto de interesse para todos os demais moradores da Londres vitoriana, ainda menos para a população do século XXI. Essa é uma das maneiras por meio das quais as doenças, em particular as doenças epidêmicas, arrasam as histórias tradicionais. Muitos protagonistas de eventos históricos mundiais – grandes batalhas militares, revoluções políticas – têm consciência da importância do momento que vivem. Agem com a certeza de que suas ações serão narradas e analisadas ao longo das décadas e dos séculos vindouros. As epidemias, no entanto, criam um tipo de história a partir de baixo: embora possam mudar o mundo, seus protagonistas são quase invariavelmente pessoas comuns, que seguem suas rotinas estabelecidas, sem pensar por um segundo sequer como suas ações serão registradas para a posteridade. E, é claro, caso reconheçam que estejam vivenciando uma crise histórica, em geral será tarde demais – pois, seja como for, a forma primordial pela qual pessoas comuns participam desse distinto gênero da história é com sua própria morte.

Algo, entretanto, se perdeu nesses registros, algo mais íntimo e particular que histórias a respeito de pudins e cervejas – a saber, como se sentiam aqueles que contraíam o cólera naquela efervescente e populosa cidade, em uma época em que tão pouco se sabia sobre a doença. Temos relatos extraordinários e detalhados sobre os movimentos de dezenas de pessoas naquele fim de verão; temos gráficos e tabelas sobre a quantidade de vivos e mortos. Se quisermos, no entanto, recriar a experiência íntima da deflagração da doença – o suplício físico e emocional que ela envolve –, os registros históricos nos deixam na mão. Para isso, é preciso usar nossa imaginação.

A certa altura daquela quarta-feira, é provável que o sr. G., o alfaiate do número 40 da Broad Street, tenha começado a sentir uma estranha agitação, acompanhada por um ligeiro desarranjo intestinal. Na verdade, não seria possível distinguir os sintomas iniciais dos de uma intoxicação alimentar. Mas, assentados naqueles sintomas físicos, haveria um sentimento mais profundo de mau agouro. Imagine se, cada vez que experimentasse um leve desarranjo intestinal, o indivíduo soubesse que corria um grande risco de estar morto em menos de quarenta e oito horas. Lembre-se, também, de que as condições alimentares e sanitárias da época – ausência de geladeiras; contaminação das fontes de água; consumo excessivo de cerveja, destilados e café – propiciavam um solo fértil para indisposições digestivas, até mesmo quando estas não levavam ao cólera. Imagine viver sob a ameaça constante dessa espada de Dâmocles – sendo cada dor estomacal ou diarreia um possível presságio de morte iminente.

Os moradores da cidade já haviam vivido sob o domínio do medo, e Londres, é verdade, não esquecera a Grande Praga e o Grande Incêndio que a abateram. No entanto, para os londrinos, a ameaça do cólera era um produto específico da Era Industrial e suas redes de navegação global: não se conhece sequer um caso de cólera em solo britânico antes de 1831. A doença, porém, era bastante antiga. Escritos sânscritos datados de 500 a.C. descrevem uma doença fulminante que levava as vítimas à morte ao drenar-lhes todo o líquido do corpo. Hipócrates prescreveu, como tratamento, as flores brancas do heléboro. A doença, no entanto, permaneceu em grande medida confinada à Índia e ao subcontinente asiático por ao menos dois mil anos. Os londrinos tiveram o primeiro contato com o cólera quando um surto entre soldados britânicos aquartelados em Ganjan, na Índia, acometeu mais de quinhentos homens em 1781. Dois anos depois, documentos britânicos fazem menção a uma terrível epidemia que matou vinte mil romeiros em Haridwar. Em 1817, o cólera "irrompeu ... com extraordinária impetuosidade", como relatou o *Times*, percorrendo, através da Turquia e da Pérsia, todo o caminho até Cingapura e Japão, e até mesmo alcançando as Américas antes de dissipar-se em 1820. A Inglaterra foi poupada, o que levou as autoridades da época a desfilar uma série de clichês racistas sobre a superioridade do modo de vida britânico.

Mas isso não passava de um sinal de alerta. Em 1829, a doença começou realmente a se espalhar, varrendo a Ásia, a Rússia e até mesmo os Estados Unidos. No verão de 1831, uma epidemia se espalhou por um punhado de navios ancorados no rio Medway, a cerca de cinquenta quilômetros de Londres. Casos no interior do continente só apareceriam em outubro daquele ano, na cidade de Sunderland, no Nordeste do país, começando com um sujeito chamado William Sproat, o primeiro inglês a perecer de cólera em sua terra natal. Em 8 de fevereiro do ano seguinte, John James tornou-se a primeira vítima fatal na cidade de Londres. Quando o surto teve fim, em 1833, a quantidade de mortes na Inglaterra e no País de Gales era acima de vinte mil. Depois da primeira epidemia, a doença passou a irromper com intervalos de poucos anos, despachando prematuramente algumas centenas de almas para a sepultura e, em seguida, recolhendo-se novamente ao subsolo. Mas a longo prazo essa tendência não era encorajadora. A epidemia de 1848-49 consumiria cinquenta mil vidas na Inglaterra e no País de Gales.

Toda essa história se abateria como um pesadelo sobre o sr. G. e, na quinta-feira, seu estado possivelmente se agravava. Talvez tenha começado a vomitar durante a noite e muito provavelmente experimentou espasmos musculares e intensas dores abdominais. A certa altura, deve ter sido tomado por uma sede avassaladora. O sintoma, no entanto, vinha acompanhado de algo mais terrível: seu intestino evacuaria enormes quantidades de água, estranhamente sem cheiro ou cor, contendo apenas diminutas partículas brancas. Os clínicos da época denominavam isso "evacuação de água de arroz". Uma vez que se começava a expelir água de arroz, havia uma grande possibilidade de que, em poucas horas, se estivesse morto.

O sr. G. estava assustadoramente consciente de seu destino, até mesmo quando enfrentava a agonia física da doença. Um dos malefícios distintivos do cólera é que aqueles que o padecem permanecem mentalmente alertas até os últimos estágios da doença, com total consciência da dor e da chocante redução de sua expectativa de vida. O *Times* descreveu essa terrível condição muitos anos antes em uma longa explanação sobre a doença: "Enquanto o mecanismo da vida é subitamente aprisionado, o corpo esvaziado por alguns rápidos jatos de soro e reduzido a uma massa ... prostrada e inerte, em seu interior a mente permanece intocada e lúcida – estranhamente luzindo através dos olhos esgazeados, com um brilho inextinguível e vívido –, um espírito a olhar aterrorizado de dentro de um cadáver."

Na sexta-feira, mal se perceberia o pulso do sr. G e uma desagradável e ressecada máscara de pele azul recobriria seu rosto. Seu estado se assemelharia à descrição de William Sproat feita em 1831: "Fisionomia bastante contraída, olhos fundos, lábios lívidos, tal qual a pele nas extremidades mais baixas; as unhas ... arroxeadas."

Tudo isso não passa, em sua maior parte, de conjecturas. Mas há algo que sabemos com certeza: à uma hora da tarde da sexta-feira, enquanto o bebê Lewis sofria em silêncio no quarto contíguo, o coração do sr. G. parava de bater, apenas vinte e quatro horas depois de ele ter demonstrado os primeiros sintomas do cólera. Dentro de poucas horas, outros doze moradores do Soho estariam mortos.

EMBORA NÃO HAJA UM RELATO MÉDICO específico a esse respeito, com o conhecimento adquirido ao longo de um século e meio de pesquisas científicas, podemos descrever com precisão os eventos celulares que transformaram, em poucos dias, o saudável e ativo sr. G. em um cadáver lívido e enrugado. O cólera é uma espécie de bactéria, um organismo microscópico unicelular, que abriga filamentos de DNA. Ainda que não possuam as organelas e os núcleos das células eucarióticas presentes nas plantas e nos animais, as bactérias são mais complexas do que os vírus, que são essencialmente nada mais que filamentos expostos de código genético, incapazes de sobreviver e se reproduzir sem a contaminação de um organismo hospedeiro. Em termos absolutos, as bactérias são, de longe, os mais bem-sucedidos organismos do planeta. Um centímetro quadrado de pele contém, muito provavelmente, cem mil células distintas de bactérias; um barril cheio de terra conteria bilhões e bilhões. Alguns especialistas acreditam que, apesar de seu tamanho diminuto (grosso modo, seu comprimento corresponde a um milionésimo de metro), o reino das bactérias talvez seja a maior forma de vida em termos de biomassa.

Mais impressionante do que os números absolutos, porém, é a diversidade de estilos de vida das bactérias. Todos os organismos que se originam da complexa célula eucariótica (plantas, animais, fungos) sobrevivem graças a uma de duas estratégias metabólicas básicas: fotossíntese ou respiração aeróbica. Pode haver uma surpreendente diversidade no universo da vida multicelular – baleias, viúvas-negras e sequoias-gigantes –, mas por trás de toda essa diversidade encontram-se duas opções fundamentais para a manutenção da vida: respirar o ar e capturar a luz do Sol. As bactérias, por sua vez, mantêm-se vivas graças a uma fascinante variedade de formas: consomem nitrogênio diretamente do ar, extraem energia do enxofre, vicejam nas águas profundas e ferventes dos vulcões marinhos, vivem aos milhões em um mero cólon humano (como o faz a *Escherichia coli*).

Sem as inovações metabólicas exploradas pelas bactérias, não teríamos literalmente mais ar para respirar. Com exceção de alguns poucos compostos incomuns (entre os quais o veneno de cobra), as bactérias podem processar todas as moléculas da vida, o que as torna tanto um fornecedor essencial de energia para o planeta como seu principal reciclador. Como Stephen Jay Gould argumentou em seu livro *Full House*, embora a Era dos Dinossauros ou a Era do Homem encham os salões dos museus, na verdade, desde os dias da sopa primordial, houve uma longa Era das Bactérias em nosso planeta. O restante de nós é mero adendo ao plano original.

O nome científico da bactéria do cólera é *Vibrio cholerae*. Vista através de um microscópio eletrônico, a bactéria assemelha-se a um amendoim flutuante – um bastonete encurvado com uma cauda fina e giratória, denominada flagelo, que impulsiona o organismo de modo semelhante ao motor de popa de uma lancha. Isoladamente, uma única bactéria *Vibrio cholerae* é inofensiva ao homem. É necessário algo em torno de um milhão e cem milhões de organismos, dependendo da acidez do estômago, para contrair a doença. Como nossas mentes enfrentam certa dificuldade para compreender a escala da vida no microcosmo da existência bacteriana, cem bilhões de micróbios soam, a um primeiro momento, como uma quantidade descabida para uma ingestão acidental. No entanto, apenas para que sejam perceptíveis a olho nu, são necessários cerca de dez bilhões de bactérias em um mililitro de água. (Um mililitro corresponde, grosso modo, a 0,4% – quatro milésimos – de uma xícara.) Um copo de água contém facilmente duzentos milhões de *Vibrio cholerae* sem o menor indício de sujeira.

Para que essas bactérias representem algum perigo, é preciso ingerir essas pequenas criaturas: o mero contato físico não provoca a doença. O *Vibrio cholerae* precisa encontrar um caminho até o intestino delgado do homem. Nesse momento, lança um duplo ataque. Primeiro, uma proteína chamada Pilis TCP auxilia a bactéria a reproduzir-se em uma velocidade impressionante, firmando o organismo em uma densa superfície, feita de centenas de camadas, que recobrem a parede do intestino. Nessa rápida explosão populacional, as bactérias injetam uma toxina nas células intestinais. A toxina do cólera, por fim, rompe um dos principais papéis metabólicos do intestino delgado: o de manter um nível balanceado de água no corpo. É nas paredes do intestino delgado que estão as células que absorvem a água e a distribuem para o restante do corpo, bem como as células que secretam a água que acaba sendo eliminada pelo organismo. Em um corpo saudável e hidratado, o intestino delgado absorve mais água do que expele, mas uma invasão de *Vibrio cholerae* inverte esse equilíbrio: a toxina do cólera ludibria as células, que passam a expelir água em níveis prodigiosos, tanto que, em casos extremos, há registro de pessoas que perderam até 30% de seu peso em poucas horas. (Alguns dizem que o próprio nome *cholera* deriva da palavra grega para "calha", evocando as torrentes de água que fluem após uma tempestade.) Os fluidos expelidos contêm lascas das células epiteliais do intestino delgado (as partículas brancas que inspiraram a descrição de "água de arroz"). Contêm igualmente uma maciça quantidade de *Vibrio cholerae*. Um ataque de cólera pode resultar em uma emissão de até vinte litros de líquido, com uma concentração de *Vibrio cholerae* de cerca de cem milhões por mililitro.

Em outras palavras, a ingestão acidental de um milhão de *Vibrio cholerae* pode produzir um trilhão de novas bactérias no decorrer de três ou quatro dias. De fato, o organismo converte o corpo humano em uma fábrica para se multiplicar na ordem de milhões. E, caso a fábrica não sobreviva mais que alguns dias, que assim seja. Em geral, há outra nas proximidades para colonizar.

É DIFÍCIL DETERMINAR A VERDADEIRA causa da morte por cólera; a dependência do corpo humano em relação à água é tão profunda que praticamente todos os principais sistemas começam a falhar quando tamanha quantidade de líquido é evacuada em um período de tempo tão curto. A morte por desidratação é, em certo sentido, uma negação à própria origem da vida sobre a Terra. Nossos antepassados se desenvolveram primeiro nos oceanos do jovem planeta e, quando alguns organismos conseguiram se adaptar à vida terrestre, nossos corpos mantiveram a memória genética de nossa origem aquática. Para todos os animais, a fecundação se desenrola em algum ambiente líquido; o embrião flutua no útero; o sangue humano tem praticamente a mesma concentração de sais da água do mar. "Algumas espécies de animais que se adaptaram totalmente à terra o fizeram por meio do ardil de levar consigo seu antigo ambiente", escreve a bióloga evolucionista Lynn Margulis. "Nenhum animal conseguiu abandonar por completo o microcosmo aquático. ... Não importa quão alto e seco seja o topo da montanha, não importa quão isolado e moderno o abrigo, suamos e choramos o que é basicamente água do mar."

O primeiro efeito significativo provocado por uma grave desidratação é a redução do volume de sangue em circulação no corpo; à medida que perde água, o sangue fica cada vez mais denso. Com a diminuição do volume, o coração passa a bombear mais rápido a fim de manter a pressão sanguínea estável e os órgãos vitais – o cérebro e os rins – em funcionamento. Nessa triagem interna, órgãos não vitais, como a vesícula biliar e o baço, começam a entrar em colapso. Os vasos sanguíneos das extremidades contraem, criando uma sensação de formigamento persistente. Como o cérebro continua a receber um fornecimento suficiente de sangue nesse estágio inicial, a vítima do cólera mantém uma consciência aguda do ataque que o *Vibrio cholerae* lançou contra seu corpo.

Por fim, o coração torna-se incapaz de manter a pressão sanguínea adequada e instala-se a hipotensão. O coração bombeia em um ritmo frenético, enquanto os rins lutam para conservar a maior quantidade de líquido possível. A mente torna-se enevoada; algumas vítimas ficam atordoadas ou, até mesmo, desmaiam. As terríveis evacuações de água de arroz continuam. Até aí, a vítima do cólera pode ter perdido mais de 10% de seu peso corporal em menos de vinte e quatro horas. Quando os rins finalmente começam a falhar, a corrente sanguínea recria, em menor escala, a crise de manejo de resíduos que contribuiu para a propagação do cólera em tantas grandes cidades: excrementos acumulam-se no sangue, fomentando um estado a que se denomina uremia. A vítima fica inconsciente ou mesmo em coma; os órgãos vitais começam a entrar em colapso. Em poucas horas, a vítima está morta.

Mas, a seu redor, em seus lençóis encharcados, nas tinas de água de arroz ao lado da cama, nas fossas e nos esgotos, há novas formas de vida – trilhões delas –, aguardando pacientemente para infectar outro hospedeiro.

~

Às vezes falamos que os organismos "desejam" certos ambientes, ainda que, em si, não tenham de fato qualquer consciência, qualquer senso de desejo, no sentido humano da palavra. O desejo nesse caso é uma questão de fins, e não de meios: o organismo deseja certo ambiente quando este lhe permite reproduzir-se com mais eficiência do que em outros: um camarão marinho *deseja* água salgada, um cupim *deseja* madeira podre. Colocando-o no ambiente desejado, o organismo aparecerá em abundância no mundo; retirando-o dali, ele escasseará.

Nesse sentido, o que a bactéria *Vibrio cholerae* deseja, mais do que tudo, é um ambiente no qual seres humanos possuam o hábito regular de comer o excremento de outras pessoas. O *Vibrio cholerae* não pode ser transmitido através do ar ou até mesmo através da troca da maioria dos fluidos corporais. O principal meio de transmissão é quase invariavelmente o mesmo: uma pessoa infectada expele a bactéria durante um dos violentos ataques de diarreia, marca registrada da doença, e outra pessoa de algum modo engole algumas dessas bactérias, em geral através do consumo de água contaminada. Acrescente-se a isso um contexto no qual a ingestão de excrementos seja uma prática comum, e o cólera se propagará – apossando-se de um intestino após outro, com o intuito de produzir mais bactérias.

Em grande parte da história do *Homo sapiens*, essa dependência da ingestão de excrementos significava que a bactéria do cólera tinha um alcance limitado. Desde a aurora da civilização, a cultura humana tem demonstrado uma notável aptidão para a diversidade, no entanto o ato de comer dejetos humanos talvez esteja tão próximo de ser um tabu universal quanto qualquer outro que se conheça. E, portanto, sem uma prática difundida de consumo de dejetos alheios, o cólera permanecia confinado a seu lar original, nas águas repugnantes do delta do Ganges, sobrevivendo de uma dieta de plânctons.

Na prática, a transmissão da doença por meio do contato físico com vítimas do cólera não é impossível, mas o risco de que isso ocorra é mínimo. Ao manipular roupas infectadas, por exemplo, uma colônia invisível de *Vibrio cholerae* pode se instalar sob as unhas, que, caso não sejam lavadas, podem chegar à boca durante a refeição e, pouco depois, começar sua letal multiplicação no intestino delgado. Do ponto de vista do cólera, no entanto, isso é em geral uma forma ineficiente de reprodução: somente um pequeno número de pessoas está sujeito a tocar os dejetos imediatos de outro ser humano, particularmente de alguém que esteja sofrendo de uma doença tão violenta e mortal. E, mesmo que algumas bactérias tivessem a sorte de se alojar em um dedo errante, não há qualquer garantia de que sobreviveriam tempo suficiente para chegar ao intestino delgado.

Por milhares de anos, o cólera manteve-se, em larga medida, sob controle em virtude destes dois fatores: os seres humanos, em sua maioria, não eram propensos a consumir conscientemente os excrementos uns dos outros e, nas raras ocasiões em que ingeriam acidentalmente dejetos humanos, o ciclo dificilmente voltava a se repetir, impedindo, assim, que as bactérias encontrassem um ponto de inflexão a partir do qual pudessem se expandir em meio à população em taxas crescentes, semelhante à forma como doenças mais facilmente transmissíveis, como gripe e varíola, sabidamente o fazem.

Foi então que, após inúmeros anos de luta pela sobrevivência através das poucas rotas de transmissão à sua disposição, o *Vibrio cholerae* tirou a sorte grande. Os seres humanos começaram a se reunir em áreas urbanas com densidades populacionais que excediam tudo o que jamais se registrara na história: cinquenta pessoas amontoadas em uma casa de quatro andares, cem em um único quilômetro quadrado. As cidades ficaram esmagadas pela imundície do homem. E essas mesmas cidades estavam cada vez mais interligadas pelas rotas de navegação dos grandes impérios e corporações da época. Quando o príncipe Albert anunciou pela primeira vez sua ideia a respeito de uma Grande Exposição, seu discurso incluía as seguintes linhas utópicas: "Vivemos um maravilhoso momento de transição, que tende rapidamente a atingir aquela grandiosa era para a qual, de fato, toda a história aponta: a realização da unificação da humanidade." A humanidade estava, sem dúvida, unificando-se, mas os resultados estavam longe de ser maravilhosos. As condições sanitárias de Délhi podiam afetar diretamente as de Londres e Paris. Não era apenas a humanidade que se aproximava; mas também seus intestinos delgados.

Inevitavelmente, nesses vastos novos espaços metropolitanos, com suas redes globais de comércio, as linhas se cruzavam: a água potável foi contaminada pelos esgotos. A ingestão de pequenas partículas de dejetos humanos deixou de ser uma anomalia para colocar-se no centro da vida cotidiana. Isso foi uma ótima notícia para o *Vibrio cholerae.*

A contaminação da água potável nos densos centros populacionais não afeta apenas o número de *Vibrio cholerae* em circulação nos intestinos delgados da humanidade. Aumenta também, em grande medida, a virulência da bactéria. É esse um princípio evolucionário há muito observado em populações de micróbios que disseminam doenças. Bactérias e vírus se expandem em níveis muito mais elevados do que os humanos, por várias razões. Em primeiro lugar, os ciclos de vida das bactérias são incrivelmente rápidos: uma única bactéria pode produzir um milhão de descendentes em questão de horas. Cada nova geração abre novas possibilidades para uma inovação genética, seja por novas combinações dos genes existentes, seja por mutações aleatórias. A mudança genética humana é infinitamente mais lenta; precisamos transmitir por todo um processo de maturação, ao longo de quinze anos, antes de pensarmos em transmitir nossos genes para as gerações seguintes.

As bactérias contam ainda com outra arma em seu arsenal. Ao transmitir seus genes, elas não estão limitadas ao modelo controlado e linear dos organismos multicelulares. Com os micróbios, as possibilidades são muitas. Uma sequência aleatória de DNA pode flutuar em direção à célula de uma bactéria próxima e, de imediato, ser recrutada para desempenhar novas e cruciais funções. Estamos tão acostumados com a transmissão vertical de DNA de pai para filho que a ideia de emprestar pequenos pedaços de código genético nos parece absurda, mas isso é um mero preconceito de nossa existência eucariótica. No reino invisível dos vírus e das bactérias, os genes se movem de uma forma muito mais indiscriminada, criando muitas combinações desastrosas, mas também, é claro, disseminando estratégias inovadoras com mais rapidez. Como Lynn Margulis escreveu: "Fundamentalmente, todas as bactérias do mundo têm acesso a um único caldo genético e, portanto, aos mecanismos adaptativos de todo o reino bacteriano. A velocidade da recombinação é superior à da mutação: um organismo eucariótico poderia levar milhões de anos para se ajustar a uma mudança em escala mundial, ao passo que as bactérias o fazem em poucos anos."

Desse modo, bactérias como a *Vibrio cholerae* são eminentemente capazes de desenvolver rápidas e novas características em resposta às mudanças ambientais – em particular a uma mudança que torne significativamente mais fácil sua reprodução. Em geral, um organismo como o *Vibrio cholerae* se defronta com uma difícil análise de custo–benefício: uma variedade particularmente letal pode fazer incalculáveis bilhões de cópias de si mesma em uma questão de horas, mas, em geral, o sucesso reprodutivo extermina o corpo humano que torna possível essa reprodução. Se esses bilhões de cópias não tiverem um rápido acesso a outro trato intestinal, todo o processo se dá em vão; em razão de sua própria virulência, os genes tornam-se incapazes de produzir novas cópias de si mesmos. Em ambientes em que o risco de transmissão é baixo, a melhor estratégia é promover um ataque de baixa intensidade contra o hospedeiro humano: reproduzir em níveis controlados e manter o ser humano vivo mais tempo, na esperança de que, de uma hora para outra, algumas moléculas bacterianas tenham acesso a outro intestino, no qual todo o processo possa recomeçar.

Mas um denso aglomerado urbano, abastecido com água contaminada, elimina o dilema do *Vibrio cholerae*. Não há qualquer incentivo para que não se reproduza do modo mais violento possível – e, por consequência, eliminar o hospedeiro o mais breve possível –, pois há grandes possibilidades de que as evacuações do atual hospedeiro sejam rapidamente direcionadas para outro trato intestinal. Dessa forma, as bactérias podem investir toda a sua energia na reprodução e esquecer a longevidade.

É claro que as bactérias não têm a menor consciência do desenvolvimento dessa estratégia, que progride por conta própria à medida que se altera o balanço geral da população de *Vibrio cholerae*. Em ambientes com baixo nível de transmissão, as variedades mais virulentas morrem e as mais brandas apossam-se da população. Em ambientes com alto nível de transmissão, as variedades mais virulentas rapidamente superam em número as mais brandas. Nenhuma bactéria isolada está consciente da análise de custo–benefício, porém, graças à sua incrível capacidade de adaptação, são capazes de fazer a análise de modo coletivo – cada vida e morte isolada atua como uma espécie de voto em uma assembleia representativa de micróbios. Não há qualquer tipo de consciência na ínfima bactéria. No entanto, há uma espécie de inteligência coletiva.

Além disso, até mesmo a consciência humana tem seus limites. Ela tende a ser mais acurada na escala da existência humana, mas tão ignorante quanto uma bactéria em outras escalas. Quando os moradores de Londres e de outras grandes cidades passaram a se aglomerar em quantidade tão extraordinária, quando começaram a construir sistemas mais elaborados para o acúmulo e a remoção de lixo e a contaminar a água potável dos rios, assim o fizeram com uma verdadeira consciência de seus atos, com uma clara estratégia em mente. No entanto, não tinham a menor consciência do impacto que essas decisões teriam sobre os micróbios: não apenas por tornar as bactérias mais numerosas, mas também por modificar seu próprio código genético. O morador de Londres que usufruía a descarga de água de sua privada ou de cara provisão de água fornecida pela South Water Company não só remodelava sua vida íntima a fim de torná-la mais cômoda e luxuosa, como também, involuntariamente, reformulava o DNA do *Vibrio cholerae* com suas ações. Ele o transformava em um assassino mais eficiente.

A TRÁGICA IRONIA DO CÓLERA é que a doença possui uma cura surpreendentemente simples e sensata: água. As vítimas do cólera que recebem água e eletrólitos por via intravenosa e terapias orais seguramente sobrevivem à doença, a ponto de numerosos estudos deliberadamente infectarem voluntários com a doença para analisar seus efeitos, sabendo que o programa de reidratação transforma o mal em um mero e desconfortável ataque de diarreia. É plausível imaginar que a cura pela água pudesse ter ocorrido a alguns dos médicos da época: afinal, os doentes estavam eliminando prodigiosas quantidades de água. Em busca de uma cura, não seria lógico começar com a reposição dos líquidos perdidos? E, de fato, Thomas Latta, um médico britânico, defrontou-se exatamente com essa cura em 1832, meses depois do primeiro surto da doença, injetando água salgada nas veias das vítimas. A única diferença da abordagem de Latta em relação aos tratamentos modernos diz respeito à quantidade de líquido a ser reposto: são necessários vários litros de água para assegurar a total recuperação.

Tragicamente, a solução proposta por Latta se perdeu em meio à imensa variedade de curas para o cólera que emergiram nas décadas subsequentes. A despeito de todos os avanços tecnológicos da Era Industrial, a medicina vitoriana não primava pelo rigor científico. Lendo jornais e revistas médicas da época, o que se destaca não é apenas a quantidade de remédios propostos, mas a quantidade de pessoas envolvidas nesse debate: cirurgiões, enfermeiras, charlatões, autoridades da saúde pública, boticários diletantes, todos escrevendo para o *Times* e o *Globe* – ou ali publicando anúncios pagos – sobre as curas infalíveis que haviam inventado.

Essas infindáveis notícias refletem uma estranha superposição histórica, que em grande medida já superamos – o período que se *segue* à ascensão dos meios de comunicação de massa, mas que *antecede* o surgimento de uma ciência médica especializada. Pessoas comuns havia muito cultivavam remédios populares e diagnósticos simplórios, mas até o surgimento dos jornais, não tinham um fórum mais amplo para a difusão de suas descobertas. Ao mesmo tempo, a divisão do trabalho médico que hoje consideramos natural – pela qual pesquisadores analisam doenças e possíveis curas, e médicos prescrevem essas curas baseando-se nas melhores investigações científicas – atingiu apenas um estágio embrionário na Era Vitoriana. Havia um sistema médico em formação – mais bem representado pelo proeminente jornal *The Lancet* –, mas sua autoridade estava longe de ser incontestável. Não se exigia um diploma acadêmico para que se pudesse compartilhar com o mundo a cura para o reumatismo ou o câncer da tireoide. Na maioria dos casos, isso significava que, nos jornais da época, abundavam as promessas às vezes cômicas, e quase sempre inócuas, de curas fáceis para doenças que se provavam muito mais difíceis de serem combatidas do que apregoavam os charlatões. Esse sistema anárquico, no entanto, tornou igualmente possível que verdadeiros visionários se movimentassem ao redor do *establishment*, principalmente quando este não dava importância aos critérios científicos.

O sucesso dos tratamentos charlatanescos teve um inesperado efeito colateral: ajudou a criar toda uma retórica de propaganda – bem como um modelo de negócios para jornais e revistas – que perdurou por mais de um século. No fim do século XIX, fabricantes de medicamentos eram os principais anunciantes no meio jornalístico, e, como o historiador Tom Standage observa, estavam "entre os primeiros a reconhecer a importância das marcas e da publicidade, dos slogans e dos logotipos.

... Uma vez que, em geral, a fabricação dos remédios era, em si, muito barata, era coerente gastar dinheiro com marketing". Hoje se tornou um verdadeiro lugar-comum afirmar que vivemos em uma sociedade na qual a imagem é mais valorizada do que a essência, na qual nossos desejos são continuamente alimentados pelo combustível ilusório das mensagens publicitárias. Na verdade, essa condição remonta àquelas estranhas notícias que se espalhavam pelas colunas dos jornais vitorianos, prometendo uma infindável ladainha de curas engarrafadas em um elixir maravilhosamente barato.

Não surpreende que a indústria de medicamentos estivesse ávida para prover a cura para a mais ameaçadora doença do século XIX. Em agosto de 1854, um incauto leitor dos classificados do *Times* londrino poderia facilmente presumir que o cólera estava prestes a sair de cena, em vista de todas as curas que pareciam à disposição:

> FEBRE E CÓLERA. – O ar de cada cômodo em que apareceu a doença deve ser purificado com o uso do Fluido Purificador de Ar Saunder. Esse poderoso desinfetante destrói os odores nocivos em instantes e impregna o ar com uma refrescante fragrância. – J.T. Saunder, perfumista, 316B, Oxford-street, Regent-circus; e todos os boticários e perfumistas. Preço: 1 xelim.

Ainda que hoje os achemos risíveis, os anúncios dos fabricantes de medicamentos provocavam uma enxurrada de cartas iradas que clamavam contra a injustiça de essas curas dispendiosas serem mantidas fora do alcance das classes mais baixas:

> Prezado senhor, observei nos últimos tempos que várias cartas em seu influente jornal têm abordado o mais badalado assunto do momento – o elevado preço do óleo de rícino que é vendido no varejo pelos boticários. ... Um homem nesta cidade [teve] a coragem de vir a público, afixando cartazes nos muros, anunciando que está apto a vender onças do melhor óleo de rícino extraído por pressão, ao preço de dez centavos a onça, e esperamos que seu exemplo seja universalmente seguido. Na verdade, prezado senhor, quando o próprio boticário é suficientemente ingênuo para anunciar ao mundo que pode manter seu artigo à venda por dez centavos a onça em vez

> de trinta, e assim mesmo auferindo um lucro suficiente, não resta a menor dúvida na mente das pessoas de que essa espécie de comerciante vem, nos últimos anos, fazendo uma boa colheita com a revenda de óleo de rícino aos pobres, com ganhos tão expressivos.

Reconhece-se nessas colocações a origem de outra sensibilidade moderna: a indignação que hoje se volta contra o preço extorsivo das companhias farmacêuticas multinacionais. Mas ao menos as grandes companhias farmacêuticas estão, mais do que nunca, vendendo algo que de fato funciona. É difícil dizer o que era pior: vender óleo de rícino com margens de lucro tão altas ou oferecê-lo como um ato de caridade. Ao menos os preços abusivos desencorajavam as pessoas a usarem um produto tão pernicioso.

Em um nível acima nesta cadeia alimentar, estavam as cartas endereçadas ao *Times*, frequentemente escritas por profissionais da área médica, que ofereciam seus medicamentos (ou questionavam os alheios) com fins obviamente menos comerciais. No fim do verão de 1854, o cirurgião-chefe da polícia da cidade, G.B. Childs, publicou um artigo no *Times* no qual descrevia um infalível remédio para combater o sintoma denunciador do cólera: a diarreia. Eis a carta, datada de 18 de agosto:

> Os senhores poderiam me permitir ... gentilmente um espaço em suas colunas, não apenas para reiterar o que já afirmei em relação ao éter e ao láudano, mas também para explicar como, em minha opinião, esses medicamentos agem quando chegam ao estômago? Se algum testemunho corroborativo de sua eficácia ainda se faz necessário, eu pediria àqueles que ainda duvidam de seus méritos que se dirijam a qualquer uma das delegacias da cidade de Londres, nas quais se mantém um suprimento do remédio, para se comprazer com o seu grau de aceitação entre os membros da força policial. ... É necessário algo que atue com rapidez, sem a necessidade do lento, e nesses casos incerto, processo de digestão. Se as propriedades do ópio são preciosas e são assim apreciadas por todas essas autoridades, quanto antes tais propriedades forem postas em ação, melhor. ... Em conclusão, prezado senhor, permita-me salientar que, ao apresentar esses remédios a seus inúmeros leitores, sinto que, como servidor público, estou cumprindo meu dever.

Formalmente, essas solenes declarações finais são típicas do gênero e, é claro, tal solenidade desempenha um papel importante contra o espanto dos leitores modernos diante do próprio medicamento. Afinal, temos aqui um importante chefe de polícia escrevendo a um jornal diário basicamente para encorajar a população a ingerir heroína no tratamento de seus desconfortos intestinais – e, caso não acreditassem nele, os leitores deveriam se dirigir à delegacia de polícia mais próxima para ouvir, em primeira mão, quão altamente considerado é o "medicamento" pela força policial. Nada que nos lembre da "guerra às drogas", embora tal colocação não seja totalmente destituída de mérito médico: a constipação é um notório efeito colateral do abuso de opiáceos.

Os remédios contra o cólera eram moeda corrente nos jornais da época, uma interminável fonte de debate. Um doutor em medicina podia endossar seu coquetel de óleo de linhaça e compressas quentes na terça-feira, e na quinta-feira outro imprimiria uma lista de pacientes que morreram depois de se submeterem àquele preciso tratamento.

> Prezado senhor, persuadido pelos resultados favoráveis do uso de óleo de rícino contra o cólera, tal como relatado pelo dr. Johnson, pus à prova esse tratamento, e lamento dizer que com significativo fracasso. ...

> Prezado senhor, permita-me rogar a seus leitores metropolitanos para não se deixarem convencer pela carta de um de seus missivistas da crença de que a fumaça é de algum modo um preventivo contra o cólera ou que pode, em qualquer nível, influenciar a prevalência dessa doença epidêmica. ...

A constante disputa nos jornais entre as autoridades médicas atingiu, por fim, níveis de autoparódia. Na semana da deflagração do surto da Broad Street, o *Punch* circulou com um contundente editorial intitulado "Quem deve decidir quando os médicos discordam?".

> É realmente nauseante testemunhar a quantidade de material médico que se permite estampar nas colunas dos jornais. No fim, será necessário processar a imprensa pública como um estorvo público, se continuarmos a ter esse "material infame e ofensivo" circulando bem debaixo de nossos narizes

> todos os dias à mesa do café em níveis ameaçadores à saúde, ao paciente e à benevolência da comunidade de leitores. Se os médicos que escrevem para os periódicos concordassem em suas prescrições contra o cólera, o público poderia sentir-se gratificado pelo incômodo, mas, quando um "infalível medicamento" de um determinado profissional médico é o "veneno letal" de outro, e o remédio de hoje é denunciado como a droga fatal de amanhã, ficamos confusos e alarmados com o risco que corremos ao seguir as contraditórias diretrizes dos médicos.

No que dizia respeito ao cólera, os médicos comuns não tinham mais aceitação do que os empreendedores farmacêuticos ou os missivistas dos jornais. Às vezes, o cólera era tratado com sanguessugas, de acordo com a teoria humoral de que o que estivesse errado com o paciente deveria ser dele removido: se o sangue da vítima estava espesso, por causa da desidratação, então o paciente precisava perder mais sangue. Contrariando o conselho de G.B. Childs, muitos médicos prescreviam laxantes para combater uma doença que já expelia do corpo uma quantidade fatal de líquidos. Os purgantes como o óleo de rícino ou ruibarbo eram amplamente empregados. Os médicos também estavam inclinados a recomendar um tratamento à base de conhaque, a despeito de seus conhecidos efeitos de desidratação. Mesmo que esses não fossem exemplos de tratamentos que representavam mais perigo que a própria enfermidade – o cólera colocava o patamar em níveis elevados –, muitos dos remédios propostos exacerbavam a crise fisiológica provocada pela doença. Os poucos efeitos positivos, quando havia, eram na maior parte placebos por natureza. E, é claro, em meio a essa mistura de remédios caseiros, elixires comerciais e prescrições pseudocientíficas jamais se encontraria o verdadeiro conselho de que os pacientes precisavam: reidratem-se.

Na sexta-feira de manhã, a crescente sensação de medo ainda não havia se expandido além dos limites do bairro de Golden Square. A onda de calor finalmente cedera, e o restante da cidade saboreava um clima ameno e luminoso. Não havia como saber que, em seu seio, um surto terrível reivindicava sua primeira vítima. O único item do *Morning Chronicle* sobre o cólera soava como uma notícia otimista, refletindo sobre sua minguante presença nas linhas de frente da Guerra da Crimeia: "Tendo, por fim, emergido dos perigos do mês de agosto, podemos esperar pelo enfraquecimento da pestilência no campo de batalha e pela retomada ativa das operações. Parece não haver dúvidas de que o cólera causou o maior dano possível e que a devastação por ele provocada nas tropas aliadas foi consideravelmente mitigada, tanto em extensão quanto em virulência; e a frota também, atingida um pouco mais tarde, parece agora ter superado a crise da desordem."

Dentro das apinhadas salas de visita de Golden Square, entretanto, o medo era inescapável. O surto atingiu um novo pico poucas horas antes da meia-noite de terça-feira. Em poucas horas, centenas de moradores caíram um após outro nas garras da doença, em muitos casos famílias inteiras, abandonadas à própria sorte nos quartos escuros e sufocantes.

Talvez essas cenas terríveis – toda uma família espremida em um quarto, sofrendo em conjunto as mais excruciantes torturas íntimas – sejam as mais assustadoras de todas as imagens do surto de cólera da Broad Street. É claro que, ainda hoje, no mundo desenvolvido, muitos morrem em companhia de seus familiares, mas tais tragédias geralmente se desenrolam no espaço de segundos ou minutos, em acidentes de carro, desastres aéreos ou catástrofes naturais. Porém, a morte lenta e agonizante de toda uma família, com total consciência de seu destino, é um capítulo extremamente sombrio do livro dos mortos. Que isso continue a ocorrer com frequência em certas partes do mundo de hoje deveria ser motivo de perplexidade para todos nós.

Durante a noite, as costumeiras visitas de Henry Whitehead como pároco auxiliar da St. Luke tornou-se uma vigília de mortos. Pouco antes do amanhecer, ele fora chamado a uma casa em que quatro pessoas agonizavam, com a pele já lívida e enrijecida. Cada casa que visitou naquela manhã apresentava a mesma cena horripilante: um bairro à beira do esquecimento. Pouco antes do meio-dia, encontrou-se com o leitor da Sagrada Escritura e com outro cura da St. Luke, e descobriu que os dois homens se depararam com a mesma devastação em seu périplo pela vizinhança.

Os passos de Whitehead o levaram a quatro casas ao longo da Peter Street, próximo ao Green's Court, onde defrontou com a doença em toda a sua fúria. Parecia que a metade dos moradores fora vitimada pela doença nas últimas vinte e quatro horas. Na maior parte das casas, localizadas no limite noroeste do Green's Court, todos os doze moradores afinal morreriam. No entanto, o cólera poupara em grande medida os quarteirões apertados e imundos no próprio Green's Court. (Somente cinco dos duzentos moradores do local acabariam mortos.) Quando Whitehead parou em uma das casas mais imundas do distrito, descobriu, para sua surpresa, que nenhum dos moradores fora atingido pela doença.

O contraste era intrigante, especialmente em razão do fato de as quatro casas na Peter Street terem sido elogiadas por suas condições de limpeza pelas autoridades paroquiais durante uma pesquisa no bairro de 1840, enquanto a mesma pesquisa nada descobrira além de sordidez e imundície nas casas ao redor. Ocorreu a Whitehead que, ao contrário do pensamento dominante, as condições sanitárias das casas pareciam não ter uma influência premonitória sobre onde a doença despontaria.

Tais observações eram, em variados níveis, típicas do jovem diácono. Ressalta-se, em primeiro lugar, sua serenidade e inteligência investigativa em um período de grande caos, mas também sua disposição para desafiar a ortodoxia ou, ao menos, submetê-la ao escrutínio da experiência. A própria investigação baseava-se em seu conhecimento direto da realidade do bairro e de seus moradores. Ele detectou esses padrões precoces no curso da doença precisamente por ter uma compreensão detalhada do ambiente: tanto as casas que foram elogiadas por suas condições sanitárias quanto aquelas que foram consideradas as mais imundas de seus bairros. Sem esse tipo de conhecimento, as obviedades teriam se imposto mais facilmente.

Havia outros médicos detetives nas ruas do Soho naquele dia, buscando pistas e estabelecendo cadeias de causa e feito. Minutos antes de o sol nascer, John Rogers, um funcionário do Departamento de Saúde locado na Dean Street, caminhou do Walter's Court até a Berwick Street, esforçando-se para agendar visitas com todos aqueles que foram acometidos pela doença nas vinte e quatro horas anteriores. Rogers já havia visto surtos de cólera. Estava claro, no entanto, que algo excepcional acontecia em Golden Square. O cólera raramente irrompia em meio à população; podia matar aos milhares, é verdade, mas a mortandade em geral levava meses ou anos para se desenrolar. Rogers começava a ouvir relatos de que a doença tomara, da noite para o dia, casas inteiras. E essa variedade da doença parecia causar danos com uma terrível velocidade: em doze horas, as vítimas passavam de um estado de perfeita saúde à morte.

O itinerário de Rogers o levou a passar pelo número 6 da Berwick Street, lar de um bem-conceituado cirurgião local chamado Harrison, a quem Rogers conhecia profissionalmente. Quando Rogers cruzou a porta de entrada, um intenso mau cheiro o envolveu. A fim de conter a ânsia de vômito, estacou por alguns instantes. Mais tarde, descreveria o cheiro como um dos "mais enjoativos e nauseantes odores que tivera a infelicidade de jamais inalar nesta metrópole". Uma vez recomposto, Rogers deu um passo atrás e observou que a fedentina vinha de um bueiro na rua, uma fenda próximo ao meio-fio, feita para capturar a água das chuvas. Rogers não permaneceu ali tempo suficiente para determinar que abominável combinação de matéria decomposta jazia naquele buraco. No entanto, enquanto seguia adiante, pensou que o cheiro era suficientemente forte para impregnar toda a residência número 6.

Algumas horas depois, Rogers recebeu a notícia de que, naquela manhã, o cirurgião Harrison havia morrido. Rogers logo saiu-se com um diagnóstico: "Aquele bueiro o destruiu!" A partir desse momento, passou a criticar as terríveis condições sanitárias da cidade como responsáveis por toda a catástrofe. As mortes, porém, estavam apenas começando. No fim daquela semana, outros sete moradores do número 6 da Berwick Street caíram fulminados pela doença. Todos, com apenas uma exceção, morreriam.

Enquanto isso, no número 40 da Broad Street, o bebê Lewis, completamente exausto, silenciara durante a noite. No meio da manhã, os pais mandaram chamar o dr. Rogers, que já examinara o bebê naquela mesma semana. Quando chegou, alguns minutos depois das onze, o bebê Lewis estava morto.

NAQUELA TARDE, Whitehead visitou uma família de seis pessoas (vamos chamá-la de Waterstone, uma vez que não há registros de seus nomes) com a qual mantinha uma longa relação: dois filhos crescidos e duas adolescentes viviam com seus pais em três quartos conjugados no piso da casa, ao lado da Golden Square. Ao chegar, encontrou a filha mais nova, cuja perspicácia e bom humor sempre o impressionaram, entrando e saindo de um estado de consciência, após uma noite violenta e insone por causa da enfermidade. Ela estava rodeada por seus irmãos e por uma vizinha que corajosamente se oferecera para ajudar. Enquanto Whitehead conversava com os rapazes em voz baixa, apertados no pequeno cômodo central do apartamento, a jovem parecia recuperar um pouco de sua acuidade.

A certa altura, ergueu a cabeça e perguntou por sua mãe e sua irmã. Os irmãos permaneceram calados. Ansiosa, a garota olhou em direção às duas portas fechadas dos dois lados do quarto; antes mesmo que qualquer palavra fosse dita, ela já sabia a verdade: detrás de cada porta havia um caixão. Ela podia ouvir o choro de seu pai, debruçado sobre o cadáver da esposa, estendido na escuridão fechada da sala de estar.

Tinha-se a impressão de que metade da vizinhança havia se trancado em suas casas, tanto para sofrer em isolamento quanto para repelir qualquer abominável efusão que trouxera a peste para o bairro. Do lado de fora, no incongruente clarão de uma tarde de verão, uma bandeira amarela fora içada para alertar os moradores sobre o surto de cólera. O gesto era supérfluo. Era possível ver os mortos que desciam a rua em carroças.

John Snow

O investigador

~ DOMINGO, 3 DE SETEMBRO

NA MANHÃ DE DOMINGO, uma estranha calmaria tomou as ruas do Soho. O alvoroço costumeiro dos vendedores de rua havia desaparecido; a maior parte dos moradores do bairro havia abandonado suas casas ou sofria por trás das portas cerradas. Setenta desses moradores haviam morrido nas últimas vinte e quatro horas, centenas mais estavam à beira da morte. Em frente ao número 40 da Broad Street, a bomba-d'água atraía apenas um punhado de vagabundos. Nas ruas, a cena que mais se repetia era a dos padres e médicos em um frenético vaivém.

A notícia do surto se espalhara por toda a cidade. No domingo, o filho do boticário que se deliciara com um pedaço de pudim dias antes na Wardour Street morreu em sua casa em Willesden. À medida que recebia os moradores que abandonavam a região ameaçada, toda a cidade aguardava, apreensiva, para saber se a epidemia da Golden Square se reproduziria, em maior escala, nos dias seguintes. O número de setenta mortos não constituía uma novidade para uma época marcada por surtos de cólera, no entanto usualmente decorriam meses antes de a doença registrar tantas vítimas. A onda de cólera na Broad Street – o que quer que fosse, de onde quer que viesse – atingiu essa terrível proeza em um único dia.

Embora a doença estivesse confinada em larga medida a uma área correspondente a cinco quarteirões, todo o Soho estava em estado de alerta. Muitos eram os que faziam as malas para partir e se hospedar na casa de amigos e familiares que viviam no campo ou em outras regiões da cidade; alguns trancavam as portas e cerravam as janelas. A grande maioria evitava a qualquer custo os arredores da Golden Square.

Um contumaz visitante do Soho, porém, acompanhava o caso de perto em sua residência na Sackville Street, no limite sudoeste do bairro. Próximo ao crepúsculo, partiu de sua casa e atravessou a passos largos as ruas vazias, direto ao coração da epidemia. Quando chegou ao número 40 da Broad Street, estacou e, por alguns minutos, à luz minguante, examinou a bomba-d'água. Encheu uma garrafa com a água da fonte, observando-a por alguns segundos; em seguida, virou-se e tomou o caminho de volta à Sackville Street.

JOHN SNOW TINHA QUARENTA E DOIS ANOS E, desde os trinta e poucos anos, desfrutava, em todos os níveis, de um notável sucesso profissional. Ao contrário de grande parte dos membros da comunidade médica ou do movimento de reforma sanitária, Snow nascera em uma família de parcos recursos, sendo o primogênito de um trabalhador de Yorkshire. Quieto e reservado, Snow tinha, quando criança, ambições intelectuais que excediam sua origem humilde e, aos catorze anos, trabalhara como aprendiz de um cirurgião em Newcastle-on-Tyne. Aos dezessete, leu o influente manifesto que John Frank Newton publicou em 1811, *The Return of the Nature: A Defence of The Vegetable Regimen*, e imediatamente converteu-se ao vegetarianismo. Pouco depois, tornou-se um austero abstêmio. Pelo resto de sua vida adulta, evitaria em larga medida a carne e o álcool.

Como aprendiz em Newcastle, Snow testemunhara, em primeira mão, a devastação provocada pelo cólera, quando a doença irrompeu no fim de 1831. Naquele momento, assistiu os sobreviventes de um surto particularmente violento em uma mina local, a Killingworth Colliery. O jovem Snow observara que as condições sanitárias na mina eram péssimas. Como não havia alojamentos isolados onde pudessem descansar, os trabalhadores eram obrigados a comer e defecar nas mesmas cavernas escuras e sufocantes. A ideia de que o surto de cólera estivesse enraizado nas condições sociais desses pobres trabalhadores – e não em qualquer suscetibilidade inata à doença – alojou-se no fundo da mente de Snow à proporção que o cólera seguia o seu caminho. Era somente um pensamento parcialmente formulado, muito longe de uma verdadeira teoria. Entretanto, permaneceu com ele.

Na primeira metade do século XIX, um jovem inglês que se interessasse por uma carreira médica tinha basicamente três caminhos profissionais à sua disposição. Poderia tornar-se um aprendiz de boticário e, por fim, obter uma licença da Sociedade dos Boticários, que lhe valeria o direito de preparar os medicamentos prescritos pelos médicos. Com algum treinamento, estaria livre para iniciar sua própria prática, tratando os pacientes com os deploráveis medicamentos do período e eventualmente participando de pequenas cirurgias e tratamentos dentários de menor importância. Os indivíduos mais ambiciosos continuariam a estudar em uma escola de medicina e, mais tarde, ingressariam na Real Faculdade de Cirurgiões da Inglaterra, tornando-se um legítimo clínico geral e cirurgião e se entregando a um número variado de atividades: desde o tratamento de resfriados até a extirpação de joanetes e amputação de membros. Além disso, encontrava-se o título de doutor em medicina, cujos detentores eram convencionalmente chamados de doutores, a fim de diferenciá-los dos cirurgiões e boticários de condição inferior. Um título universitário abria as portas para os hospitais particulares, nos quais era possível conviver com os ricos e beneméritos mantenedores.

Ainda jovem, Snow percebera que suas ambições excediam as de um boticário de província. Retornou a York em 1835 e ali se envolveu com o crescente movimento de abstinência. Porém, aos vinte e três anos, decidiu seguir o clássico itinerário dos romances de formação que predominavam na prosa do século XIX: um jovem provinciano com sonhos de grandeza parte para a grande cidade a fim de conquistar um nome para si. A jornada de Snow em direção a Londres era típica dos jovens e resolutos doutores em treinamento: absteve-se de cavalo e carruagem e, sozinho, percorreu a pé uma distância de trezentos sinuosos quilômetros.

Em Londres, Snow estabeleceu-se no Soho e matriculou-se na Escola de Medicina Hunterian. Em um período de dois anos, obteve tanto a licença de boticário quanto a de cirurgião e abriu um consultório de clínica geral no número 54 de Frith Street, em Londres, a cerca de cinco minutos a pé da Golden Square. Abrir um consultório médico naquela época requeria um espírito empreendedor. A competição era acirrada entre a nova classe médica londrina – quatro outros cirurgiões tinham consultórios a poucas quadras de Snow, apesar de os únicos doutores em medicina das proximidades viverem no Soho, na Golden Square. A despeito da proximidade de tantos concorrentes, Snow rapidamente consolidou uma prática de sucesso. Quanto a seu temperamento, não se adequava ao estereótipo do clínico geral amigável e conversador; na presença dos pacientes, seus modos eram taciturnos e destituídos de emoção. No entanto, era um médico fabuloso: observador, sagaz e possuidor de uma memória excepcional para casos antigos. Na medida do que era possível naquela época, Snow era livre de superstições e dogmas, embora estivesse irremediavelmente limitado em sua efetividade pelos conceitos equivocados e distorcidos da incipiente medicina vitoriana. Para boa parte dos médicos praticantes do período, a ideia de germes microscópicos disseminadores de doenças era tão plausível quanto a existência de fadas. E, como a campanha promovida pelo cirurgião-chefe G.B. Childs nas cartas enviadas ao *Times* sugeria, o láudano era com frequência prescrito para praticamente qualquer indisposição. O lema do médico vitoriano era: tome algumas doses de ópio e me chame pela manhã.

Como aparentemente não dispunha de algo que se assemelhasse a uma vida social nos moldes tradicionais, longe dos pacientes Snow empregava seu tempo livre em projetos paralelos que nasciam de sua prática como cirurgião, mas que também sugeriam a meta final de sua ambição. Escrevendo nos jornais locais, Snow opinava sobre os assuntos de medicina e saúde pública então em voga. Seu primeiro texto, que abordava o uso do arsênico na preservação de cadáveres, foi publicado na revista *The Lancet* em 1839. Na década seguinte, publicou cerca de cinquenta artigos, que versavam sobre uma surpreendente variedade de temas: envenenamento por chumbo, ressuscitação de recém-nascidos, vasos sanguíneos, escarlatina e varíola. Foram tantas as críticas às imperfeições da ciência que o editor por fim o repreendeu gentilmente em um artigo, no qual sugeria que "seria melhor o sr. Snow dedicar-se à produção de algo novo do que se limitar a criticar a produção alheia".

Decerto a mente de Snow excitava-se com a possibilidade de produzir sua própria obra e ele via a obtenção de títulos como uma etapa crucial para alcançar esse propósito. Em 1843, obtivera o bacharelado em medicina pela Universidade de Londres. Um ano depois, passaria nos desafiadores exames do mestrado, qualificando-se entre os melhores alunos. Agora, era oficialmente o dr. John Snow. Em todos os sentidos, já apresentava uma notável história de sucesso: um filho de trabalhador que tinha agora uma próspera prática médica e uma vibrante carreira como pesquisador e professor. Com a recomendação de um de seus antigos mestres, fora convidado a integrar a Sociedade Médica de Westminster, da qual rapidamente se tornaria um de seus mais ativos e respeitáveis membros. Uma boa parte dos doutores teria se acomodado nesse confortável ambiente, buscando apenas as crescentes vantagens de atender uma clientela abastada e, a um só tempo, elevando seu próprio prestígio social, ao longo do processo. Snow, no entanto, era imune à pompa da alta sociedade londrina; o que o movia, mais do que qualquer outra coisa, eram os problemas sem solução que ocupavam os pontos cegos da visão dominante da medicina mundial.

Pelo resto de sua vida, Snow exerceria a função de médico prático, mas sua fama viria por fim em decorrência das atividades que exercia fora do consultório. Snow não era modesto em suas investigações. Desempenharia um papel crucial na batalha contra o mais incansável assassino do período. Antes, porém, que pudesse combater o cólera, John Snow direcionou sua atenção para uma das maiores deficiências da medicina vitoriana: a administração da dor.

No QUE DIZIA RESPEITO à mais pura brutalidade física, pouco havia que rivalizasse, na sociedade vitoriana, com o ato cirúrgico. Destituído de qualquer forma de anestesia, além do ópio e do álcool – ambos só podiam ser ministrados com moderação, por causa de seus efeitos colaterais –, a realização dos procedimentos cirúrgicos muito se assemelhava às mais atrozes formas de tortura. Os cirurgiões se orgulhavam acima de tudo de sua velocidade, uma vez que longas operações eram insuportáveis tanto para o médico quanto para o paciente. Procedimentos que hoje demorariam horas para serem completados eram executados em menos de três minutos, com o intuito de minimizar o sofrimento. Um cirurgião gabava-se de que podia "amputar um braço no tempo necessário para tomar uma pitada de rapé". Em 1811, a escritora britânica – e antiga moradora do Soho – Fanny Burney submeteu-se a uma mastectomia em Paris. Em uma carta escrita um ano depois à irmã, descreveu a experiência. Tendo um vinho cordial como a única forma de anestésico, aboletou-se no nefasto cubículo, que fora montado em sua casa por uma equipe de sete profissionais, lado a lado com compressas, bandagens e repulsivos instrumentos cirúrgicos. Ao acomodar-se na cama, os doutores cobriram o rosto dela com um lenço delicado: "Quando o aço terrível penetrou meu seio, cortando através das veias, artérias, carne, nervos, nada havia que me impedisse de gritar. Soltei um grito que durou interminavelmente por todo o tempo da incisão, e muito me espanto por não mais ouvi-lo ecoando em meus ouvidos! Que agonia excruciante. ... Senti, então, a faca chocando-se contra o esterno, raspando-o! Tudo se desenrolava enquanto eu permanecia em uma tortura inteiramente muda." Antes de desmaiar, praticamente em choque, depois da operação, viu de relance o médico que a operara – "quase tão pálido quanto eu, o rosto recoberto de sangue e a expressão de dor, apreensão e, quase, horror".

Em outubro de 1846, no Hospital Geral de Massachusetts, em Boston, um dentista chamado William Morton fez a primeira demonstração pública do uso do éter como anestésico. A notícia logo atravessou o Atlântico e, em meados de dezembro, o dentista londrino James Robinson começou a usar éter em seus pacientes, em geral na frente de uma pequena e espantada plateia de médicos. Em 28 de dezembro, ele realizou mais uma extração bem-sucedida. Na sala, observando com sua habitual tranquilidade e argúcia, encontrava-se John Snow.

Na virada daquele ano, o entusiasmo pelo éter se alastrara para além da comunidade médica e chegara à imprensa popular. *Punch* publicava editoriais galhofeiros que defendiam o uso de éter em esposas difíceis de lidar. No entanto, na prática, o milagroso anestésico não era totalmente seguro. Algumas aplicações funcionavam com perfeição: o paciente adormecia pelo tempo que durava o procedimento e, então, acordava minutos depois sem qualquer lembrança da operação e uma sensação de dor bastante minimizada. Outros pacientes, porém, não sucumbiam ou retornavam à consciência de modo abrupto no meio de uma operação particularmente delicada. Muitos pacientes jamais acordaram.

Snow logo aventou a hipótese de que a falta de confiabilidade do éter era possivelmente uma questão de dosagem e iniciou uma série de experimentos interligados a fim de determinar a melhor forma de aplicar o milagroso gás. De seus primeiros estudos, Snow sabia que a concentração de qualquer gás variava dramaticamente de acordo com a temperatura e, ainda assim, os pioneiros da eterização não levavam em conta a temperatura da sala em seus procedimentos. Um paciente sob o efeito do éter em uma sala fria terminaria com uma dose significativamente menor do que um outro que se encontrasse em uma sala aquecida por uma lareira crepitante. Em meados de janeiro, Snow organizou uma "Tabela para o cálculo da intensidade do vapor do éter". O aumento da temperatura em dez graus Celsius duplicaria aproximadamente a dosagem. O *Medical Times* publicou a tabela de Snow no fim de janeiro.

Enquanto compilava os dados para sua análise numérica das propriedades do éter, Snow iniciou uma colaboração com Daniel Ferguson, um fabricante de instrumentos cirúrgicos, com o intuito de produzir um inalador que permitisse o máximo controle da dosagem. A ideia de Snow era adaptar o conceituado vaporizador de Julius Jaffrey para a liberação de éter, impelindo-o através de uma espiral metálica no centro do dispositivo, a fim de maximizar a área exposta ao gás à medida que este percorresse o caminho até a boca do paciente. A unidade seria colocada em uma tina de água aquecida que transmitiria seu calor ao dispositivo metálico, no qual a temperatura do éter se elevaria. Tudo o que os médicos precisavam fazer era controlar a temperatura da água; o dispositivo fazia o restante. Uma vez que tivesse uma forma de fixar de modo confiável a temperatura do éter, o médico determinaria a dose apropriada com mínima variação. Snow apresentou sua invenção à Sociedade Westminster em 23 de janeiro de 1847.

Quando se pensa que a própria noção de eterização simplesmente não existia três meses antes, a produtividade de Snow durante esse período é de fato impressionante. Ele não só detectara uma das principais propriedades do gás depois de duas semanas de, pela primeira vez, tê-lo visto em aplicação, como também projetou, com base nesse conhecimento, um dispositivo médico para sua utilização. E sua pesquisa estava apenas começando: nos meses seguintes, ele explorou a biologia da eterização desde o influxo inicial do gás nos pulmões, sua circulação através da corrente sanguínea, até alcançar seus efeitos psicológicos. Quando tempos depois, ainda em 1847, a comunidade médica direcionou sua atenção para um novo anestésico – o clorofórmio –, Snow igualmente se embrenhou em suas propriedades. No fim de 1848, havia publicado uma monografia seminal sobre a teoria e a prática da anestesia: *On the Inhalation of the Vapour of Ether in Surgical Operations.*

Snow consolidou seu domínio nesse embrionário campo de conhecimento quase inteiramente por meio de pesquisas conduzidas em sua própria casa. Ele mantinha uma pequena coleção de animais – pássaros, sapos, ratos, peixes – em seus alojamentos na Frith Street, onde passava incontáveis horas observando a resposta das criaturas a variadas dosagens de éter e clorofórmio. Também empregou sua prática médica como fonte de dados experimentais, mas estava acima de tudo usando a si mesmo como cobaia. Há algo de fascinante – e até mesmo irônico – na forma como o abstêmio Snow, possivelmente a mais brilhante mente médica de seu tempo, realizava suas experiências. Senta-se sozinho em seu atravancado apartamento, rodeado pelo coaxar dos sapos e iluminado por uma parca luz de vela. Depois de ajeitar por alguns minutos seu último protótipo de inalador, firma o bocal sobre o próprio rosto e libera o gás. Em poucos segundos, sua cabeça choca-se contra a mesa. Alguns minutos depois, consulta o relógio com a visão enevoada. Alcança a pena e começa a registrar os dados.

~

O CONHECIMENTO PROFUNDO que Snow adquirira a respeito do éter e do clorofórmio o elevou a um novo patamar na comunidade médica de Londres. Ele se tornou o mais requisitado anestesiologista da cidade, assistindo anualmente centenas de operações. Na década de 1850, um crescente número de doutores recomendava o clorofórmio como um paliativo para os desconfortos do parto. À medida que se aproximava o nascimento de seu oitavo filho, na primavera de 1853, a rainha Vitória decidiu experimentar o clorofórmio, encorajada pela astúcia científica do príncipe Albert. A escolha do anestesista foi óbvia. Embora Snow tenha dado ao episódio algumas palavras a mais do que o usual em seu livro de casos, o tom que emprega não trai a magnitude da honra profissional que lhe fora conferida:

> Quinta-feira, 7 de abril: administração de clorofórmio à rainha durante o parto. Dores leves foram experimentadas desde o domingo. Logo que as dores se intensificaram, por volta das nove horas da manhã, o dr. Locock foi enviado. Ele observou que o útero se dilatara apenas um pouco. Pouco depois das dez, recebi a notificação de sir James Clark, solicitando minha presença no Palácio. Até quase o meio-dia, permaneci em um aposento próximo ao da rainha, junto com sir J. Clark, dr. Ferguson e (na maior parte do tempo) dr. Locock. Dez minutos depois das doze horas, de acordo com um relógio no aposento da rainha, comecei a ministrar um pouco de clorofórmio a cada nova dor, embebendo um lenço dobrado com cerca de quinze *minims* [0,9 ml] de medida. A primeira parte do trabalho praticamente havia terminado quando o clorofórmio começou a fazer efeito. Sua Majestade expressou um grande alívio com a aplicação, as dores sendo muito superficiais durante as contrações uterinas, enquanto havia um grande alívio entre os intervalos das contrações. Em nenhum momento o efeito do clorofórmio levou à total remoção da consciência. Dr. Locock acreditava que o clorofórmio prolongava os intervalos entre as contrações e de algum modo retardava o trabalho de parto. O infante nasceu treze minutos depois, de acordo com um relógio no quarto (que estava três minutos atrasado em relação à hora correta); consequentemente, o clorofórmio foi inalado por cinquenta e três minutos. A placenta foi expelida em poucos minutos, e a rainha parecia satisfeita e bem, revelando-se bastante gratificada com o efeito do clorofórmio.

A pesquisa de Snow sobre anestesia elevou esse cirurgião de origem humilde ao verdadeiro apogeu da Londres vitoriana. No entanto, em certo sentido, o fato mais impressionante a respeito de sua pesquisa não foram os extratos sociais que ele galgou, mas o nível intelectual, as diferentes escalas de experiência que sua mente atravessou com tanta facilidade. Snow era um pensador verdadeiramente "consiliente", no sentido original do termo cunhado na década de 1840 pelo filósofo de Cambridge William Whewell (e recentemente popularizado pelo biólogo de Harvard E.O. Wilson). "A 'consiliência' de induções", escreveu Whewell, "ocorre quando uma indução, obtida de uma classe de fatos, coincide com uma indução obtida de uma classe distinta. Portanto, a 'consiliência' é um teste de verdade da teoria em que ocorre". A obra de Snow estava constantemente lançando pontes entre diferentes disciplinas, algumas das quais mal existiam como ciências funcionais em sua época, usando dados em um nível de investigação para fazer predições sobre o comportamento em outros níveis. Ao estudar o éter e o clorofórmio, partiu das propriedades das moléculas do próprio gás, passando por suas interações com as células dos pulmões e da corrente sanguínea e pela circulação daquelas propriedades através de todo o sistema corporal, até os efeitos psicológicos produzidos por essas mudanças biológicas. Snow aventurou-se até além das fronteiras do mundo natural, ao conceber o design tecnológico que melhor traduzisse nossa compreensão da anestesia. Não estava interessado em fenômenos individuais e isolados; estava interessado em cadeias e redes, no movimento que leva de um a outro nível. Sua mente percorria com prazer o caminho desde as células até o cérebro e as máquinas, e foi precisamente esse estudo "consiliente" que o ajudou a descobrir tantas coisas sobre um incipiente campo de conhecimento em um período de tempo tão espantosamente curto.

E, no entanto, sua busca intelectual sobre o éter e o clorofórmio tinha um limite: suas pesquisas pararam no nível do indivíduo. O passo seguinte na cadeia – o mundo mais amplo e interligado das cidades e sociedades, de grupos, não de indivíduos – não influenciou suas investigações sobre a anestesia. Embora tenha assistido o corpo da rainha, o corpo político permanecia fora do leque de referências de Snow.

O cólera mudaria isso tudo.

NÃO CONHECEMOS A EXATA SEQUÊNCIA de eventos que mudou o rumo dos interesses de John Snow na direção do cólera no fim da década de 1840. Para esse médico, ativo e pesquisador, a doença era, é claro, uma constante presença em sua vida. Pode, de fato, haver uma relação direta com sua prática como anestesiologista, uma vez que o clorofórmio fora (erroneamente) propagandeado como uma potencial cura para o cólera por alguns de seus entusiastas, menos rigorosos do que Snow em seu empirismo. Certamente o surto de 1848-49, o mais punitivo que a Inglaterra conhecera em mais de uma década, fizera do cólera um dos mais urgentes enigmas da medicina do período. Para um homem como Snow, obcecado tanto pela prática da medicina quanto pelo desafio intelectual da ciência, o cólera era o maior dos oponentes.

Havia quase tantas teorias a respeito do cólera quanto havia casos da doença. No entanto, em 1848, a disputa dividia-se basicamente entre dois grupos: o dos contagionistas e o dos miasmistas. Ou o cólera era uma espécie de agente que passava de uma a outra pessoa, como a gripe, ou de algum modo se ligava ao "miasma" dos ambientes sem saneamento. A teoria do contágio atraíra alguns adeptos no momento em que a doença alcançou, pela primeira vez, o solo britânico no início da década de 1830. "Podemos apenas supor a existência de um veneno que progride a despeito do vento, do solo, de todas as condições do ar, e da barreira do mar", afirmou um editorial de *The Lancet* em 1831. "Em suma, um que faça da humanidade o agente principal de disseminação." No entanto, boa parte dos médicos e cientistas acreditava que o cólera era uma doença que se disseminava através da atmosfera contaminada, não por contato pessoal. Um levantamento acerca das declarações publicadas por médicos norte-americanos no período revela que menos de 5% acreditavam que a doença fosse primordialmente contagiosa.

No fim da década de 1840, a teoria do miasma conquistara adeptos muito mais prestigiosos, como Edwin Chadwick, o diretor do Departamento Sanitário, e William Farr, o principal demógrafo da cidade, entre tantas outras autoridades públicas e membros do Parlamento. O folclore e a superstição também se alinhavam com os miasmistas: a ideia que atribuía ao ar pestilento do centro da cidade a maior parte das doenças era bastante difundida. Embora não houvesse uma evidente ortodoxia a respeito da questão da propagação do cólera, a teoria do miasma tinha muito mais defensores do que qualquer outro modelo explicativo. Notadamente, em todas as discussões sobre o cólera que permeavam a imprensa popular e científica desde que a doença aportara no solo britânico em 1832, quase ninguém sugeriu que a doença pudesse ser transmitida por meio da água contaminada. Até mesmo os "contagionistas" – que abraçavam a ideia de que a doença era transmitida de pessoa a pessoa – foram incapazes de ver o mérito dessa modalidade de transmissão.

O trabalho investigativo de Snow em torno do cólera iniciou-se quando ele percebeu um detalhe intrigante nos relatos publicados sobre a epidemia de 1848. O cólera asiático estivera ausente da Inglaterra por vários anos, mas ocorrera um recente surto no continente, que atingira a cidade de Hamburgo. Em setembro daquele ano, o vapor alemão *Elbe* aportou em Londres, tendo zarpado do porto de Hamburgo alguns dias antes. Um tripulante chamado John Harnold instalou-se em uma hospedaria em Horsleydown. Em 22 de setembro, ele foi acometido pela doença e morreu em poucas horas. Alguns dias depois, um sujeito chamado Blenkinsopp ocupou o mesmo quarto e, em 30 de setembro, caiu enfermo. No período de uma semana, o cólera espalhava-se pelos arredores e, por fim, por toda a nação. Quando a epidemia arrefeceu, dois anos depois, cinquenta mil pessoas haviam morrido.

Snow reconheceu de imediato que a sequência de eventos constituía um árduo desafio aos oponentes do modelo do contágio. A teoria do miasma não suportava tamanha coincidência. Dois casos de cólera em um único quarto no espaço de uma semana poderiam ser compatíveis com a teoria do miasma, caso se acreditasse que o quarto continha em si algum tipo de agente nocivo que envenenava seus ocupantes. No entanto, a sugestão de que o quarto subitamente se tornara propenso àqueles vapores venenosos no mesmo dia em que fora ocupado por um marinheiro que viera de uma cidade sitiada pela doença era uma crença demasiado exagerada. Como Snow escreveria mais tarde: "Alguém poderia duvidar de que o caso de John Harnold, o marinheiro de Hamburgo, acima mencionado, era a verdadeira causa da enfermidade de Blenkinsopp, que, de todos os quartos de Londres, escolhera para se alojar e dormir justamente o único quarto em que se confirmara um caso de cólera asiático depois de tantos anos? E se o cólera é capaz de se propagar em determinadas circunstâncias, não há uma forte probabilidade de que também o seja em outras – em suma, que causas semelhantes têm efeitos semelhantes?"

Snow também reconhecia, porém, a debilidade do argumento "contagionista". Um mesmo médico atendeu Harnold e Blenkinsopp e passou muitas horas no quarto com os dois, durante a fase de evacuação de água de arroz. No entanto, ficara livre da doença. Claramente o cólera não se transmitia por meio da mera proximidade. De fato, a característica mais intrigante da doença era o fato de que parecia capaz de viajar pelos bairros da cidade, saltando casas inteiras ao longo do caminho. Os casos subsequentes em Horsleydown irromperam algumas casas além da hospedaria de Harnold. Era possível encontrar-se no mesmo quarto de um paciente à beira da morte e sair incólume. Mas, de algum modo, ainda que se evitasse contato direto com uma pessoa infectada, era possível tornar-se vítima da doença, simplesmente por morar na vizinhança. Snow compreendeu que a solução do mistério do cólera encontrava-se na reconciliação desses fatos aparentemente contraditórios.

Não sabemos se Snow deparou-se com a solução para esse enigma em algum momento dos meses que se seguiram ao surto inicial em 1848 ou se talvez a solução tenha permanecido por um longo período no fundo de sua mente, como um pressentimento que tomara forma, pela primeira vez, mais de uma década antes, quando, como um jovem aprendiz de cirurgião, tratava dos mineiros moribundos de Killingworth. Sabemos, no entanto, que, nas semanas seguintes ao surto de Horsleydown, à medida que o cólera iniciava sua marcha fatal pela cidade e além dela, Snow embarcou em uma ardente jornada investigativa: consultou químicos que estudavam as evacuações de água de arroz das vítimas do cólera; escreveu às autoridades de Horsleydown, solicitando informações sobre a água e o esgoto da cidade, e devorou os relatos da grande epidemia de 1832. Em meados de 1849, sentiu a confiança necessária para ir a público com sua teoria. O cólera, argumentava, era causado por um agente ainda desconhecido que as vítimas ingeriam, fosse por contato direto com os dejetos de outras vítimas, fosse, mais provavelmente, pelo consumo de água contaminada por esses dejetos. O cólera era contagioso, sim, mas não nos mesmos moldes da varíola. As condições sanitárias eram cruciais para se combater a doença, no entanto o ar pestilento não tinha qualquer relação com sua transmissão. O cólera não era algo que se inalava. Era algo que se engolia.

Snow construiu sua teoria da transmissão por meio da água com base em dois estudos essenciais, ambos os quais demonstram qualidades suas que se provariam cruciais durante o surto da Broad Street. No fim de julho de 1849, uma epidemia de cólera matou cerca de doze pessoas que viviam em condições insalubres na Thomas Street em Horsleydown. Snow fez uma inspeção exaustiva no local e encontrou amplas evidências para apoiar sua incipiente teoria. As doze vítimas viviam em uma fileira de casas conjugadas, conhecidas como o cortiço de Surrey, que compartilhava um único poço no pátio fronteiriço. Um canal de drenagem para a água suja corria em frente às casas, conectando-se a um esgoto aberto no fim do pátio. Grandes rachaduras no dreno permitiam que a água fluísse diretamente até o poço e, durante as tempestades de verão, todo o pátio ficava coberto de água fétida. Assim, um único caso de cólera se alastraria rapidamente por toda a população do cortiço.

A disposição dos apartamentos da Thomas Street proporcionou a Snow um engenhoso estudo de controle para sua pesquisa. O cortiço confinava nos fundos com um conjunto de casas que se confrontava com outro pátio, conhecido como Truscott's Court. Essas casas eram tão miseráveis quanto as do cortiço de Surrey e abrigavam famílias de trabalhadores pobres que possuíam o mesmo perfil demográfico. Para todos os propósitos, essas famílias compartilhavam o mesmo ambiente, exceto por uma crucial distinção: consumiam a água de fontes diferentes. A despeito do fato de viverem a poucos metros umas das outras, durante o período de duas semanas que assistiu à morte de uma dúzia de moradores do cortiço vizinho, somente uma pessoa faleceu em Truscott's Court. Se o miasma era responsável pelo surto, por que um dos grupos de miseráveis moradores sofrera dez vezes mais perdas do que o que vivia ao lado?

A epidemia da Thomas Street revelou as habilidades de Snow como pesquisador de campo e seu olhar minucioso para padrões de transmissão, de hábitos sanitários e, até, de arquitetura. Além disso, ele também estudou o surto de um ponto de vista mais amplo proporcionado pelas estatísticas municipais. Durante a pesquisa, Snow reuniu um arquivo com informações a respeito das várias empresas fornecedoras de água da cidade, e a análise revelou um fato surpreendente: os londrinos que viviam ao sul do Tâmisa tinham mais probabilidade de beber a água do rio no momento em que este atravessava o centro da cidade. Os londrinos que viviam ao norte do rio bebiam uma água que se originava de outras fontes: algumas empresas bombeavam a água do Tâmisa acima de Hammersmith, muito distante do coração da cidade; algumas extraíam a água do aqueduto Novo

Rio, ao norte de Hertfordshire; outras, do rio Lea. No entanto, a South London Water Works extraía seu suprimento da mesma faixa de rio onde a maior parte dos esgotos da cidade desaguavam. Qualquer coisa que estivesse se multiplicando nos tratos intestinais da cidade muito provavelmente chegaria até a água para consumo humano do sul de Londres. Se a teoria de Snow sobre o cólera estivesse correta, os londrinos que viviam abaixo do Tâmisa estariam significativamente mais vulneráveis à doença do que os que viviam acima.

Em seguida, Snow estudou os gráficos sobre as mortes provocadas pelo cólera que foram compilados por William Farr, o responsável pelo registro geral da cidade de Londres. O que ali descobriu seguia o padrão previsto pelas rotas de abastecimento de água: das sete mil quatrocentas e sessenta e seis mortes na área metropolitana durante a epidemia de 1848-49, quatro mil e uma foram registradas ao sul do Tâmisa. Isso significava que a taxa de mortalidade per capita era quase de oito para mil – três vezes maior do que a do centro da cidade. Nos crescentes subúrbios ao norte e a oeste de Londres, a taxa de mortalidade estava um pouco acima de um para mil. Aos miasmistas, que estavam inclinados a imputar essas taxas ao ar pestilento dos bairros da classe trabalhadora ao sul do rio, Snow podia salientar que os bairros da parte leste de Londres, que talvez fossem tão miseráveis e populosos quanto qualquer outro da cidade, apresentavam uma taxa de mortalidade que era exatamente a metade da região ao sul do Tâmisa.

Quer se olhasse para as evidências na escala de um pátio urbano, quer na escala de todos os bairros da cidade, o mesmo padrão se reproduzia: o cólera parecia se segmentar em torno de fontes compartilhadas de água. Se a teoria do miasma estivesse correta, por que se delineavam tão arbitrárias distinções? Como o cólera seria capaz de devastar todo um local, enquanto deixava intocado o que lhe era vizinho? Por que um cortiço sofria duas vezes mais perdas do que outro com condições sanitárias consideravelmente piores?

Foram duas as formas como Snow apresentou sua teoria no segundo semestre de 1849: primeiro, como uma monografia de trinta e uma páginas, *Sobre a maneira de transmissão do cólera*, publicada à custa do autor e direcionada a seus pares imediatos da comunidade médica; e, em seguida, na forma de um artigo na *Gazeta Médica de Londres*, que mirava uma plateia um pouco mais ampla. Logo após a publicação, um médico rural chamado William Budd publicou um ensaio que chegava a conclusões semelhantes sobre a transmissão do cólera pela água, embora tenha deixado em aberto a possibilidade para que alguns casos de cólera fossem transmitidos pela atmosfera e alegado, erroneamente, que identificara o agente do cólera na forma de um fungo que crescia em fontes de água contaminada. Posteriormente, Budd faria uma observação a respeito da transmissão da febre tifoide pela água, pela qual é mais conhecido. Porém, além de ter sido publicada na imprensa com um mês de vantagem, a teoria sobre o cólera de Snow não incluía a pista falsa sobre o agente fúngico nem sobre a transmissão atmosférica.

A reação à argumentação de Snow foi positiva, mas cética. "O dr. Snow merece o reconhecimento da categoria médica por procurar solucionar o mistério da transmissão do cólera", escreveu um resenhista na *Gazeta Médica de Londres*. No entanto, os estudos de caso de Snow não convenceram. "[Eles] não fornecem qualquer prova da veracidade do ponto de vista do autor." Embora tenha demonstrado de modo convincente que os bairros ao sul de Londres eram mais vulneráveis à doença do que o restante da cidade, não comprovou, necessariamente, que a água nesses bairros fosse a responsável por essa disparidade. Talvez houvesse uma toxicidade especial no ar nessas regiões da cidade que estivesse ausente nos cortiços ao norte. Talvez o cólera fosse contagioso e, assim, um conjunto de casos na parte sul da cidade simplesmente se refletiria até aqui através de uma cadeia de infecção; se os casos iniciais se desenrolassem de um modo diferente, talvez a região leste da cidade tivesse sido mais intensamente atacada e a região sul restaria relativamente incólume. Havia uma correlação entre abastecimento de água e cólera – isso Snow comprovara de modo categórico. No entanto, ele ainda precisava estabelecer a causa.

A *Gazeta* de fato sugeriu um cenário de modo convincente:

> O *experimentum crucis* seria: a água transportada a uma localidade distante, onde o cólera fosse até o momento ignorado, desencadearia a doença em todos que a consumissem, ao passo que aqueles que não o fizessem escapariam.

Snow guardou consigo essa ligeira sugestão por longos cinco anos. À medida que sua prática anestésica crescia e sua notoriedade aumentava, continuou a acompanhar os detalhes de cada surto da doença, em busca de um cenário que pudesse ajudá-lo a comprovar sua teoria. Ele investigou, estudou e esperou. Quando chegou a notícia de um terrível surto em Golden Square, a não mais de dez quarteirões de seu novo consultório na Sackville Street, ele estava pronto. Tantas fatalidades em um intervalo tão curto de tempo sugeriam uma fonte central de água contaminada que fosse utilizada por um grande número de pessoas. Snow precisava obter amostras da água enquanto a epidemia estava em pleno andamento. Foi então que fez sua jornada pelo Soho, penetrando na própria barriga da besta.

Snow esperava que a água contaminada contivesse uma turvação visível a olho nu. No entanto, à primeira vista, a água da Broad Street o surpreendeu; ela era praticamente transparente. Ele colheu amostras de outras bombas-d'água da região: Warwick Street, Vigo Street, Brandle Lane e Little Marlborough Street. Em todas a água era mais turva do que a da Broad Street. A amostra de Little Marlborough Street era a pior de todas. Enquanto colhia essa amostra, um punhado de moradores da rua comentou que a água da bomba era notoriamente ruim – tão ruim que, de fato, muitos se dispunham a caminhar alguns quarteirões a mais até a Broad Street para pegar a água para consumo.

Enquanto regressava às pressas para sua casa na Sackville Street, Snow revirava em sua mente as novas pistas. Talvez a bomba da Broad Street não fosse afinal a culpada, dada a falta de partículas na água. Uma outra bomba seria a verdadeira culpada? Ou haveria aqui alguma outra força em ação? Snow teria uma longa noite pela frente, analisando amostras e fazendo anotações. Ele sabia que um surto dessa magnitude poderia fornecer a peça-chave para sua argumentação. Era apenas uma questão de encontrar a evidência correta e descobrir como apresentá-la de modo a persuadir os mais céticos. Snow talvez tenha sido a única alma do Soho naquele dia que encontrou na epidemia um vislumbre de esperança.

Na ocasião, ele não se deu conta, mas, enquanto caminhava para casa naquele domingo à noite, o padrão básico do *experimentum crucis* sugerido cinco anos antes na *Gazeta Médica de Londres* afinal ganhava forma a quilômetros de distância da Broad Street, na charneca de Hampstead.

Susannah Eley adoecera no início daquela semana depois de beber sua provisão regular de água da Broad Street, que seus filhos diligentemente lhe enviavam do Soho. No sábado, estava morta, seguida de sua sobrinha que faleceu no domingo depois de ter retornado para sua casa em Islington. Enquanto Snow analisava as amostras de água das bombas ao microscópio, a criada de Susannah Eley, que também bebera a água da Broad Street, estava atrelada a uma luta de vida ou morte contra a doença.

Nenhum outro caso de cólera seria registrado em Hampstead por semanas.

É BASTANTE PROVÁVEL que Henry Whitehead tenha cruzado com John Snow nas ruas do Soho mais cedo naquela noite. O jovem pároco trabalhara exaustivamente ao longo de todo o dia e, muito depois do pôr do sol, ainda fazia algumas visitas. Whitehead começara o dia com uma ponta de esperança: o fato de que as ruas pareciam menos caóticas o fizera imaginar que o surto estava arrefecendo. Algumas de suas primeiras visitas alimentaram igualmente essa esperança: a jovem Waterstone apresentava melhoras e o pai dela, tendo perdido a esposa e uma outra filha, até então perfeitamente saudáveis, em menos de dois dias, começava a se consolar com o pensamento de que a vida valeria a pena se a única filha que lhe restava de algum modo sobrevivesse. Whitehead compartilhava essa avaliação otimista com alguns de seus colegas na calçada e encontrou certa concordância.

Mas a quietude se provaria enganadora: as ruas estavam mais calmas em razão de todo o sofrimento que se desenrolava por trás das venezianas. Afinal, outros cinquenta moradores morreram ao longo do dia. E novos casos continuavam a aparecer em uma velocidade alarmante. Quando Whitehead retornou à casa dos Waterstone ao final do dia, encontrou a filha firme em sua melhora. No entanto, no quarto contíguo, o pai da menina experimentava os espasmos iniciais do cólera. A vida talvez valesse a pena se a filha dele sobrevivesse, no entanto, no fim das contas, essa decisão talvez não iria estar em suas mãos.

Quando Whitehead finalmente retornou a seus aposentos ao final de um dia tão aflitivo, serviu um copo de conhaque com água e refletiu a respeito dos cômodos dos Waterstone, que ocupavam o andar térreo de uma residência. No dia anterior, correra na boca do povo uma constatação que afinal chegaria aos jornais nas semanas seguintes: a taxa de mortalidade entre os moradores dos andares superiores era dramaticamente maior do que a que se observava entre os moradores dos andares térreos. Estava em discussão uma fronteira socioeconômica, que invertia a tradicional divisão de trabalho entre níveis superiores e inferiores: naquela época, no Soho, os andares térreos eram usualmente ocupados pelos proprietários, enquanto os trabalhadores pobres alugavam os pisos superiores. Uma elevada taxa de mortalidade nestes últimos sugeria uma fatal vulnerabilidade na constituição ou nos hábitos sanitários dos mais pobres. A noção, a seu modo brutal e fortuita, era uma versão do modelo de habitações de Horsleydown narrado por Snow: quando dois grupos de pessoas se encontram em íntima proximidade, se um deles revela-se significativamente mais vulnerável que o outro, então alguma variável adicional deve estar em ação. Para Snow, é claro, a variável era a fonte de água. Mas, para os propagadores de boatos, era a classe. Como pessoas de melhor categoria viviam nos andares térreos, não era de admirar que tivessem melhores condições para combater a doença.

Mas enquanto Whitehead revisava suas experiências ao longo dos últimos dias, aquelas pressuposições fáceis começaram a definhar em sua mente. Sim, de fato parecia que mais pessoas morriam nos andares superiores, mas muito mais pessoas *viviam* nos andares superiores. E os Waterstone eram uma clara evidência de que a doença podia atacar com impunidade os moradores dos andares térreos. Whitehead não dispunha de números, mas desenvolvera um pressentimento, com base em sua experiência, de que a mortalidade fora relativamente maior nos andares térreos ao longo das quarenta e oito horas anteriores. Isso era, de fato, uma situação que valeria a pena ser investigada – desde que a pestilência da Golden Square se alastrasse em um ritmo que permitisse qualquer tipo de investigação.

A quinze quadras dali, na Sackville Street, John Snow também contemplava estatísticas. Já havia esboçado um plano para solicitar a William Farr o levantamento inicial sobre a quantidade de fatalidades. Talvez houvesse algo na distribuição de mortes que apontasse para uma determinada fonte de água contaminada. Como Whitehead, Snow reconhecia que seu trabalho em meio aos que sofriam em Golden Square apenas começava. Quaisquer que fossem os números que William Farr lhe apresentasse, precisariam ser complementados por investigações no local. Quanto mais esperasse, mais difícil a pesquisa se tornaria, simplesmente porque muitas das testemunhas já teriam falecido.

Naquela noite, Snow e Whitehead tinham algo mais em comum. Passaram as últimas horas do dia ruminando suas ideias, na companhia da água extraída da bomba da Broad Street. Snow a analisava em seu laboratório, com a visão obscurecida pela minguada luz de uma vela. O jovem pároco, no entanto, usou a água de um modo distinto, mais prazeroso que empírico: ele a misturou com uma medida de conhaque e a bebeu.

POLAND STREET
NOEL STREE
BERWICK STREET
WARDOUR STREET
LITTLE CHAPEL STREET
PORTLAND STREET
LBOROUGH STREET
WORK HOUSE
PORTLAND MEWS
WARDOUR MEWS
BENTINCK STREET
EDWARD STREET
DUCK LANE
MARSHALL STREET
DUFOURS PLACE
BROAD STREET
PUMP
SOUTH ROW
MARLBOROUGH ROW
CAMBRIDGE ST
BREWERY
NEW STREET
HOPKINS STREET
COCK CT
PULTENEY CT
HAM SQUARE
MAIDENHEAD COURT
HUSBAND ST
PETER STR
SILVER STREET
GREAT PULTENEY STREET
LITTLE WINDMILL STREET
WILLIAM AND MARY YARD
GREENS COURT
PULTENEY COURT
LITTLE PULTENEY
BRIDLE STREET
UP JAMES ST
UP JOHN ST
QUEENS HEAD COURT
GOLDEN SQUARE
PUMP
LOW. JAMES ST.
SMITHS COURT
SMITHS YARD
HAM YARD
GREAT
WINDMILL
BREWER STREET
LOWER JOHN STR.
GOLDEN PL.
ORCHARD PLACE
WELLINGTON MEWS
SHERRAR
BULL YARD
RWICK STREET
PUMP

William Farr

Só para informar, Jo ainda não morreu

~ SEGUNDA-FEIRA, 4 DE SETEMBRO

O LUMINOSO SOL DO FIM DO VERÃO que se ergueu sobre Londres naquela segunda-feira desvelou uma cidade fantasma nas ruas ao redor da Golden Square. A maior parte dos que não adoeceram, ou que não estavam propensos a adoecer, havia fugido. Boa parte das lojas permaneceu fechada ao longo do dia. Uma soturna melancolia pairava sobre a fábrica dos irmãos Eley: mais de duas dúzias de trabalhadores foram acometidos pelo cólera, e chegara a notícia da morte de Susannah Eley. (Os irmãos Eley jamais suspeitaram de que a dedicação deles à mãe levara ao seu falecimento.) A esposa do sr. G. – o alfaiate que estivera entre os primeiros a sucumbir – também desfalecera na noite anterior.

Algumas inusitadas ilhas surgiram nesse mar de devastação. Na cervejaria Lion, a algumas centenas de metros da bomba-d'água da Broad Street, o trabalho prosseguia com uma estranha aparência de normalidade. Nenhum dos oitenta trabalhadores havia falecido. O cólera poupava igualmente os cortiços de Green's Court, a despeito da imundície e dos aposentos apinhados. Entre as cinco centenas de desvalidos que se abrigavam no Asilo St. James, na Poland Street, somente um punhado caíra doente, ao passo que ao redor as casas relativamente mais prósperas perderam metade de seus moradores em um espaço de três dias.

Toda vez, no entanto, que o reverendo Whitehead imaginava que havia encontrado um motivo de esperança, advinha outra tragédia para refrear seu natural otimismo. Quando retornou à casa dos Waterstone na segunda-feira, descobriu que a jovem alegre e inteligente que havia muito admirava – cuja saúde havia melhorado no dia anterior – sofrera uma súbita recaída e morrera no decorrer da noite. Os poucos membros remanescentes da família procuravam esconder essa morte do pai, visto que ele próprio ainda lutava contra a doença.

Whitehead logo soube que entre seus paroquianos começara a circular uma versão que imputava a epidemia aos novos esgotos que foram construídos havia poucos anos. Corria à boca pequena que as escavações perturbaram os cadáveres ali enterrados durante a Grande Peste de 1665, liberando o miasma infeccioso no ar de toda a vizinhança. Era uma espécie de assombração que tinha por base a linguagem da pseudociência: os mortos de uma era epidêmica voltando, séculos depois, para destruir os indivíduos que ousaram erguer suas casas sobre seus túmulos. Ironicamente, os amedrontados moradores da Golden Square tinham uma parcela de razão: aqueles novos esgotos eram em parte responsáveis pela epidemia que devastava a cidade. Mas não porque os esgotos tivessem perturbado um cemitério de três séculos. Os esgotos matavam os moradores pelo que faziam à água, não ao ar.

Outras distorções e meias verdades circulavam pela vizinhança e por toda a cidade. Esse folclore espalhava-se em parte porque o sistema de comunicação de Londres, em meados do século XIX, era uma estranha mescla de rapidez e lentidão. O serviço postal era notoriamente eficiente, mais próximo do e-mail do que do apropriadamente apelidado "correio-lesma" de hoje; uma carta postada às nove horas da manhã chegava a seu destinatário do outro lado da cidade ao meio-dia. (Os jornais da época viviam recheados de ressentidas cartas de leitores que reclamavam acerca de uma correspondência que demorara mais de seis horas para chegar ao destino.) No entanto, se a comunicação interpessoal era surpreendentemente veloz, a comunicação de massa era menos confiável. Os jornais eram a única fonte de informação diária a respeito dos temas mais abrangentes da cidade, porém, por algum motivo, os principais jornais da cidade não mencionaram o surto da Broad Street pelo menos por quatro dias. O semanário *Observer* publicou uma das primeiras notícias sobre o assunto, embora tenha subestimado a magnitude do ataque: "Afirma-se que a noite de sexta-feira será por muito tempo lembrada pelos moradores de Silver Street e Berwick Street. Sete pessoas, que na noite de sexta-feira gozavam de perfeita saúde, estavam mortas na manhã de sábado. Ao longo da noite as pessoas corriam de uma a outra parte em busca de auxílio médico. Era como se toda a vizinhança estivesse completamente envenenada."

Com o amplo silêncio dos jornais, a notícia da terrível peste no Soho escorreu aos poucos pelos canais multiplicadores das redes de fofoca. Começaram a circular boatos de que toda a vizinhança fora arrasada, que alguma nova variedade do cólera matava as pessoas em minutos, que os mortos jaziam abandonados no meio da rua. Muitos moradores da Golden Square que trabalhavam em outras regiões da cidade abandonavam suas casas, uma vez que seus patrões exigiam que partissem imediatamente.

Os canais de informação eram pouco confiáveis em ambas as direções. Na barriga da besta, os aterrorizados moradores do Soho compartilhavam histórias: que a epidemia atingira a Grande Londres com igual ferocidade; que centenas de milhares estavam mortos; que os hospitais estavam lotados além do que se podia imaginar.

Mas nem todos os moradores locais sucumbiram ao medo abjeto. Durante suas rondas, Whitehead lembrava-se de um velho ditado que invariavelmente vinha à tona em períodos de peste: "Enquanto a pestilência mata aos milhares, o medo mata aos milhões." Whitehead, porém, nada encontrou que pudesse comprovar que a covardia tornava as pessoas de algum modo mais vulneráveis à devastação da doença. "Os bravos e os temerosos [estavam] indiscriminadamente morrendo e sobrevivendo", escreveria ele mais tarde. Para cada alma amedrontada que caía diante do cólera, havia outro sobrevivente igualmente assustado.

Talvez o medo não tenha sido um fator concorrente para a disseminação da doença, mas há muito era um sentimento definidor da vida urbana. Em geral, as cidades começaram como uma tentativa de precaução contra as ameaças externas – fortificadas por muros, protegidas por guardas –, mas, à medida que se expandiram, desenvolveram seus próprios perigos internos: doença, crime, incêndio, em conjunto com os "leves" perigos da decadência moral, como muitos acreditavam. A morte era onipresente, em particular no ambiente das classes trabalhadoras. Um estudo sobre as taxas de mortalidade de 1842 descobriu que em média um *gentleman* morria aos 45 anos, enquanto o comerciante médio morria em torno dos 25. As classes trabalhadoras vivenciavam algo ainda pior: em Bethnal Green, a expectativa média de vida para um trabalhador pobre era de 16 anos. Esses números são impressionantemente baixos porque a vida era particularmente fatal para as crianças. O estudo de 1842 apontou que 62% de todas as mortes registradas eram de crianças com menos de cinco anos. E no entanto, a despeito dessa alarmante taxa de mortalidade, a população se expandia em uma velocidade extraordinária. Tanto os cemitérios quanto as ruas estavam abarrotados de crianças. Essa realidade contraditória explica, em parte, o papel central das crianças no romance vitoriano e especialmente em Dickens. Havia, para os vitorianos, algo singularmente desafiador acerca da ideia de crianças inocentes expostas à doentia miséria da cidade, uma noção que, de modo curioso, encontra-se praticamente ausente nos romances franceses do mesmo período. Quando Dickens apresenta-nos Jo, o jovem vagabundo de *A casa soturna*, sua linguagem faz uma implícita referência às funestas estatísticas da mortalidade infantil daquela época: "Jo vive – quer dizer, Jo ainda não morreu – em um lugar pernicioso, conhecido pelos de sua laia como Tom-all-Alone's. É uma rua escura e dilapidada, avessa à gente honrada, onde as casas decrépitas foram tomadas, em já avançada decadência, por alguns vagabundos audazes que, depois de estabelecerem sua posse, sublocavam os quartos." O trecho captura a sombria realidade da miséria urbana: viver em um mundo como esse era viver a todo momento com a sombra da morte pairando sobre os ombros. Viver era ainda não estar morto.

De nosso vantajoso ponto de vista, mais de um século depois, é difícil precisar o peso que esse temor exercia sobre cada mente vitoriana. De modo prático, a ameaça de uma aniquilação repentina – toda a sua família arrasada em questão de dias – era muito mais premente que as atuais ameaças terroristas. No auge do surto do cólera no século XIX, cerca de mil londrinos – de um total que equivalia a um quarto da população da moderna Nova York – morriam por causa da doença no decorrer de algumas semanas. Imaginem-se o terror e o pânico que tomariam a cidade, se um ataque biológico matasse quatro mil nova-iorquinos plenamente saudáveis no período de vinte dias. Conviver com o cólera em 1854 era viver em um mundo onde as tragédias urbanas em larga escala ocorriam semana após semana, ano após ano. Um mundo no qual não era incomum toda uma família morrer no espaço de quarenta e oito horas ou crianças sofrerem sozinhas na penumbra ao lado do cadáver de seus pais.

Os surtos apresentavam igualmente um agourento preâmbulo. Os jornais acompanhavam o progresso da doença ao longo das cidades portuárias e comerciais da Europa, à medida que avançava incansavelmente pelo continente. Quando apareceu pela primeira vez na cidade de Nova York no verão de 1832, o cólera atacou a cidade a partir do norte: depois de chegar a Montreal em navios provenientes da França, a doença moveu-se ao longo das sinuosas rotas comerciais do norte do estado de Nova York em direção à cidade, até desaguar diretamente no leito do rio Hudson. A intervalos de poucos dias, os jornais anunciavam os novos passos do cólera; quando a doença finalmente chegou, no início de julho, quase metade da cidade havia escapado para o campo, provocando congestionamentos que se assemelhavam à via expressa de Long Island durante um feriado de 4 de julho dos dias de hoje. O *New York Evening Post* noticiou:

> As estradas, em todas as direções, estavam tomadas por abarrotadas diligências, carruagens de aluguel, veículos e montarias particulares, todos atônitos, abandonando a cidade, tal qual podemos supor que fizeram os moradores de Pompeia e Régio de seus devotos lugares, quando a lava rubra avançava sobre suas casas ou partiam-se os muros sob a força de um terremoto.

A teoria do miasma para a transmissão do cólera ampliava ainda mais o medo da doença, que, invisível e onipresente, infiltrava-se nos bueiros e assomava no nevoeiro amarelado ao longo do Tâmisa. Desse ponto de vista, a coragem de quem permanecia para enfrentar a doença – ou para investigar sua origem – é ainda mais impressionante, uma vez que quase todos acreditavam que o mero fato de se respirar nas proximidades de onde ocorria o surto já representava um risco à vida. John Snow tinha ao menos a força de suas convicções às quais se apegar: se o cólera encontrava-se na água, aventurar-se na vizinhança da Golden Square no ápice da epidemia não representava uma ameaça grave, desde que evitasse beber a água das bombas durante as visitas. O reverendo Whitehead não dispunha dessa teoria para tranquilizar seus temores enquanto se sentava, hora após hora, na presença dos doentes e, no entanto, nem uma vez em seus escritos sobre o surto da Broad Street fez menção ao seu próprio temor.

Em virtude desse silêncio, é difícil vislumbrar o verdadeiro estado de espírito de Whitehead: estaria amedrontado, mas, ainda assim, propenso a agir em nome de sua fé e do senso de dever para com a paróquia? Estaria ele compelido, pelo orgulho, a evitar qualquer menção a seu horror em seus escritos? Ou suas convicções religiosas o ajudavam a repelir o medo, tais quais as convicções científicas de Snow o ajudavam? Ou simplesmente se adaptara à constante presença da morte?

Certamente entrara em ação algum processo de adaptação. De outro modo, é difícil imaginar como os moradores de Londres puderam sobreviver a períodos tão perigosos sem ficar paralisados pelo medo. (Nem todos, no entanto, escapavam à ansiedade, como se observa na prevalência da histeria em boa parte da ficção vitoriana. O espartilho não deve ser o único responsabilizado por todos os desfalecimentos.) A escalada do estresse pós-traumático entre os moradores das grandes cidades após o 11 de Setembro é convencionalmente atribuída ao aumento da sensação de perigo, graças à ameaça terrorista, em particular em ícones urbanos como Nova York, Londres e Washington. A longo prazo, porém, há uma inversão nessa relação. Sentimos um medo mais intenso, pois as nossas expectativas de segurança elevaram-se drasticamente ao longo dos últimos cem anos. Mesmo com sua alta taxa de criminalidade, a cidade de Nova York era, em seu devasso nadir na década de 1970, um lugar imensamente mais seguro para viver que a Londres vitoriana. Durante as epidemias do fim das décadas de 1840 e 1850, era comum que mil londrinos morressem de cólera no intervalo de uma semana – em uma cidade com um quarto do tamanho de Nova York –, e as mortes dificilmente ganhavam uma manchete no jornal. Desse modo, não importa quão chocantes nos pareçam hoje, esses números não devem ter provocado o mesmo pânico mortal que provocam hoje em dia. A literatura – tanto pública quanto privada – do século XIX está repleta de muitos sentimentos sombrios: miséria, humilhação, trabalho árduo e ódio. O horror, porém, não desempenha o papel que se esperaria, dada a contagem dos corpos.

Muito mais prevalecente era outro sentimento: o de que as coisas não poderiam continuar nesse ritmo por muito tempo. A cidade se encaminhava para uma espécie de ponto de ruptura climático que possivelmente romperia o formidável crescimento do século anterior. Esse era um sentimento profundamente dialético, uma tese que dava vazão a uma antítese, o sucesso da cidade gerava, por fim, as próprias condições para sua destruição, como o "fantasma vingador" no tributo de Dickens ao amanuense viciado em ópio de *A casa soturna*.

Londres, é claro, tinha uma longa tradição de críticas sociais ofensivas, como na alegre descrição feita pelo médico escocês George Cheyne no fim do século XVIII:

> O imenso número de incêndios, sulfurosos e betuminosos, o vasto desperdício de sebo e óleo fétido em velas e lamparinas, abaixo e acima do solo, as nuvens de fedorentos sopros e perspirações, para não mencionar a excreção de tantos animais enfermiços, racionais ou irracionais, as igrejas, os adros e os cemitérios, abarrotados de corpos putrefatos, as fossas, os açougues, estábulos, monturos de esterco etc. e a necessária estagnação, fermentação, e a variada mescla de todas espécies de átomos, é mais do que suficiente para apodrecer, envenenar e infectar o ar trinta quilômetros ao redor, e que, com o tempo, pode alterar, debilitar e destruir as mais saudáveis constituições.

Parte dessa repugnância pode ser atribuída ao fato de que a distinção clássica entre a metrópole e as cidades industriais ao norte – uma, o centro de comércio e serviços; as outras, de indústria e manufaturas – não havia sido definida com a precisão que, finalmente, se deu no fim do século XIX. Em fins do século XVIII, Londres possuía mais máquinas a vapor do que Lancashire e se manteria como o principal centro manufatureiro da Inglaterra até 1850. Fábricas como a dos irmãos Eley, que se encontravam nas proximidades de lojas e residências – e que estariam completamente deslocadas na Londres de hoje –, eram uma visão comum (para não mencionar o cheiro) em 1854.

Relatos sobre as condições repulsivas de Londres inevitavelmente descreviam a cidade como um organismo unificado, um corpo vasto e canceroso que se projetava ao longo do Tâmisa. Em um texto que soa mais como um diagnóstico médico do que um projeto econômico, sir Richard Phillips previu em 1813 que:

> As casas se tornarão muito numerosas para os habitantes, e certos distritos serão tomados pela penúria e pelo vício, ou se tornarão despovoados. Essa doença se espalhará como uma atrofia pelo corpo humano, e a ruína se seguirá à ruína, até que toda a cidade seja repulsiva para o restante dos moradores; a longo prazo o todo se torna um monte de ruínas: tais foram as causas da decadência de todas as cidades populosas. Nínive, Babilônia, Antioquia e Tebas tornam-se montes de ruínas. Roma, Delfos e Alexandria compartilham o mesmo destino inevitável; e Londres deve eventualmente sucumbir de causas semelhantes sob o destino das coisas humanas.

É aqui que a moderna mentalidade urbana se confronta com o que deve ser a maior lacuna que a separa da visão de mundo vitoriana. Em um sentido bastante prático, ninguém jamais havia tentado amontoar quase três milhões de pessoas em uma área de cinquenta quilômetros de circunferência. A metrópole, como conceito, ainda não fora posta à prova. Parecia inteiramente plausível, para muitos cidadãos de bom senso da Inglaterra vitoriana – bem como para numerosos visitantes estrangeiros –, que, dali a cem anos, todo o projeto de manutenção de cidades dessa magnitude se comprovasse uma efêmera extravagância. O monstro devoraria a si mesmo.

A maior parte de nós não alimenta hoje dúvidas dessa magnitude, ao menos no que diz respeito às cidades. Preocupamo-nos com outras questões: as favelas homéricas das megacidades do Terceiro Mundo; as ameaças terroristas; o impacto ambiental de um planeta que se industrializa em níveis dramáticos. A maior parte de nós, no entanto, aceita sem contestação a viabilidade a longo prazo dos aglomerados humanos com populações de milhões ou dezenas de milhões. Sabemos que isso pode ser feito. Apenas não descobrimos como assegurar que seja bem-feito.

E assim, ao projetar em retrospectiva a mentalidade do morador de Londres em 1854, devemos nos lembrar de algo crucial: uma espécie de dúvida existencial estendia-se sobre a cidade, uma suspeita não de que Londres fosse imperfeita, mas de que a própria ideia de construir cidades da magnitude de Londres fosse um equívoco, que logo seria corrigido.

Se Londres era um tal esgoto, fétido e populoso, na primeira metade do século XIX, então por que tantas pessoas mudavam-se para lá? Não há dúvida de que havia quem se deleitasse com o vigor e a inspiração da cidade, sua arquitetura e seus parques, seus círculos de intelectuais e a convivência nos cafés. (O "Prelúdio" de Wordsworth até mesmo incluía uma ode às compras: "A fileira de deslumbrantes artigos,/ Loja após loja, com símbolos, pomposos nomes,/ Encimados pelas honras dos comerciantes".) Mas para cada intelectual ou aristocrata que se transferia para a cidade por causa de seu sabor cosmopolita, havia uma centena de lameiros, vendedores ambulantes e limpadores de fossa que com certeza tinham da cidade uma impressão estética muito distinta.

O formidável crescimento de Londres – como as concomitantes explosões demográficas de Manchester e Leeds – era um mistério que não se poderia reduzir à decisão de um grande número de indivíduos. Era isso, afinal, o que espantava e horrorizava um sem-número de observadores do período: a sensação de que a cidade ganhara vida própria. Decerto, era o resultado de escolhas humanas, mas era um novo modelo de escolha coletivo, no qual as decisões coletivas estavam em desacordo com as necessidades e os desejos de cada indivíduo. Caso se investigasse de algum modo a população da Inglaterra vitoriana e se indagasse se era uma boa ideia amontoar dois milhões de pessoas em uma área de cinquenta quilômetros de circunferência, a resposta seria um retumbante "não". Mas, de qualquer modo, os dois milhões apareceram do mesmo jeito.

A perplexidade deu origem a um sentimento intuitivo de que a cidade, em si, era mais bem compreendida como uma criatura com sua própria e distinta disposição, maior do que a soma de suas partes: um monstro, um corpo enfermo – ou, mais precisamente, o "formigueiro sobre a planície" de Wordsworth. (A engenharia instintiva, mas complexa, dos formigueiros demonstra uma quantidade de similaridades intrigante com as cidades humanas.) Os observadores do período detectavam um fenômeno que agora consideramos, em grande medida, normal: o de que o comportamento da "massa" pode, por vezes, divergir, de modo intrigante, dos desejos dos indivíduos que compõem a massa. Caso se tivesse o tempo para dispor isso no papel, não seria possível narrar a história da cidade como uma série infinita de biografias individuais. Seria necessário pensar o comportamento coletivo como algo distinto da escolha individual. Para compreender uma cidade em sua inteireza, seria preciso mover-se um degrau acima na cadeia, para contemplá-la do alto. Henry Mayhew ficou célebre ao embarcar em um balão na tentativa de alcançar a totalidade da cidade a partir de um ponto de vista único, mas descobriu, para seu espanto, que a "cidade monstro ... se alongava, de ambos os lados, não apenas até o horizonte, mas muito além na distância".

Essa compreensão de Londres como uma presença monstruosa e cancerosa concentrava-se, portanto, não só no mau cheiro ou na superpopulação, mas também na estranha sensação de que, de algum modo, os próprios homens não estavam no controle do processo de urbanização. Nisso os vitorianos expressavam uma compreensão de uma realidade subliminar, à qual tinham acesso apenas em parte. Há uma tendência a se imaginar as cidades a partir de suas ruas, mercados ou edificações (ou, na mentalidade do século XX, seus arranha-céus). No fim das contas, porém, elas se constroem por meio de fluxos de energia. Mesmo que desejassem, os caçadores-coletores ou os primeiros agricultores não teriam a capacidade de conceber uma cidade do tamanho e da densidade da Londres da década de 1850 (muito menos a São Paulo dos dias de hoje). Para prover uma população de um milhão de pessoas – apenas para mantê-la alimentada, sem se preocupar com veículos utilitários (SUVs), metrôs ou geladeiras –, é necessária uma enorme fonte de energia acumulada para manter todos esses corpos em funcionamento. Pequenos bandos de caçadores-coletores recolhiam, se tivessem sorte, energia suficiente para sustentar pequenos bandos de caçadores-coletores. Mas, quando começaram a cultivar grãos de cereais nos campos, os protoagricultores do Crescente Fértil* aumentaram drasticamente a energia disponível para seus agrupamentos, permitindo que a população se multiplicasse aos milhares e, ao longo do processo, criando níveis de densidade jamais vistos entre os primatas, muito menos entre os homens. Logo, obtiveram respostas positivas: com o aumento da quantidade de pessoas que trabalhavam a terra,

* Região do Oriente Médio que compreende os atuais Estados de Israel e do Líbano, bem como a Palestina, além de Síria, Jordânia, Iraque, Egito e o sudeste da Turquia. A zona oeste em torno do rio Jordão e da parte superior do Eufrates viu nascer os primeiros assentamentos agrícolas conhecidos, há onze mil anos. (N.E.)

aumentou a oferta de comida, o que permitiu que mais pessoas trabalhassem a terra, e assim por diante. Finalmente, essas primeiras sociedades agrícolas atingiram o que pode ainda ser o *sine qua non* da civilização: uma grande classe de homens desembaraçados do problema cotidiano de encontrar uma nova fonte de comida. As cidades foram subitamente tomadas por uma classe de consumidores, livres para se preocupar com outras questões prementes: novas tecnologias, novas formas de comércio, política, esportes profissionais, fofocas de celebridades.

O mesmo processo levou à explosão populacional da Londres vitoriana depois de 1750. Três desenvolvimentos inter-relacionados puseram em circulação na capital um incremento sem precedente de energia. Primeiro, as "melhorias" do capitalismo agrário, no qual o sistema pontual e irregular da agricultura feudal inglesa deu lugar à agricultura racional; segundo, a energia liberada pelo carvão e o aço da Revolução Industrial; terceiro, o fabuloso incremento da transmissão de energia, graças ao sistema ferroviário. Por milênios, a maior parte das cidades estivera inexoravelmente ligada ao ecossistema natural que se estendia do lado de fora de seus muros: a energia que circulava através dos campos e florestas ao seu redor determinava o limite populacional que não poderiam ultrapassar. Londres em 1854 projetara-se além desses limites, porque a própria terra era cultivada de modo mais eficiente, novas fontes de energia foram descobertas e as hidrovias e ferrovias expandiram significativamente as distâncias percorridas por essas energias. Em 1854, o londrino que saboreasse uma xícara de chá com açúcar engolia a cada gole uma vasta rede de energia global: a mão de obra das plantações de açúcar nas Índias Ocidentais e as recém-formadas plantações de chá na Índia; a energia solar nesses domínios tropicais que permitiam que essas plantas florescessem; a energia oceânica das correntes comerciais e a força da locomotiva a vapor; os combustíveis fósseis que alimentavam os teares mecânicos de Lancashire, que produziam os tecidos que ajudavam a financiar todo o sistema comercial.

Não se podia, portanto, compreender a grande cidade como um produto da vontade do homem. Estava muito mais próxima de um processo natural e orgânico – assemelhava-se menos a um edifício deliberadamente construído e mais a um jardim que irrompia em plena floração com a chegada da primavera –, um misto de planejamento humano e padrões de desenvolvimento natural que emergiam com o crescimento das fontes de energia. Há algumas décadas, o físico Arthur Iberall propôs que os padrões de organização humana poderiam ser compreendidos como um equivalente social daqueles formados por moléculas em resposta às mudanças dos estados de energia. Um conjunto de moléculas de água segue um padrão confiável de transformações, de acordo com a quantidade de energia inserida no sistema: em situações de baixa energia, assume a forma de cristais de gelo, enquanto infusões de alta energia transformam o líquido em gás. As mudanças drásticas de um estado para outro são chamadas fases de transição ou bifurcações. Iberall observou que as sociedades humanas pareciam passar por fases semelhantes de transição, à medida que a energia era aproveitada pela sociedade em expansão: movendo-se do estado gasoso dos caçadores-coletores errantes em direção à configuração mais estável da agricultura, até a densidade cristalina de uma cidade murada. Quando a oferta de energia suplementar chegou ao auge, graças ao trabalho escravo e às redes de transporte do Império Romano, a cidade de Roma abrigava mais de um milhão de habitantes, e dezenas de cidades conectadas àquela rede atingiram uma população de centenas de milhares. No entanto, quando o sistema imperial desmoronou, o fornecimento de energia minguou, e as cidades da Europa vaporizaram-se em poucos séculos. No ano 1000 – exatamente em torno da época em que a outra grande revolução energética se iniciava –, Roma estava reduzida a meros 35 mil habitantes, um treze avos de sua antiga glória.

O crescimento de uma cidade que passou de um milhão a três milhões de habitantes em menos de um século exigia, no entanto, mais do que o mero aumento da oferta de energia. Requeria igualmente um imenso contingente populacional disposto a mudar do campo para a cidade. Como se comprovaria, o cercamento – movimento que dominou boa parte da vida rural da Inglaterra durante o século XVIII e início do XIX – criou uma grande leva de migrantes ao romper o sistema de exploração da terra, que estivera em vigor desde os tempos medievais. Centenas de milhares, se não milhões, de agricultores arrendatários que viviam em aldeias rurais subitamente descobriram que seu antigo estilo de vida fora devastado por uma longa onda de privatização. Esses trabalhadores, uma vez liberados, tornaram-se outra fonte de energia, igualmente essencial, para a Revolução

Industrial, oferecendo às cidades e vilas uma reserva praticamente inesgotável de mão de obra barata. Em certo sentido, a Revolução Industrial jamais teria acontecido se duas distintas fontes de energia não fossem arrancadas da terra: carvão e camponeses.

O drástico aumento de indivíduos dispostos a povoar os novos espaços urbanos da Era Industrial pode ter tido uma outra causa: o chá. O crescimento populacional durante a primeira metade do século XVIII claramente coincidiu com a disseminação do chá como uma verdadeira bebida nacional na Inglaterra. (Do início ao fim do século, as importações passaram de seis para onze toneladas.) Considerado um bem de luxo no começo do século, o chá encontrava-se presente, já na década de 1850, até mesmo na dieta das classes trabalhadoras. Ao discriminar suas despesas semanais ao *Penny Newsman*, um operário afirmou que gastava quase 15% de seus rendimentos com chá e açúcar. Embora o sabor e os reconhecidos efeitos salutares da cafeína possam tê-lo influenciado, essa era também, em face às alternativas, uma escolha de um estilo de vida mais saudável. O chá fermentado possui várias propriedades antibacterianas cruciais que ajudam a repelir doenças transmissíveis pela água: o ácido tânico liberado no processo de infusão mata as bactérias que não pereceram durante a fervura da água. Do ponto de vista da bactéria, a explosão do consumo de chá, no fim do século XVIII, foi um verdadeiro holocausto microbiano. Durante esse período, os médicos observaram uma drástica queda da disenteria e da mortalidade infantil. (O agente antisséptico presente no chá podia chegar aos bebês por meio do leite materno.) Amplamente livres dos agentes de doenças transmissíveis pela água, os consumidores de chá aumentavam em número, para, por fim, proporcionar uma reserva ainda maior de mão de obra para as emergentes cidades fabris e para o grande monstro que se expandia dentro da própria Londres.

Essas múltiplas vertentes – os fluxos energéticos do crescimento metropolitano, a disseminação do chá, a incipiente consciência do comportamento das massas – não eram um mero pano de fundo histórico. O confronto entre micróbio e homem, que culminou nos dez dias de batalha na Broad Street, era, em si, uma consequência de todas essas vertentes, embora as cadeias de causa e efeito se estendam por diferentes níveis de experiência, tanto no tempo quanto no espaço. É possível contar a história do surto da Broad Street na escala de algumas poucas centenas de vidas humanas, de indivíduos que se abasteceram de uma bomba-d'água, adoeceram e morreram ao longo de poucas semanas, mas, ao contar assim a história, torna-se limitada a capacidade de se apresentar um relato preciso do que realmente aconteceu e, mais importante, por que aconteceu. Logo que se chega ao porquê, é necessário que a história se expanda e se retraia a um só tempo: para abarcar a longa duração do desenvolvimento urbano e salientar os microscópicos ciclos vitais das bactérias. Isso também está na sua origem.

Assim, a narrativa dessa história apresenta uma fascinante simetria, visto que a cidade e a bactéria encontram-se em extremos opostos, no que diz respeito às formas que a vida pode assumir na face da Terra. Visto do espaço, a única evidência recorrente da presença do homem neste planeta são as cidades que construímos. E, na visão noturna da Terra, as cidades são a única visão que se tem, tanto em nível geológico quanto biológico. (Imagine-se a pulsação intermitente dos sinais de trânsito, organizados segundo os padrões caóticos, mas ainda assim reconhecíveis, dos *reais* padrões dos aglomerados humanos, e não a geometria límpida e imperial das fronteiras políticas.) Com exceção da atmosfera terrestre, a cidade é o maior vestígio de vida. E os micróbios, o menor. À medida que se aproxima da escala das bactérias e vírus, viaja-se do domínio da biologia para o da química, de organismos com um padrão de crescimento e desenvolvimento, vida e morte para meras moléculas. É uma grande evidência da interconectividade da vida sobre a Terra que o destino das maiores e menores formas de vida seja tão intimamente dependente uns dos outros. Em uma cidade como a Londres vitoriana, livre de ameaças militares e repleta de novas formas de capital e energia, os micróbios eram a força primária que reinava em meio ao acelerado crescimento da cidade, uma vez que Londres proporcionou ao *Vibrio cholerae* (para não mencionar inúmeras outras espécies de bactérias) precisamente o mesmo que aos corretores da bolsa de valores, donos de café e exploradores de esgotos: um modo inteiramente novo de ganhar a vida.

Dessa forma, o macrocrescimento do superorganismo da cidade e as microscópicas sutilezas da bactéria são igualmente determinantes para os eventos de setembro de 1854. Em alguns casos, as cadeias de causa e efeito são óbvias. Sem as densidades populacionais e a interconectividade global da industrialização, o cólera não seria tão devastador na Inglaterra e, portanto, nem ao menos teria atraído as habilidades investigativas de Snow. Em outras circunstâncias, no entanto, as cadeias causais são mais sutis, embora não menos importantes para a história. A visão mais ampla da cidade, a compreensão do universo urbano como um sistema ou como um fenômeno de massa – essa ruptura imaginativa é tão crucial para os derradeiros desdobramentos da epidemia da Broad Street quanto qualquer outro fator. Para solucionar o mistério do cólera, é necessário um olhar distanciado, a fim de buscar padrões mais amplos no itinerário da doença através da cidade. Hoje, quando questões de saúde pública estão em jogo, denominamos esse olhar mais amplo de epidemiológico e temos departamentos nas faculdades inteiramente dedicados a isso. Para os vitorianos, porém, essa perspectiva era ainda imprecisa; ainda não tinham condição de compreender esses padrões de comportamento social de modo intuitivo. A Sociedade Epidemiológica de Londres formara-se apenas quatro anos antes, sendo Snow um de seus membros fundadores. A técnica básica das estatísticas populacionais – a fim de medir a incidência de determinado fenômeno (doença, crime, pobreza) como uma porcentagem da totalidade da população – fora adotada pelo pensamento médico e científico dominante somente nas duas décadas anteriores. A ciência da epidemiologia estava apenas engatinhando, e muitos de seus princípios ainda precisavam ser estabelecidos.

Ao mesmo tempo, o método científico raramente se relacionava ao desenvolvimento e à experimentação de novos tratamentos e medicamentos. Quando se lê aquela infindável lista de curas charlatanescas para o cólera publicadas nos jornais, o que mais nos impressiona não é o fato de que sejam todas elas, quase sem exceção, baseadas em evidências circunstanciais, mas que seus defensores jamais se desculpem por seus equívocos. Em nenhum momento afirmam: "É evidente que tudo se baseia em evidências circunstanciais, mas me ouçam assim mesmo." Não há qualquer *pudor* nessas cartas, nenhuma consciência da imperfeição do método, precisamente porque parecia altamente razoável que um punhado de casos levaria à cura do cólera, se fossem observados com a devida atenção.

Não era possível, no entanto, estudar o cólera isoladamente. A epidemia era uma espécie de produto da explosão urbana assim como os jornais e cafés, onde em vão era dissecado. Para compreender o monstro, era necessário considerá-lo a partir da escala mais ampla da cidade. Era necessário observar o problema do ponto de vista do balão de Henry Mayhew. E era necessário descobrir o modo de convencer os demais a acompanhá-lo.

Era justamente essa perspectiva mais ampla o que buscava John Snow ao meio-dia daquela segunda-feira. À luz do dia, reexaminou as amostras das fontes do Soho e nada encontrou de suspeito na água da Broad Street. Enquanto ministrava uma dose de clorofórmio no paciente de um dentista da vizinhança que fazia uma extração dentária, Snow refletia sobre o surto que se espalhava a algumas quadras dali. Quanto mais pensava a respeito, mais se convencia de que o suprimento de água deveria estar de algum modo contaminado. Mas como comprovar isso? Isoladamente, a água não era suficiente, uma vez que nem ao menos sabia o que estava procurando. Tinha uma teoria a respeito dos meios de transmissão do cólera e seus efeitos no organismo. Mas não tinha a menor ideia de como era exatamente o agente causador do cólera, muito menos de como identificá-lo.

Ironicamente, apenas alguns dias antes de Snow tentar, sem sucesso, observar qualquer vestígio revelador da presença do cólera na água, um cientista italiano da Universidade de Florença descobrira um pequeno organismo, no formato de uma vírgula, na mucosa intestinal de uma vítima do cólera. Era a primeira observação que se tem notícia do *Vibrio cholerae*, e Filipo Pacine publicara um artigo descrevendo suas descobertas sob o título de "Observações microscópicas e deduções patológicas sobre o cólera". No entanto, era o momento errado para tal descoberta: a teoria germinal da doença ainda não fora adotada pelo pensamento científico dominante e o próprio cólera era amplamente reconhecido pelos miasmistas como uma espécie de poluição atmosférica, não uma criatura viva. O artigo de Pacine foi ignorado, e o *Vibrio cholerae* recolheu-se ao reino invisível dos micróbios por outros trinta anos. John Snow iria para o túmulo sem saber que o agente do cólera que buscara ao longo de tantos anos fora identificado ainda quando era vivo.

O fato de Snow não ter a menor ideia da aparência do cólera sob as lentes de um microscópio não o impediu de fazer novos testes com a água.

Depois do compromisso com o dentista, retornou à bomba-d'água da Broad Street a fim de recolher mais algumas amostras. Dessa vez, observou pequenas partículas brancas. De volta ao laboratório, fez um rápido experimento químico, que registrou uma elevada presença de cloretos, bastante incomum. Confiante, levou a amostra a um colega, dr. Arthur Hassal, cuja habilidade no manuseio do microscópio Snow havia muito admirava. Hassal observou que as partículas não tinham uma "estrutura organizada", o que o levou a acreditar que eram sobras de matéria orgânica decomposta. Também observou um punhado de formas de vida ovaladas – Hassal denominou-as *animalculae* –, possivelmente alimentadas pelas substâncias orgânicas.

Afinal a água da Broad Street não era tão pura como Snow originalmente pensara. No entanto, nada havia na análise de Hassal que apontasse terminantemente a presença do cólera. Se pretendia solucionar esse caso, a solução não se encontrava sob as lentes do microscópio, a partir da escala de partículas e *animalculae*. Era preciso abordar o problema de um ponto de vista mais amplo, a partir da escala dos bairros da cidade. Snow rastrearia o assassino através de uma rota indireta, observando os padrões de vida e morte nas ruas ao redor da Golden Square.

Como vimos, Snow já despendera grande parte do ano anterior refletindo sobre o cólera, com base nessa perspectiva. Após sua primeira publicação, no fim da década de 1840, ter fracassado na tentativa de persuadir as autoridades médicas a respeito de sua teoria de contaminação pela água, Snow continuou sua busca por evidências que apoiassem sua tese. A distância, acompanhou os surtos de Exeter, Hull e York. Lia os *Registros de nascimento e óbito* de William Farr, tal qual o restante da população devorava os folhetins de *A casa soturna*. Cada novo surto proporcionava-lhe uma nova configuração de variáveis, um novo padrão – e, consequentemente, a possibilidade de um novo tipo de experimento, um que se desenrolaria nas ruas e nos cemitérios, e não no abarrotado apartamento de Snow. Desse modo, ele desenvolveu uma relação estranhamente simbiótica com o *Vibrio cholerae*: era necessário que a doença eclodisse para que Snow tivesse a oportunidade de derrotá-la. Entre 1850 e 1853, quando o cólera manteve-se amplamente adormecido na Inglaterra, foram anos de bonança para a saúde do país, mas improdutivos para as investigações de Snow. Quando o cólera retornou com ímpeto redobrado em 1853, Snow debruçou-se sobre os registros de Farr com zelo ainda maior, esquadrinhando tabelas e gráficos em busca de pistas.

Farr era o mais próximo de um aliado com o qual Snow podia contar em meio à comunidade médica então dominante. De muitos modos, suas vidas seguiram caminhos paralelos. Nascido em uma família de trabalhadores pobres de Shropshire cinco anos antes de Snow, Farr se formara médico na década de 1830, mas abriria caminho para revolucionar o uso de estatísticas na saúde pública na década seguinte. Integrou-se ao recém-criado Departamento de Registros Gerais em 1838, poucos meses depois de sua primeira esposa ser vitimada pelo outro grande algoz do século XIX, a tuberculose. Farr fora contratado para acompanhar as mais elementares tendências demográficas: a quantidade de nascimentos, óbitos e casamentos na Inglaterra e no País de Gales. No entanto, com o passar do tempo, aprimorara as estatísticas a fim de acompanhar padrões mais sutis na população. As "listas de mortalidade" datam dos anos da peste no século XVII, quando os escrivães passaram a registrar os nomes e as paróquias dos mortos. Farr, porém, reconheceu que essas análises poderiam ter mais valor para a ciência caso incluíssem novas variáveis. Empreendeu uma longa campanha para persuadir doutores e cirurgiões a reportar sempre que possível a causa da morte, extraindo uma lista de vinte e sete doenças fatais. Em meados da década de 1840, seus relatórios assinalavam as mortes não apenas por doença, mas também por paróquia, idade e profissão. Pela primeira vez, médicos e cientistas tinham uma fonte confiável com base na qual poderiam pesquisar padrões mais amplos de doenças na sociedade britânica. Sem os registros de Farr, Snow teria ficado limitado aos relatos, boatos e observações diretas de seu próprio bairro. Talvez ainda pudesse conceber uma teoria original sobre o cólera, mas seria praticamente impossível convencer alguém de sua validade.

Farr era um homem de ciência e compartilhava com Snow a crença no poder das estatísticas de lançar luz sobre os mistérios da medicina. No entanto, compartilhava igualmente muitos pressupostos com os partidários do miasma e empregava os números registrados com o intuito de reforçar suas crenças. Farr acreditava que, isoladamente, o prognóstico mais confiável da contaminação pelo cólera era a altitude: a população que vivia em meio ao pútrido nevoeiro das margens dos rios era mais vulnerável ao cólera do que aquelas que viviam no ar rarefeito de, digamos, Hampstead. E assim, depois do surto de 1849, Farr passou a tabular as mortes por cólera de acordo com a altitude e, de fato, os números pareciam comprovar que as terras mais elevadas eram terreno mais seguro. Isso mais tarde se comprovaria um exemplo clássico de uma correlação equivocadamente considerada como causalidade: as comunidades em altitudes mais elevadas tendiam a ser menos densamente povoadas do que as ruas populosas ao longo do Tâmisa e a distância em relação ao rio tornava menos provável a ingestão da água contaminada. Terras mais altas eram mais seguras, mas não porque estavam livres do miasma. Eram mais seguras porque tendiam a ter água mais limpa. Farr não se opunha inteiramente à teoria de Snow. Provavelmente considerara a ideia de que o cólera pudesse de algum modo se originar nas águas escuras do Tâmisa, para, em seguida, se elevar no ar esfumaçado do rio, como uma espécie de vapor venenoso. Claramente acompanhara de perto as publicações e as apresentações de Snow ao longo dos anos e abordara a teoria em editoriais que eventualmente acompanhavam os seus registros. No entanto, mantinha-se cético em relação à teoria da contaminação estritamente pela água. Também suspeitava de que Snow teria bastante dificuldade de comprovar suas ideias. "Para medir os efeitos do abastecimento de água, a boa e a ruim", escreveu Farr em um editorial de novembro de 1853, "requer-se a confluência de dois segmentos da população que vivam no mesmo nível, movam-se em espaços iguais, compartilhem os mesmos meios de subsistência, engajem-se nas mesmas buscas, mas que difiram no seguinte aspecto – que uma beba a água do Battersea e a outra, do Kew. ... As condições de Londres, no entanto, não admitem tal *experimentum crucis*".

É provável que, para Snow, essa última sentença tivesse o efeito de um tapa na cara, uma vez que a mesma expressão latina fora usada contra ele depois da publicação de sua monografia original sobre o cólera quatro anos antes. No entanto, a despeito de seu ceticismo, Farr, intrigado com a teoria da contaminação pela água de Snow, decidiu adicionar uma nova categoria aos registros. Além de inquirir a idade, o sexo e a altitude das vítimas do cólera, Farr passaria a investigar uma variável adicional: onde obtinham sua água.

~

A BUSCA POR ÁGUA IMPOLUTA para consumo é tão antiga quanto a civilização. Tão logo havia grandes aglomerados humanos, as doenças transmitidas pela água, como a disenteria, tornaram-se um inevitável gargalo populacional. Ao longo de boa parte da história da humanidade, a solução para esse problema crônico de saúde pública não era purificar a fonte de água. A solução era beber álcool. Em uma comunidade sem fontes de água pura, o álcool era a bebida que mais se aproximava da ideia de "pureza". Nos primórdios dos assentamentos agrícolas, os riscos à saúde representados pela cerveja (e posteriormente o vinho), quaisquer que fossem, eram compensados pelas propriedades antibacterianas do álcool. A morte por cirrose aos quarenta anos era melhor do que a por disenteria aos vinte. Muitos historiadores, com inclinações genéticas, acreditam que a confluência da descoberta do álcool e da convivência urbana gerou uma forte pressão seletiva sobre os genes de todos os homens que abandonaram o estilo de vida de caçador-coletor. O álcool, afinal, é um veneno letal e notoriamente viciador. Para digerir grandes quantidades de álcool é necessário ser capaz de impulsionar a produção da enzima denominada álcool desidrogenase, um traço regulado por um conjunto de genes no cromossomo quatro do DNA humano. Muitos dos primeiros agricultores não tinham esse traço e, portanto, eram geneticamente "fracos para a bebida". Por conseguinte, muitos morriam ainda jovens e sem herdeiros, quer por abuso de álcool, quer por doenças transmissíveis pela água. Ao longo de várias gerações, o caldo genético dos primeiros agricultores foi gradativamente dominado pelos indivíduos que bebiam cerveja com regularidade. Grande parte da população mundial de hoje é constituída de descendentes daqueles primeiros consumidores de cerveja e herdou, em grande medida, sua tolerância genética ao álcool. (O mesmo é válido para a tolerância à lactose, um traço genético que passou da raridade à predominância entre os descendentes dos pastores, graças à domesticação de animais leiteiros.) Os descendentes dos caçadores-coletores – como muitos nativos norte-americanos ou aborígines australianos – jamais foram obrigados a atravessar esse gargalo genético e, por isso, apresentam atualmente taxas desproporcionais de alcoolismo. Atribuiu-se o crônico problema de bebida nas populações de nativos norte-americanos a praticamente tudo, da fraca "compleição do índio" aos abusos do modelo de reservas indígenas nos Estados Unidos. Sua intolerância ao álcool, no entanto, tem possivelmente uma outra explicação: seus ancestrais não viviam em cidades.

Ironicamente, as propriedades antibacterianas da cerveja – e de todas as bebidas fermentadas – originam-se do trabalho de outros micróbios, graças à antiga estratégia metabólica da fermentação. Os organismos responsáveis pela fermentação, como a levedura usada na produção de bebidas alcoólicas, sobrevivem graças à conversão de açúcares e carboidratos em ATP, a moeda energética de todas as formas de vida. Esse processo, porém, não é inteiramente limpo. Ao quebrar as moléculas, as células da levedura descartam dois tipos de dejetos – dióxido de carbono e etanol. Um origina a efervescência; outro, a ebulição. E, assim, ao combater a crise de saúde provocada pela defeituosa reciclagem de lixo dos aglomerados humanos, os protoagricultores inconscientemente se depararam com a estratégia de consumir os dejetos microscópicos gerados pelos fermentadores. Os homens bebiam os dejetos descartados pelas leveduras e assim podiam ingerir os próprios dejetos sem que isso os levasse à morte. Não estavam, é claro, conscientes disso, mas de fato tinham domesticado uma forma de vida microbiana a fim de conter a ameaça representada por outros micróbios. A estratégia persistiu por milênios, à medida que a civilização descobria a cerveja, depois o vinho, depois o conhaque – até que o chá e o café chegaram para oferecer uma proteção comparável contra as doenças sem empregar os serviços dos micróbios fermentadores.

Em meados do século XIX, ao menos na Inglaterra, a água encontrava para si um papel na dieta urbana. Começando em meados do século XVIII, uma crescente mixórdia de encanamentos privados para o escoamento de água começou a abrir seu caminho através da cidade, proporcionando aos mais prósperos moradores de Londres água corrente em suas casas (ou, em alguns casos, depositando a água em uma cisterna próxima à casa). O impacto revolucionário desse avanço é inestimável. Muitas das conveniências domésticas da vida moderna – as lavadoras de louça, as máquinas de lavar roupa, as privadas com descarga d'água e os chuveiros – dependem de uma fonte de água confiável. Para os moradores de Londres que vivenciavam pela primeira vez a experiência, o fato de servir-se de um copo d'água da torneira de sua casa já era um verdadeiro milagre.

Em meados do século XIX, o indistinto agrupamento de pequenas empresas que administravam o abastecimento de água da cidade consolidou-se, de modo geral, em dez grandes firmas, cada qual com sua própria área de atuação. A New River Water Company abastecia o centro da cidade, enquanto a Chelsea Water Company, a região leste da cidade. Duas empresas controlavam a região ao sul do Tâmisa: South & Vauxhall (também conhecida como S&V) e Lambeth. Muitas dessas empresas – incluindo a S&V e a Lambeth – captavam a água dentro dos limites das marés do Tâmisa. Portanto, a água com que abasteciam seus clientes estava contaminada pelos dejetos da cidade, graças à crescente rede de esgotos que escoava diretamente no rio cada vez mais imundo. Até mesmo os mais ardentes miasmistas encontrariam prejuízos nessa combinação e, assim, no início da década de 1850, o Parlamento aprovou uma lei que obrigava todas as companhias de água de Londres a mudar seus pontos de captação para além do limite da preamar, até agosto de 1855. A S&V optou por protelar a mudança até o último minuto, continuando a captar sua água em Battersea; enquanto a Lambeth transferiu, em 1852, seu sistema hidráulico para a fonte mais limpa de Thames Ditton.

Snow acompanhava as companhias de água desde o início de suas investigações em 1849 e já observara os resultados da mudança da Lambeth. No entanto, o grande salto viria no formato de uma nota de rodapé na edição de 26 de novembro dos *Registros de nascimento e óbito*. Abaixo da quantidade de mortos por cólera na região sul de Londres, Farr acrescentara uma sentença aparentemente inócua: "Em três casos ... os mesmos distritos são abastecidos pelas duas companhias."

De imediato esse detalhe trivial a respeito da infraestrutura da cidade saltou aos olhos de Snow como uma fabulosa oportunidade. Toda uma população vivendo em um mesmo espaço, na mesma altitude, dividida entre duas fontes de água, uma das quais tomada pelo esgoto da cidade, a outra relativamente pura. A observação de Farr proporcionara inadvertidamente a Snow seu *experimentum crucis*.

Tudo o que Snow precisava agora era de uma análise adicional: um registro da quantidade de mortes ocorridas em casas abastecidas com a água da S&V e em casas abastecidas com a água da Lambeth. Se a teoria de Snow estivesse correta, haveria uma taxa de mortalidade mais alta nas casas da S&V, apesar da proximidade com as casas da Lambeth. A altitude e a qualidade do ar seriam as mesmas – somente a água seria diferente. Até mesmo o nível econômico e o educacional seriam eliminados da equação, visto que ricos e pobres escolhiam indiscriminadamente uma ou outra fonte de água. Repetia-se a história dos apartamentos da Thomas Street: ambiente compartilhado, água diferente. Dessa vez, no entanto, a escala seria imensa: em vez de dezenas, milhares de vidas. Como o próprio Snow por fim descreveria:

> O experimento ... desenrolava-se na maior escala possível. Não menos que três centenas de milhares de pessoas de ambos os sexos, de todas as idades e ocupações, e de todos os níveis e posições, da mais alta sociedade aos mais pobres, estavam divididas inescapavelmente, e muitas vezes inconscientemente, em dois grupos; um grupo recebia a água contaminada pelos esgotos de Londres e, junto, o que quer que proviesse das vítimas do cólera; o outro, uma água comprovadamente livre de tais impurezas.

O *experimentum crucis* se comprovaria, no entanto, um incômodo maior do que Snow imaginara. Os relatórios originais de Farr abrangiam os distritos em sua totalidade, enquanto Snow agora os dividia em subdistritos, organizados de acordo com a fonte de água. Doze deles dependiam da água da S&V, enquanto outros três serviam-se exclusivamente da água da Lambeth. E, de fato, a disparidade entre os dois grupos em termos de mortalidade por cólera era bastante pronunciada: em geral, uma em cem pessoas morria nos distritos da S&V, enquanto nenhuma pessoa morrera de cólera entre os catorze mil, seiscentos e trinta e dois clientes da Lambeth. Um observador imparcial talvez se convencesse com aqueles números; Snow, porém, compreendeu que seu público precisava de algo mais, basicamente porque os subdistritos atendidos com exclusividade pela Lambeth eram relativamente mais prósperos do que as sombrias zonas industriais abastecidas pela S&V. Logo que o olhar dos miasmistas se detivesse nessa diferença entre os bairros, Snow tinha consciência de que seu caso se dissolveria em um piscar de olhos.

Dessa maneira, o experimento teria início e fim nos dezesseis subdistritos remanescentes que recebiam *tanto* a água da S&V *quanto* a da Lambeth. Caso descobrisse alguma correlação entre as mortes por cólera nesses distritos e as linhas dos fornecedores de água, a teoria de Snow talvez tivesse uma prova suficientemente conclusiva para destronar o modelo miasmático. Os números, porém, mostraram-se imprecisos, pois os encanamentos nesses dezesseis subdistritos eram tão promiscuamente interligados que era impossível discernir que companhia abastecia um determinado endereço. Se desejava desembaraçar a fonte de água dessas dezesseis regiões, Snow teria de gastar a sola dos sapatos para fazê-lo. Teria de bater em cada uma das portas mencionadas no estudo de Farr e perguntar onde os moradores obtinham sua água.

Vale a pena parar por um segundo a fim de refletir sobre a disposição de Snow para levar tão longe suas investigações. Temos aqui um homem que, apesar de ter atingido o verdadeiro pináculo da prática médica vitoriana – atendendo a rainha da Inglaterra com um procedimento do qual fora ele próprio um pioneiro –, estava disposto a despender cada minuto de seu tempo livre a bater em centenas de portas em alguns dos mais perigosos bairros de Londres, em busca especificamente daquelas casas que tivessem sido atacadas pela mais letal doença do período. No entanto, sem essa determinação, sem esse destemor, sem essa prontidão para abandonar a segurança do sucesso profissional e da proteção real e aventurar-se naquelas ruas, seu "grande experimento" – como Snow veio a chamá-lo – não chegaria a lugar algum. E a teoria do miasma não seria desafiada.

As entrevistas feitas diretamente nas ruas, porém, se comprovariam, por fim, igualmente insatisfatórias. Muitos moradores não tinham ideia de onde vinha sua água. Ou suas contas eram pagas por um distante senhorio, ou não tinham prestado atenção ao nome da empresa quando receberam a última fatura. Além do mais, não costumavam guardar as contas antigas. Os encanamentos visíveis eram tão confusos que mesmo uma inspeção direta era incapaz de revelar se a água que corria para dentro de cada casa era da S&V ou da Lambeth.

Por isso, Snow foi obrigado a descer a uma escala ainda menor em suas investigações a fim de rastrear sua presa. O grande experimento que começara da ampla perspectiva de milhares de vidas iria, por fim, girar em torno de moléculas invisíveis a olho nu. No decorrer da investigação, Snow observara que a água da S&V continha, consistentemente, cerca de quatro vezes mais sal do que a água da Lambeth. Um teste simples em seu laboratório doméstico poderia determinar que companhia havia fornecido a água. Assim, toda vez que se defrontava com um morador que não tinha a menor ideia de quem fornecia a água que bebia, Snow simplesmente colhia uma pequena amostra, anotava o endereço e analisava o conteúdo tão logo retornava à sua casa.

Eis, portanto, a posição em que John Snow se encontrava, como profissional, no momento em que o cólera chegou à Golden Square: dividindo seus dias entre o clorofórmio e as ruas da cidade, levando uma vida dupla de anestesiologista de sucesso e investigador do sul de Londres. No fim de agosto de 1854, os componentes essenciais para seu grande experimento estavam em ordem, e os primeiros resultados eram promissores. Tudo o que precisava era de mais algumas semanas batendo perna em Kennington, Brixton e Waterloo e talvez mais algumas semanas para tabular os números. Quando o cólera eclodiu a alguns quarteirões de seu apartamento, a tentação de ignorar o surto e continuar com seu grande experimento provavelmente foi grande. Ele estava no encalço dessa ameaça havia mais de um ano, desde que a nota de rodapé de Farr lhe chamara a atenção. Outro surto seria uma distração. Mas, à medida que se espalhava a notícia sobre a gravidade da epidemia, Snow reconheceu que o caso da Golden Square poderia ser tão revelador quanto sua investigação ao sul de Londres. No fim da segunda-feira – com amostras de água ainda por testar e a doença se espalhando ao seu redor –, ele batia novamente à porta das casas, dessa vez em sua própria vizinhança. Em toda parte ao redor, os sinais de devastação eram inescapáveis. O *Observer* relataria mais tarde: "Na Broad-street, na noite de segunda-feira, quando os carros funerários vieram para remover os mortos, os caixões eram tão numerosos que foram colocados tanto no alto quanto no interior dos carros. Em Londres, não se assistia a um tal espetáculo desde os tempos da peste."

Edwin Chadwick

Todo mau cheiro é doença

~ TERÇA-FEIRA, 5 DE SETEMBRO

O PRIMEIRO VERDADEIRO MOTIVO de esperança infiltrou-se no bairro na manhã de terça-feira. Pela primeira vez, em quatro dias, Henry Whitehead se permitiu acreditar que aquela terrível provação estivesse por se extinguir. A esposa do sr. G., o alfaiate, falecera naquela manhã, mas, para cada morte, Whitehead podia apontar uma extraordinária recuperação. A criada, a quem visitava desde a sexta-feira, erguera-se, com o rosto mais corado, do que ela julgara que seria seu leito de morte. Dois adolescentes – um rapaz e uma moça – também superaram a crise, para grande contentamento dos familiares que lhes restavam. Todos três atribuíram a melhora a um único fator: desde que adoeceram, consumiram uma grande quantidade de água da Broad Street. A rapidez e a intensidade da recuperação causaram em Whitehead uma forte impressão, que não o abandonaria ao longo das semanas seguintes.

Nas últimas horas da manhã, um pequeno e solene cortejo de funcionários do governo, membros do Comitê Geral de Saúde, chegou à Golden Square com o intuito de visitar o local da epidemia. O que havia de mais notável naquela procissão era seu líder: o novo diretor do comitê, sir Benjamin Hall, que, um mês antes, ao substituir o pioneiro, mas controvertido, Edwin Chadwick, motivou o comentário sarcástico do *Morning Chronicle* de que o novo diretor chegava ao posto "com uma grande vantagem – seus predecessores conseguiram angariar tamanha impopularidade que ele mal precisava temer a inveja dos detratores".

Enquanto os funcionários caminhavam por Dufours Place e Broad Street, pequenos grupos de moradores acorriam às calçadas para expressar gratidão pela presença do comitê, com os ânimos igualmente exaltados pelo sentimento de que o surto se atenuava. O secretário do comitê distribuiu um relatório sobre a visita aos principais jornais da cidade, a maioria dos quais obrigatoriamente o reimprimiu, incluindo a seguinte passagem autoelogiosa: "Os guardiões da saúde pública vêm atuando com extremo vigor e todo o crédito lhes é devido." Era difícil, no entanto, especificar que medidas, ainda que vigorosas, estavam sendo tomadas. O surto talvez se atenuasse, mas ainda ceifava vidas a uma velocidade estonteante. Mais de quinhentos moradores dos arredores da Golden Square faleceram em cinco dias, e outros setenta e seis adoeceram no dia anterior. O próprio *Times*, além de mencionar os planos para a criação de uma comissão de investigação, parecia cauteloso em relação às demais medidas do comitê para o efetivo combate à epidemia. O comitê desempenharia, eventualmente, um papel no drama da Broad Street, mas naquele momento suas ações eram mera encenação.

Qualquer um que caminhasse pela vizinhança perceberia, de imediato, a única intervenção que o Comitê de Saúde havia feito: encharcara as ruas com cloreto de cal e o cheiro de alvejante espalhava-se por toda parte, anulando o fedor costumeiro de lixo urbano. Percebia-se, nessa disposição, que a influência de Edwin Chadwick se estendia além de seu mandato à frente do comitê. A cal fora empregada no combate ao eterno martírio de Chadwick, a maldição sanitária contra a qual vociferou ao longo de toda a carreira e na qual acreditaria até o fim de seus dias: o miasma.

NÃO HÁ O MENOR EXAGERO quando se afirma que a vida de Edwin Chadwick teve um grande impacto sobre a concepção moderna do adequado papel do governo. Desde 1832, quando pela primeira vez foi designado para a Comissão da Lei dos Pobres, passando por seu destacado estudo de 1842 sobre as condições sanitárias das classes trabalhadoras e por seu mandato como chefe do Departamento de Esgoto no fim da década de 1840, até sua arrancada final à frente do Comitê Geral de Saúde, Chadwick ajudou a consolidar – se não inventar inteiramente – um conjunto de categorias que hoje consideramos naturais: que o Estado deveria se engajar diretamente no amparo à saúde e ao bem-estar de seus cidadãos, em particular os mais pobres; que uma burocracia centralizada de especialistas pode solucionar os problemas sociais que o mercado intensifica ou ignora; e que as questões de saúde pública exigem em geral um investimento estatal maciço em infraestrutura e prevenção. Para melhor ou pior, a carreira de Chadwick pode ser vista como o verdadeiro ponto de partida para todo o conceito de dispêndio público ampliado (*big government*) como hoje o conhecemos.

Atualmente, a maior parte de nós aceita que os amplos movimentos das campanhas de Chadwick eram afinal positivos. É necessário ser um engajado libertário ou anarquista para pensar que o governo não deveria se envolver na construção de uma rede de esgoto, ou no financiamento de centros de controle de doenças, ou no monitoramento do abastecimento público de água. Todavia, embora o legado duradouro de Chadwick tenha se consolidado ao longo dos anos, seu histórico profissional imediato, como observado em 1854, era mais complicado. Não há dúvidas de que ele fez mais do que qualquer pessoa para chamar a atenção para as deploráveis condições das classes pobres nas sociedades industriais e para mobilizar forças a fim de emendar esses problemas. No entanto, alguns dos mais significativos programas que criou resultaram em catástrofes. Milhares e milhares de mortes por cólera na década de 1850 podem ser atribuídas às decisões tomadas por Chadwick na década anterior. Essa é a grande ironia de sua vida: ao longo do processo de inventar todo um conceito de rede social de segurança, inadvertidamente enviou milhares de londrinos para uma cova prematura.

Como aspirações tão nobres levaram a resultados tão devastadores? No caso de Chadwick, não há uma única explicação: ele insistia, de modo até mesmo obstinado, em fazer tudo o que lhe passava pela cabeça. O ar de Londres estava assassinando os moradores da cidade, afirmava ele, e assim o caminho a ser trilhado pela saúde pública deveria começar com a remoção dos odores nocivos. Essa ideia foi apresentada de modo mais notável – e cômico – no depoimento que prestou em 1846 a uma comissão parlamentar que investigava o problema dos esgotos de Londres: "Todo mau cheiro, se intenso for, de imediato acentua a doença; e, por fim, podemos afirmar que, ao debilitar o sistema e torná-lo suscetível à ação de outros agentes, todo mau cheiro é doença."

Com poucas exceções, os problemas contra os quais os primeiros vitorianos se debateram ainda são relevantes mais de um século depois. Eis as questões sociais paradigmáticas que se encontram em qualquer manual que busque retratar o período: como uma sociedade se industrializa de modo humano? Como se dirige o governo em meio aos excessos do livre mercado? Em que medida deveriam os trabalhadores ter o direito a negociações coletivas?

Mas havia outro debate que corria paralelamente àqueles temas mais austeros, um que não recebeu a mesma atenção nos seminários ou nas biografias. É mais do que certo que os vitorianos se debatiam com temas impetuosos como utilitarismo e consciência de classe. Todavia, as mentes mais brilhantes do período se devotavam a uma questão igualmente premente: *o que iremos fazer com toda essa merda*?

Todos concordavam sobre a extensão do problema dos excrementos de Londres. O influente estudo de Chadwick de 1842 havia laboriosamente retratado o estado repulsivo dos despojos da cidade. Algumas cartas enviadas ao *Times* e outros jornais batiam incansavelmente na mesma tecla. Uma pesquisa de 1849 percorreu quinze mil lares e descobriu que quase três mil apresentavam odores ofensivos ocasionados por problemas de drenagem, enquanto outros mil tinham "privadas e vasos sanitários em estado bastante deplorável". Um em cada vinte apresentava amontoados de dejetos humanos no porão.

Muitos proeminentes reformadores enxergavam um grande desperdício econômico em toda essa matéria fecal. O uso de excremento humano como fertilizante nas terras cultiváveis ao redor dos centros urbanos era uma prática antiga, mas jamais se manusearam os dejetos de dois milhões de pessoas. Solos hiperférteis inevitavelmente surgiriam se tal projeto fosse levado a cabo, clamavam os ministros protestantes. Um especialista calculou que a produção de alimentos quadruplicaria. Uma proposta feita em 1843 defendia a construção de esgotos de ferro fundido para o transporte de dejetos até Kent e Essex.

Poucos se entusiasmavam tanto com esse tema quanto Henry Mayhew, que via na reciclagem do lixo uma rota de escape para os limites malthusianos do crescimento populacional: "Se o que nós excretamos, as plantas secretam – se o que nós expiramos, elas inspiram – se o que nós refutamos é seu alimento –, segue-se, então, que o aumento da população representa o aumento de esterco, enquanto o aumento de esterco representa o aumento de nutrientes para as plantas, e, consequentemente, das próprias plantas. As plantas nos nutrem, mas, em última instância, nós também as nutrimos."

Como era típico em Mayhew, essa filosofia do círculo da vida logo deu lugar a um frenesi de cálculo numérico:

> De acordo com a média dos resultados, de 1841 a 1846, pagamos a cada ano dois milhões por pé de osso, guano e outros fertilizantes estrangeiros em nosso solo. Em 1845, empregamos não menos que seiscentos e oitenta e três navios com o transporte de duzentas e vinte mil toneladas de esterco animal, originário unicamente de Ichaboe; e, no entanto, dia após dia despejamos no Tâmisa cento e quinze mil toneladas de substâncias que se provaram dotadas de poderes fertilizantes ainda maiores. Com a aplicação de duzentas toneladas de água de esgoto, que usualmente consideramos refugo, na irrigação de um acre de terra, dizem-se que se produziram sete safras em um ano, cada uma das quais valendo de seis a sete libras esterlinas; de modo que, considerando que de tal maneira a produção duplicou, temos um incremento superior a vinte libras por acre ao ano, decorrente da aplicação desse refugo no solo de nossos campos. Tal resultado dá-se em uma taxa de dez libras para cada cem toneladas de água de esgoto; e, uma vez que a quantidade total de refugo despejado no Tâmisa pelos encanamentos da metrópole é, em números redondos, de quarenta milhões de toneladas ao ano, segue-se que, de acordo com tais estimativas, desperdiçamos por ano a quantia de quatro milhões de libras esterlinas.

Esse modelo de contabilidade permaneceria um subgênero essencial no debate político das décadas subsequentes. Em seu depoimento ao Parlamento em 1864, um acadêmico afirmou que o valor do excremento produzido em Londres era "igual às taxações locais da Inglaterra, da Irlanda e da Escócia". Os vitorianos estavam, literalmente, jogando dinheiro na privada – ou, pior, deixando que apodrecesse no porão.

Também Edwin Chadwick acreditava piamente no potencial que permanecia aprisionado no dejeto londrino. Um documento que ajudou a produzir em 1851 argumentava que a fertilização do campo com as fezes de Londres quadruplicaria o valor da terra. Ele igualmente considerou uma versão aquática dessa teoria, argumentando que o escoamento de dejeto fresco de modo experimental para os cursos de água da Inglaterra produziria maior quantidade de peixes.

Mas, para Chadwick e outros reformadores sociais do período, a razão primordial para lidar com a vazante de excrementos estava relacionada à saúde, não à economia. Embora nem todos chegassem ao ponto de compartilhar a convicção de Chadwick de que todo mau cheiro era doença, muitos concordavam que vastas quantidades de lixo em decomposição nos porões e nas ruas da cidade estavam literalmente envenenando o ar. Se uma volta pelas calçadas bastava para se sentir a opressão do odor pútrido dos dejetos humanos, algo precisava ser feito.

A solução era bastante evidente, ao menos em teoria. Londres precisava de um sistema de esgoto em toda a cidade que removesse os dejetos das casas de uma maneira confiável e higiênica. Seria necessário um gigantesco esforço de engenharia, mas o país que construíra uma rede ferroviária nacional em algumas décadas e liderou a Revolução Industrial daria conta de um projeto de tal magnitude. O problema era de jurisdição, não de execução. A infraestrutura urbana da incipiente Londres vitoriana era dirigida por um conglomerado bizantino de comitês que se reuniram ao longo dos séculos pela ação de mais de duzentas leis distintas do Parlamento. A pavimentação ou a iluminação das ruas, a construção de drenos e esgotos – essas ações eram todas negligenciadas pelos dirigentes locais, sem praticamente qualquer coordenação no âmbito da cidade. Um trecho de um quilômetro da Strand era fiscalizado por nove diferentes comitês de pavimentação. Levar adiante um projeto tão épico quanto o de construir um sistema de esgoto metropolitano integrado requereria mais do que engenho técnico e exaustiva mão de obra. Seria necessário revolucionar a dinâmica de forças da vida urbana. A reciclagem improvisada e rasteira dos catadores de lixo teria de dar passagem a um planejamento de nível mais elevado.

Para esse papel, Edwin Chadwick era perfeitamente talhado. Rude e enérgico, a ponto de beirar a estupidez, Chadwick era de muitos modos uma expressão vitoriana de Robert Moses (isso se Moses tivesse perdido o controle sobre a estrutura de poder de Nova York a meio caminho de sua jornada profissional e passado os últimos trinta anos de sua vida a participar a distância dos debates).* Um devoto utilitarista e amigo de Jeremy Bentham, Chadwick atravessou a década de 1830 ajudando a criar – e, então, em parte a limpar – a grande bagunça nacional na qual se transformaram as Leis dos Pobres de 1832 e 1834. Mas, na década seguinte, ele se tornaria espantosamente obcecado por questões sanitárias e sua cruzada, por fim, culminaria na aprovação da Lei da Saúde Pública de 1848, que instituiu o Comitê Geral de Saúde, com Chadwick à frente. A lei, no entanto, que teria um impacto mais flagrante na realidade imediata da saúde de Londres seria a de Remoção de Estorvos e Prevenção de Doenças Contagiosas, aprovada igualmente em 1848, depois de Chadwick a ter defendido por anos e anos. Nesse caso, "estorvo" significava, na verdade, dejeto humano. Há alguns poucos anos, as novas edificações eram obrigadas a despejar o conteúdo de seus drenos no sistema de esgoto existente, no entanto a "lei do cólera" – como convencionalmente ficou conhecida – era a primeira a exigir conexões de esgoto nas estruturas *existentes*. Pela primeira vez, a lei se posicionava em relação ao hábito de as pessoas optarem por abarrotar seus velhos porões com "grandes monturos de bosta", como em 1660 registrou Samuel Papys em seu diário. A lei, é claro, não o expressa dessa forma, optando por uma linguagem mais sutil e, até mesmo, prolixa para descrever o problema:

> Qualquer moradia ou construção em qualquer cidade, distrito, paróquia, ou localidade dentro da qual ou sobre a qual a jurisdição ou autoridade do Conselho Municipal, curadores, delegados, guardiães, agentes de saúde, ou outro corpo ao qual tal instrução é dada, se estenda, que esteja em condição de

* Robert Moses (1888-1981) foi o principal construtor de Nova York, Long Island e do condado de Westchester, nos meados do século XX. É considerado por muitos o homem mais poderoso do governo estadual de Nova York durante os anos 1930 e 1950. (N.E.)

> imundície e insalubridade a ponto de ser um estorvo e uma ofensa à saúde de qualquer pessoa, ou que conforme quaisquer locais de tal jurisdição de autoridade haja qualquer fosso, sarjeta, dreno, privada, fossa ou depósito de cinzas, imundo e insalubre, mantido ou construído de modo a se tornar um estorvo ou uma ofensa à saúde de qualquer pessoa, ou que conforme quaisquer de tais locais porcos, ou qualquer acúmulo de estrume, esterco, sobras, imundície, refugo ou outra matéria ou coisa, que seja, ou sejam, mantido, ou mantidos, de modo a se tornar um estorvo ou uma ofensa à saúde de qualquer pessoa, ou que conforme tais premissas...

Para efetivar as novas leis, no entanto, era necessário colocar todo esse "esterco, sobras e imundície" em algum lugar. Era necessário que os esgotos estivessem em funcionamento. De fato, Londres possuía um antigo sistema de drenagem que se desenvolveu em torno de uma dúzia de córregos e riachos que continuam a escorrer por sob a cidade até os dias de hoje. (O maior curso de água, o rio Fleet, corre sob a Farringdon Road, desaguando no Tâmisa debaixo da ponte de Blackfriars.) As leis parlamentares que regulamentam a construção de novos esgotos remontam aos dias de Henrique VIII. Todavia, historicamente, os esgotos de Londres foram concebidos para dar vazão às águas de superfície da cidade. Até 1815, era ilegal liberar resíduos na rede de esgotos. Caso uma fossa transbordasse, chamavam-se os limpadores de fossa. O sistema resultava em alguns porões fétidos, mas deixava as águas do Tâmisa notavelmente imaculadas, que abrigavam grupos de pescadores entre Greenwich e Putney Bridge. Mas à medida que a população da cidade se expandia e à medida que mais e mais casas despejavam seus dejetos nos esgotos existentes, a qualidade da água do Tâmisa decaía a uma taxa alarmante. Além do mais, as tubulações começaram a entupir, o que levava às ocasionais explosões de gás metano no subsolo.

O trabalho de Chadwick na década de 1840 e no início da seguinte teve, tanto na posição de diretor do Comitê de Saúde quanto em seu posto na recém-formada Comissão Metropolitana de Esgotos, o perverso efeito de exacerbar esse problema. Havia muitos debates e proposições a respeito da expansão do sistema de esgoto da cidade, mas nada foi colocado em prática até que um brilhante engenheiro chamado Joseph Bazalgett assumiu o projeto. Nesse meio-tempo, todas as atenções se voltaram para a eliminação das fossas. Como Bazalgett relataria mais tarde: "No período de aproximadamente seis anos, trinta mil fossas foram abolidas, e o refugo de todas as casas e ruas foi despejado no rio." Ao longo do ano, em várias oportunidades, os engenheiros da comissão apresentavam entusiasmados relatórios que documentavam simplesmente como esse lixo fora extraído das casas e despejado no rio: passando rapidamente de vinte e seis mil metros cúbicos na primavera de 1848 para oitenta mil metros cúbicos no inverno seguinte. No espaço de cerca de trinta e cinco anos, o Tâmisa fora transformado de uma abundante área de pesca de salmão em um dos mais poluídos cursos de água do mundo – e tudo em nome da saúde pública. Como o construtor Thomas Cubbitt sarcasticamente observou: "Antes cada indivíduo tinha sua própria fossa, agora o Tâmisa se tornou a grande fossa de todos."

Nesse ponto se encontra a grande ironia das condições de saúde pública da Inglaterra no fim da década de 1840. Enquanto Snow desenvolvia sua teoria da transmissão do cólera pela água, que, para causar danos, precisava ser ingerida, Chadwick construía um elaborado esquema que levava a bactéria do cólera diretamente até a boca dos moradores da cidade. (Um moderno bioterrorista não seria capaz de conceber um plano mais engenhoso e abrangente.) Como era de esperar, quando o cólera retornou com fúria vingativa em 1848-49, a crescente taxa de mortalidade seguia de perto os entusiasmados números da Comissão de Esgotos a respeito da quantidade cada vez maior de dejetos despejados no rio. Ao fim da epidemia, quase quinze mil londrinos estavam mortos. O primeiro ato distintivo de uma moderna e centralizadora autoridade da saúde pública foi contaminar toda a população da cidade. (Há, no entanto, precedentes para a desbaratada ação de Chadwick. Durante os anos da peste de 1665-66, a sabedoria popular pregava que a doença se espalhava por intermédio de cães e gatos. De imediato, o prefeito ordenou o extermínio em massa de toda a população de animais domésticos da cidade, que foi diligentemente executado por seus subordinados. Obviamente, descobriu-se mais tarde que a peste era transmitida pelos ratos, cuja população cresceu espontaneamente depois que o Estado patrocinou a súbita eliminação de seus únicos predadores.)

Por que as autoridades não mediram esforços para destruir o Tâmisa? Todos os membros dessas várias comissões estavam inteiramente conscientes de que o despejo do lixo no rio tinha efeitos desastrosos sobre a qualidade da água. E estavam igualmente conscientes de que uma porcentagem significativa da população consumia essa água. Ainda que não houvesse uma teoria que atribuía à água a responsabilidade pela transmissão do cólera, parecia uma loucura celebrar a sempre crescente quantidade de excremento humano que se despejava na água que abastecia a cidade. E, de fato, era uma espécie de loucura, a loucura que surge quando se está sob o jugo de uma teoria. Se todo mau cheiro é doença, se toda a crise de saúde de Londres era imputada ao ar contaminado, então qualquer esforço para livrar as casas e ruas dos vapores miasmáticos valia a pena, mesmo que isso representasse transformar o Tâmisa em um verdadeiro rio de esgoto.

TALVEZ CHADWICK TENHA SIDO o mais influente miasmista de sua época, no entanto possuía muitos e ilustres companheiros. Os outros grandes paladinos sociais do período estavam igualmente convencidos da relação entre o ar pestilento e as doenças. Em 1849, o *Morning Chronicle* enviou Henry Mayhew ao coração da epidemia do cólera, no sul do rio, na vizinhança de Bermondsey. Por fim, publicou-se um texto que merece ser analisado em seu próprio e distinto gênero jornalístico – o relato olfativo:

> Ao chegar aos arredores de uma ilha de pestilência, o ar adquire literalmente o odor de um cemitério, e a sensação de náusea e opressão toma qualquer um que não esteja acostumado a aspirar essa atmosfera bolorenta. Não só o nariz, mas também o estômago, revela quão pesado encontra-se aquele ar carregado de hidrogênio sulfuroso; e, tão logo se atravessa uma das pontes decrépitas e deterioradas sobre o fosso fumacento, sabe-se, tão certo quanto se o tivéssemos testado quimicamente, pela negra coloração do que anteriormente fora branco de chumbo na pintura dos batentes das portas e peitoris das janelas, que o ar está densamente carregado com esse gás letal. As pesadas bolhas que por vezes se elevam da água demonstram o local de onde provém ao menos uma porção do mefítico composto, enquanto as privadas destituídas de portas, que pairam escancaradas sobre uma das margens do

rio, e as escuras manchas de imundície que escorregam pelas ribanceiras nas quais os drenos de cada uma das casas se esvaziam, preenchendo o fosso do lado oposto, demonstram a origem da poluição do fosso.

O pensamento científico dominante ancorava-se igualmente na teoria do miasma. Em setembro de 1849, o *Times* publicou uma série de artigos que revisavam as teorias existentes sobre o cólera: "Como se origina o cólera? Como se dissemina? Qual é, em ambiente humano, seu *modus operandi*? Tais perguntas encontram-se em todas as bocas", pontuava o jornal, antes de adotar uma atitude decididamente pessimista em face da possibilidade de algum dia serem respondidas:

> Esses problemas estão, e provavelmente para sempre permanecerão, entre os segredos inescrutáveis da natureza. Pertencem a uma classe de indagações radicalmente inacessíveis à inteligência humana. Não podemos identificar as forças que originam tais fenômenos. Sabemos tão pouco a respeito da força vital quanto das forças perniciosas que têm o poder de abalá-la ou suprimi-la.

A despeito do prognóstico desanimador, o *Times* prosseguiu na avaliação das teorias então prevalecentes: uma "teoria telúrica que pressupõe que o veneno seja uma emanação do solo"; uma "teoria elétrica", ancorada nas condições atmosféricas; a teoria ozônica, que atribuía as epidemias a uma carência de ozônio no ar; a teoria que imputava o cólera à "levedura putrescente, às emanações dos esgotos, cemitérios etc.". O jornal também mencionava uma teoria que defendia que a doença era disseminada por um *animalculae* ou fungo microscópico, embora depreciasse sua viabilidade ao alegar que a teoria "pecava por não incluir todos os fenômenos observados".

A diversidade de visões que aqui encontramos é intrigante – ozônio, emanações dos esgotos, eletricidade –, mas igualmente intrigante é a existência de aspectos subjacentes em comum: exceto uma, todas as teorias admitem que o cólera de algum modo se dissemina através da atmosfera. (A teoria da transmissão pela água de Snow, que já fora levada ao conhecimento público, nem sequer é mencionada.) O ar era a chave para o mistério do cólera e, na verdade, para grande parte das doenças conhecidas. Em nenhuma outra parte essa filosofia é mais acentuada do que nos escritos de Florence Nightingale, a mais querida e influente personalidade da área de saúde do período vitoriano. Considere-se a seguinte passagem de *Notes on Nursing*, a inovadora obra que publicou em 1857:

> O primeiro mandamento da enfermagem, a primeira e última coisa sobre a qual a atenção de uma enfermeira deve se fixar, a primeira qualidade indispensável para um paciente, sem a qual todo o restante que se possa fazer por ele é quase nada, com a qual, quase chego a afirmar, todo o restante deve ser posto de lado, é isto: MANTENHA O AR QUE ELE RESPIRA TÃO PURO QUANTO O AR EXTERIOR, SEM QUE SE RESFRIE. No entanto, por que isso é tão pouco observado? Mesmo onde é levado em consideração, as mais equivocadas concepções acabam por subjugá-lo. Mesmo que se areje o ar do quarto ou da ala em que se encontra o paciente, poucos são os que refletem sobre de onde o ar provém. Pode vir de um corredor, que serve de ventilação para outras alas, de um saguão, sem qualquer arejamento, impregnado com o cheiro de gás, comida ou várias espécies de mofo, de uma cozinha no subsolo, pia, lavanderia, banheiro ou, até mesmo, como eu mesma já tive a lamentável oportunidade de observar, de um esgoto a céu aberto, abarrotado de imundície; e, assim, como se diz, areja-se – melhor seria dizer, contamina-se – o quarto ou a ala do paciente.

Para Nightingale, o problema é uma questão de ênfase; é claro que nada há de errado em assegurar que os quartos hospitalares tenham ar fresco. As dificuldades surgem quando, ao se pressupor que o ar seja justamente o "veneno" que levou, em um primeiro momento, à enfermidade do paciente, a provisão de ar se torna a única e mais importante obrigação do médico ou da enfermeira. Nightingale acreditava que o cólera, a varíola, o sarampo e a escarlatina eram, por natureza, doenças miasmáticas e preconizava que as escolas, os lares e os hospitais empregassem certo "teste de ar", projetado pelo químico Angus Smith, que detectava materiais orgânicos no ar:

> Se o teste de ar pudesse revelar pela manhã, tanto às enfermeiras e aos médicos quanto às autoridades públicas responsáveis, como a atmosfera havia

estado durante a noite, pergunto-me se não haveria maior segurança contra recorrentes erros de procedimento.

Ah, e na abarrotada escola nacional, em que tantas epidemias infantis têm origem, o que nos revelaria o teste de ar! Os pais deveriam estar se dizendo – e o fariam com correção: "Não mandarei meu filho à escola, o teste de ar assinala 'péssimo'." E, nos dormitórios de nossos grandiosos internatos, a escarlatina não mais se disseminaria, quando o teste de ar, com justa medida, assinalasse "impuro".

Não mais ouviríamos falar em "misteriosos desígnios" e "peste e pestilência" que estejam "nas mãos de Deus", quando, ao que sabemos, Ele os colocou em nossas próprias mãos. O pequeno teste de ar revelaria a causa dessas "misteriosas pestilências" e a nós caberia remediá-las.

O que falta com frequência em muitas dessas explanações e prescrições é certa dose de humildade, certa impressão de que a teoria que se apresentava ainda não fora comprovada. Não é somente o fato de que as autoridades da época estavam equivocadas a respeito do miasma; é o persistente e inquestionável modo com que persistiam no erro. Um investigador que procurasse lacunas na teoria poderia encontrá-las em toda parte, até mesmo nos próprios escritos dos miasmistas. Tais quais canários em minas de carvão, os primeiros a serem abatidos pelo miasma deveriam ter sido os exploradores de esgotos, que passavam as horas de vigília expostos ao mais nocivo – e muitas vezes explosivo – ar imaginável. Estranhamente, no entanto, esses canários passavam muito bem, e Mayhew admite esse fato em uma passagem ligeiramente intrigante de *London Labour and the London Poor*:

> Pode-se supor que os exploradores de esgotos (ao passarem grande parte de seu tempo em meio aos vapores nocivos gerados pelos esgotos, cujo odor, escapando pelas grades em direção às ruas, é temido e evitado por todos como algo pestilento) exibissem em suas faces pálidas a inequívoca evidência da insalubridade de seu ofício. Todavia, isso está longe da verdade. Curiosamente, os exploradores de esgotos são indivíduos fortes, robustos e saudáveis, de compleição em geral vistosa; muitos dos quais conhecem a doença apenas por nome. Alguns dos mais velhos desses homens, que lideram os bandos

durante a exploração dos esgotos, têm entre sessenta e oitenta anos e exerceram esse ofício ao longo de toda a vida.

Como Snow tantas vezes nessa mesma época observou em seus escritos, havia vários casos de grupos que compartilhavam exatamente os mesmos ambientes de vida, que respiravam exatamente o mesmo ar, que pareciam reagir de modo completamente distinto aos vapores alegadamente perniciosos. Se estava de fato matando os londrinos, o miasma parecia escolher suas vítimas de modo completamente arbitrário. E, a despeito de Chadwick e suas comissões terem feito um imenso progresso na redução do número de fossas da cidade, o cólera voltaria para devastá-la com toda a virulência em 1853.

Tudo isso nos afasta da questão primordial: por que a teoria do miasma era tão persuasiva? Por que tantas mentes brilhantes a ela se apegaram, a despeito das numerosas evidências de sua provável falsidade? Essa discussão nos remete a uma espécie de imagem espelhada da história intelectual: não a história dos momentos de ruptura ou de iluminação, mas a história dos rumores e pistas falsas, a história dos equívocos. Sempre que pessoas perspicazes se apegam a uma ideia grotescamente equivocada, apesar de substanciais evidências contrárias, algo de interesse está em jogo. No caso do miasma, o interesse envolve uma convergência de múltiplas forças, agrupadas com o intuito de amparar uma teoria que deveria ter se extinguido décadas antes. Algumas dessas forças eram ideológicas por natureza, relacionadas a preconceitos e convenções sociais. Algumas giravam em torno de limitações conceituais, falhas de concepção e análise. Algumas dizem respeito à própria rede de conexões cerebrais do ser humano. Individualmente, nenhuma delas tinha o poder necessário para convencer todo um sistema de saúde pública a despejar a água dos esgotos no Tâmisa. Todavia, em conjunto, criaram uma perfeita tempestade de erros.

Por certo o miasma tinha a força da tradição a seu lado. A própria palavra "miasma" é uma derivação de um termo grego para poluição; a noção de que as doenças sejam transmissíveis pelo ar contaminado remonta à medicina grega do século III a.C. Hipócrates era tão obcecado por questões relacionadas à qualidade do ar que seus tratados médicos por vezes se assemelham a instruções para um jovem meteorologista. Eis como se inicia sua obra *Dos ares, águas e lugares*: "Quem desejar investigar apropriadamente a medicina assim deve proceder: em primeiro lugar, deve considerar as estações do ano e os efeitos que cada uma delas produz, pois não são todas iguais, mas distintas umas das outras em relação às suas mutações. Então os ventos, o calor e o frio, especialmente em função de sua presença comum em todos os países e, em seguida, em função de suas peculiaridades em cada localidade." (Séculos mais tarde, os registros de Farr invariavelmente ecoariam essa filosofia, ao incluírem um breve relato sobre o clima, antes de se entregarem à contagem dos mortos.) Praticamente todas as doenças epidêmicas que se conhecem foram, em um ou outro momento, atribuídas a um miasma pernicioso. A própria palavra "malária" deriva da expressão italiana *mal aria*, ou seja, "ar ruim".

Além do mais, de modo eminente as teorias do miasma eram compatíveis com as tradições religiosas. Embora, como era de esperar de um homem de Deus, Henry Whitehead acreditasse que a epidemia da Golden Square era fruto da vontade divina, ele complementava sua explicação teológica com a teoria miasmática; acreditava que "a atmosfera, em todo o mundo, é favorável à produção de uma peste de formidáveis proporções". A fim de reconciliar essa horrenda realidade com a ideia de um Criador benéfico, Whitehead apresentou uma explanação que mais tarde poderia ser classificada como engenhosamente darwiniana: as pestes eram o modo de Deus adaptar o corpo humano às mudanças globais na atmosfera, matando milhares ou milhões, mas, ao longo do processo, criando gerações que poderiam prosperar no novo ambiente.

Por si só, no entanto, a tradição não explica a predominância da teoria do miasma. Em praticamente todos os outros aspectos, os vitorianos que a ela se apegaram eram revolucionários que viviam em um período igualmente revolucionário: Chadwick inventava todo um modelo de estruturação da saúde pública; Farr redefinia o uso das estatísticas; Nightingale desafiava inúmeros preconceitos sobre o papel da mulher na vida profissional e a prática da enfermagem. Dickens, Engels, Mayhew não eram indivíduos naturalmente inclinados a aceitar o *status quo*. De fato, estavam todos, cada qual à sua maneira, loucos por uma briga. Por isso não é possível imputar apenas a uma longa linhagem sua adesão à teoria do miasma.

A perseverança da teoria do miasma no século XIX era tanto uma questão de instinto quanto uma tradição intelectual. Reiteradamente na literatura miasmática, a argumentação se encontrava inextricavelmente ligada à visceral repulsa do autor em face aos cheiros da cidade. O olfato é, em geral, descrito como o mais primitivo dos sentidos, capaz de provocar os mais intensos sentimentos de luxúria e repugnância e despertar *mémoires involontaires*. (O devaneio de Proust, inspirado por uma *madeleine*, inicia-se em grande medida pelo sabor, mas o poder do cheiro, por si só, é um tema recorrente na obra *Em busca do tempo perdido* e, é claro, o cheiro é um componente essencial do sabor.) A moderna tecnologia dos exames de imagem cerebral revelou uma íntima relação entre o sistema olfativo e os centros emocionais do cérebro. De fato, a localização de muitos desses centros emocionais – o sistema límbico – já foi denominada "rinencéfalo", literalmente "cérebro do nariz" ou "cérebro do cheiro". Um estudo de 2003 descobriu que odores fortes provocam reações tanto na amígdala quanto na ínsula ventral. Do ponto de vista evolucionário, a amígdala é a parte do cérebro mais primitiva, muito mais antiga do que as funções mais elevadas do neocórtex dos mamíferos; respostas puramente instintivas a ameaças e estímulos emocionalmente carregados emanam da amígdala. A ínsula ventral surge para desempenhar um importante papel nos impulsos biológicos, como fome, sede e náusea, bem como em certas fobias. Ambas as regiões podem ser consideradas o centro de alarme do cérebro; nos seres humanos, possuem a capacidade de sobrepujar os sistemas neocorticais nos quais se desenvolve o raciocínio. O escaneamento do cérebro feito no estudo de 2003 revelou que os cheiros fortemente desagradáveis provocam respostas desproporcionalmente intensas tanto na amígdala quanto na ínsula ventral.

Em termos leigos, o cérebro humano parece ter desenvolvido um sistema de alerta por meio do qual certa ordem de cheiros extremados dispara uma resposta involuntária de repulsa que efetivamente coloca em curto-circuito nossa capacidade de pensar com clareza – e produz um desejo intenso de evitar os objetos associados ao cheiro. É fácil imaginar as pressões evolucionárias que originaram esse mecanismo. Mais uma vez os micróbios estão no centro da ação. A ingestão de carne ou vegetal em estado de decomposição representa um significativo risco à saúde, da mesma forma que o consumo de alimentos contaminados por matéria fecal – justamente em razão das formas de vida microbiana responsáveis pela decomposição. As comidas estragadas liberam no ar vários compostos orgânicos, com nomes tais como putrescina e cadaverina. As bactérias que reciclam a energia armazenada na matéria fecal liberam ácido sulfídrico no ar. A repulsa provocada pelo cheiro de qualquer uma dessas substâncias é, até onde sabemos, o que mais se aproxima de um traço humano universal. Pode-se imaginá-lo como uma forma de reconhecimento de padrão evolucionário: ao longo de milhões de anos de evolução, a seleção natural se deu conta de que a presença de moléculas de ácido sulfídrico no ar era um instrumento razoavelmente preciso para sinalizar a presença de formas de vida microscópicas, que provocariam danos se ingeridas. E, assim, o cérebro desenvolveu um sistema para disparar um alarme sempre que essas moléculas são detectadas. A náusea, em si, era um mecanismo de sobrevivência: era preferível expelir o conteúdo do estômago a correr o risco de que o cheiro viesse do antílope que se acabara de comer.

Mas essas moléculas indicadoras – ácido sulfídrico, cadaverina – eram *pistas* que apontavam para uma ameaça. Não eram a verdadeira ameaça. Caso se pressione o nariz contra uma banana ou um antílope em decomposição, talvez se consiga vomitar, mas, ainda que repulsiva, essa experiência não provocará qualquer enfermidade. A inalação de gás metano puro ou ácido sulfídrico pode matar, é verdade, mas a decomposição bacteriana é incapaz de liberar a quantidade necessária para que esses gases possam saturar o ambiente. Em outras palavras, o metano, a putrescina e a cadaverina são a fumaça. Os micróbios são o fogo.

Era bastante coerente ter um sistema de alarme que se fundava no cheiro em face das condições ambientais do estilo de vida dos caçadores-coletores. O cheiro de putrescência e dejetos era relativamente raro em um mundo em que os homens viviam em pequenos bandos errantes; não havia esgotos ou monturos nas savanas africanas, em virtude justamente da baixa densidade populacional e do nomadismo dos caçadores-coletores. Era possível abandonar o lixo e seguir adiante em busca de uma nova região; muito possivelmente as bactérias já teriam reciclado tudo quando um outro homem ali chegasse. Esse sistema de alarme, baseado na repulsa, provavelmente se desenvolveu tanto pela séria ameaça que a ingestão de carne estragada representava quanto pela *raridade* de se deparar com um cheiro que assinalasse a presença de uma matéria em decomposição. Se tal cheiro fosse onipresente – se, digamos, algumas flores africanas emitissem o ácido sulfídrico em suas florações –, então o cérebro humano talvez desenvolvesse outro modo de antecipar a presença de comida estragada.

O problema é que as estratégias de sobrevivência desenvolvidas pelos caçadores-coletores perderam sua eficácia em uma moderna cidade de dois milhões de habitantes. A civilização produzira muitas transformações na experiência da vida humana: fazendas, rodas, livros, ferrovias. A vida civilizada, entretanto, tinha outro traço distintivo: o cheiro forte. Um grande aglomerado de pessoas sem um moderno sistema de gerenciamento do lixo produziu odores poderosamente repulsivos. Quando Mayhew descreve sua aversão ao cheiro do ácido sulfídrico nas ruas de Bermondsey, é possível ver nessa passagem o confronto de três épocas distintas, lutando para dividir o mesmo espaço: uma cidade da Era Industrial com um sistema de remoção de lixo da Era Vitoriana percebida por um cérebro da Era Pleistocênica.

Os miasmistas dispunham de muitas evidências científicas, estatísticas e circunstanciais que demonstravam que os odores de Londres não estavam matando as pessoas. Mas em suas entranhas – ou melhor, em suas amígdalas – apegavam-se à ideia contrária. Toda a detalhada e rigorosa análise feita por John Snow sobre as companhias de água e as rotas de transmissão do surto de Horsleydown não foi capaz de sobrepujar o sistema de alarme que se desenvolvera há milhares e milhares de anos. Eles confundiram a fumaça com o fogo.

A HEGEMONIA DO MIASMA tinha ainda uma outra base biológica. Nossos narizes são muito mais aptos que nossos olhos para perceber o que é ínfimo. É necessário que apenas algumas moléculas de cadaverina atinjam os receptores olfativos nas cavidades nasais superiores para que se tenha consciência do cheiro de putrefação. Nossos olhos, porém, são inúteis na escala molecular. Em muitos aspectos, a percepção visual humana não tem rivais entre as formas de vida na Terra – herança de um mamífero noturno com necessidade de atacar e caçar à noite. Todavia, as moléculas permanecem imensamente distantes do limiar da percepção visual humana. Não conseguimos ver as células mais comuns que constroem essas moléculas ou, até mesmo, populações inteiras de moléculas. Cem milhões de *Vibrio cholerae* suspensos em um copo de água seriam invisíveis a olho nu. Os microscópios são empregados há mais de dois séculos e, enquanto alguns pesquisadores isolados puderam ter um vislumbre dos micróbios em seus laboratórios, a existência de um microcosmo bacteriano ainda alimentava a fantasia e a conjectura do pensamento médio do período vitoriano. O fedor da decomposição, no entanto, era demasiado real. Cheirar era acreditar.

A teoria do miasma retirava seu poder igualmente de outras fontes. Era tanto uma crise de imaginação quanto pura óptica. Para dar crédito à teoria de transmissão do cólera pela água, a mente precisava viajar através de várias escalas da experiência humana, do incrivelmente pequeno – o reino invisível dos micróbios – até a anatomia do trato digestivo, dos padrões rotineiros do uso dos poços de água potável ou do pagamento de contas das companhias de água até os grandes ciclos de vida e morte registrados por Farr. Ao observar o cólera em qualquer um desses níveis, este se recolhia à cerração do mistério, de onde facilmente recuava até a teoria do miasma, em vista de sua nobre linhagem e da influência de seus defensores. O miasma era menos complicado. Não era necessário construir uma cadeia de argumentos para defender o miasma. Bastava apontar o ar e dizer: *Está sentindo esse cheiro?*

E, é claro, havia mais do que algumas poucas circunstâncias em que a evidência estatística de fato parecia definir a disputa em favor do miasma. Os bairros com fontes de água sem saneamento sofriam também por causa da baixa qualidade do ar; muitos se encontravam nas áreas mais baixas que Farr incansavelmente documentava em seus registros. Para cada explorador de esgotos de sessenta anos de idade, havia uma centena de falsas evidências morrendo nas baixas elevações de Bermondsey.

O mais puro preconceito social também desempenhava um papel nessa história. Como o outro grande obstáculo ao desenvolvimento científico do período – a frenologia –, a teoria do miasma era invocada com frequência para justificar toda forma injustificada de preconceito social e étnico. Não há dúvida de que o ar estava contaminado, mas a constituição de cada indivíduo que o aspirava determinava quem adoeceria e que doenças contrairia. Assim pregava a teoria epidêmica da constituição interna de Thomas Sydenham, um excêntrico híbrido de previsão meteorológica e humoralismo medieval. Certas condições atmosféricas tinham predisposição a provocar doenças epidêmicas, mas a natureza das doenças que eclodiam dependia em parte de um tipo de condição preexistente, uma suscetibilidade constitucional à varíola, à gripe ou ao cólera. Havia uma distinção entre a causa primeira e a secundária. A causa primeira era a condição atmosférica que dava vazão a certo tipo de doença: um padrão climático específico que levaria à febre amarela ou ao cólera. A causa secundária encontrava-se na predisposição dos corpos dos próprios enfermos. Essa falha constitucional estava invariavelmente ligada a uma falha moral ou social: pobreza, abuso de álcool, moradias insalubres. Um pretenso especialista argumentava em 1850: "Eu acreditava que a probabilidade de um surto ou epidemia durante um período de clima [calmo, moderado] se intensificava em feriados, sábados e domingos, e em quaisquer ocasiões nas quais se permitisse a dissipação e a devassidão às classes mais baixas."

A ideia de uma constituição interna que conformava a manifestação da doença não só era útil para afirmar os preconceitos sociais a respeito da depravação moral das classes baixas, como também ajudava a encobrir uma enorme lacuna na própria teoria. Se o miasma parecia especialmente caprichoso na escolha das vítimas que contaminava com o veneno que alegadamente circulava na atmosfera – se matava dois moradores de uma casa, enquanto poupava outros dois, a despeito de respirarem o mesmo ar –, os miasmistas podiam simplesmente apontar as diferenças de constituição entre as vítimas e os sobreviventes para justificar a disparidade. Embora os vapores venenosos se distribuíssem de modo uniforme pelo ambiente, cada constituição interna apresentava sua própria e distinta vulnerabilidade.

Como boa parte da argumentação que embasa a teoria do miasma, a ideia de uma constituição interna não estava completamente equivocada; os sistemas imunológicos realmente variam de pessoa para pessoa e alguns indivíduos de fato podem ser mais resistentes a doenças epidêmicas como o cólera, a varíola ou a peste. O arcabouço que sustentou o miasma por tanto tempo era, em grande medida, feito de meias verdades e de correlações equivocadamente tomadas como causas. Embora fossem realmente venenosos, a concentração de metano e ácido sulfídrico no ambiente urbano não era suficiente para provocar danos reais. A probabilidade de as pessoas morrerem em decorrência do cólera nas regiões mais baixas *era* maior, mas não pelas razões que Farr imaginava. E os pobres *realmente* tinham taxas mais elevadas de contágio do que os mais abastados, mas não porque os primeiros eram moralmente devassos.

Ainda assim o miasma tinha bastante a oferecer tanto aos liberais quanto aos conservadores. Em questões que diziam respeito às classes trabalhadoras, dificilmente se considerariam Chadwick, Nightingale e Dickens intolerantes. O miasma, para eles, não era o indício público da falência moral das classes inferiores; era um indício das deploráveis condições nas quais essas classes eram obrigadas a viver. Simplesmente parecia lógico que submeter tão imenso número de pessoas a circunstâncias tão hediondas teria um efeito danoso sobre sua saúde, e, é claro, os miasmistas liberais estavam inteiramente corretos nessas suposições básicas. Equivocaram-se ao supor que o principal culpado se encontrava no ar.

E assim, em 29 de agosto, quando o *Morning Chronicle* saudou Benjamin Hall em seu novo cargo como diretor do Comitê de Saúde, os editores incluíram vários comentários mordazes às expensas de Edwin Chadwick; ainda assim abraçaram a teoria do miasma e incitaram o novo dirigente a continuar o trabalho de fortalecer a Lei de Remoção de Estorvos e Prevenção de Doenças Contagiosas. Talvez não haja exemplo mais claro da obscura ironia do miasma: no mesmo dia em que o surto da Golden Square se iniciava, um dos mais prestigiosos jornais de Londres instigava o Comitê de Saúde a acelerar seu trabalho de contaminar a fonte de abastecimento de água da cidade.

O MIASMA REVELOU-SE um caso clássico do que Freud, em outro contexto, chamou "sobredeterminação". A teoria extraía sua força persuasiva não de um fato isolado, mas de sua localização na interseção de muitos elementos distintos, mas compatíveis, como uma rede de correntes isoladas que subitamente convergem na forma de um rio. O peso da tradição, a história evolucionária da repulsa, as limitações tecnológicas dos microscópios, o preconceito social – todos esses fatores conspiravam para tornar praticamente impossível que os vitorianos percebessem a digressão representada pelo miasma, ainda que se orgulhassem de sua racionalidade gradgrindiana.* Todo modelo de pesquisa, válido ou não, na história do pensamento apoiou-se em uma mescla comparável de forças e, nesse sentido, os desconstrutivistas e os relativistas culturais – que, nos últimos tempos, tantas vezes são alvo de escárnio – têm certa dose de razão, embora tendam a enfatizar indevidamente as forças puramente ideológicas. (O miasma era tanto uma cria da biologia quanto da política.) O rio do progresso intelectual não se define exclusivamente pelo permanente fluxo de boas ideias que originam outras melhores; obedece à topografia que lhe foi imposta por fatores externos. Às vezes a topografia interpõe tantas barreiras que o rio retrocede por um momento. Tal era o caso do miasma em meados do século XIX.

Grande parte desses diques, todavia, por fim se romperam. Sim, a trilha da ciência opera dentro de regimes de concordância e convenção, e a história se agita com a superação de antigos regimes. Alguns regimes, no entanto, são melhores do que outros, e a tendência geral na ciência é que os modelos explicativos sejam superados em nome de modelos melhores. Muitas vezes porque seu sucesso espalha as sementes de sua destruição. O miasma tornou-se tão poderoso que inspirou uma enorme intervenção governamental no cotidiano de milhões de pessoas, com o intuito de purificar o ar por meio da drenagem das fossas. A intervenção, mal calculada como foi, teve o efeito paradoxal de tornar os padrões da epidemia mais visíveis, ao menos aos olhos que eram capazes de vê-los. E a visão mais clara desses padrões representava progresso, ao menos a longo prazo.

JOHN SNOW PASSOU GRANDE PARTE DA TERÇA-FEIRA em busca de padrões. De manhã batia de porta em porta, abordava desconhecidos na rua, solicitava de todos com quem cruzava evidências circunstanciais a respeito do surto e suas vítimas. As pistas que coletava eram torturantes, mas muitas

* Relativo a Thomas Gradgrind, protagonista do romance *Hard Times*, de Charles Dickens.

portas ficaram cerradas e os mortos não podiam relatar sua rotina recente de consumo de água. Em uma área que está sendo evacuada, os testemunhos pessoais não o ajudariam muito. E, assim, ao meio-dia, fez uma visita ao Departamento de Registros Gerais, onde Farr lhe apresentou uma primeira parcial dos números daquela semana. Foram relatadas oitenta e três mortes no Soho, entre a terça-feira e o sábado. Snow solicitou uma lista completa com os endereços e retornou à Broad Street para continuar sua investigação. Postou-se diante da bomba-d'água e correu os olhos pela lista de endereços. A intervalos, observava as ruas vazias ao redor, imaginando os caminhos que os moradores podiam tomar para chegar até a água.

Seria necessário mais do que uma contagem do número de vítimas para provar que a bomba-d'água era o culpado por trás da epidemia da Broad Street. Snow precisaria igualmente de pegadas.

"Estágio azul do cólera espasmódico"

Montando o caso

~ QUARTA-FEIRA, 6 DE SETEMBRO

No beco escuro da Cross Street, a uns cem metros da bomba-d'água da Broad Street, vivia um alfaiate que dividia com os cinco filhos, dois dos quais já crescidos, o espaço do único cômodo da casa número 10. Nas noites quentes de verão, quando o calor na exígua moradia muitas vezes se tornava insuportável, o pai acordava depois da meia-noite e solicitava a um dos rapazes que buscasse um pouco de água fresca para combater o ar sufocante. Embora vivessem a apenas dois quarteirões da bomba da Little Marlborough Street, em razão do cheiro repugnante dessa água com frequência caminhavam alguns quarteirões a mais até a Broad.

Nas primeiras horas do surto, o alfaiate e seu filho de doze anos sucumbiram à doença e no sábado já estavam mortos. Snow encontrara o endereço deles arrolado no inventário de mortes que Farr lhe fornecera, em meio a vários outros registros de óbitos na Cross Street. O local lhe chamou a atenção assim que, com o endereço dos mortos nas mãos, voltara à bomba para investigar as ruas circundantes. Quase metade das mortes que Farr registrara estava relacionada a endereços dentro de seu campo de visão; e metade das demais ocorrera em residências que se encontravam a poucos passos da Broad Street. Todavia, as mortes da Cross Street causavam estranheza: para, a partir dali, alcançar a bomba era necessário atravessar duas ruelas marginais, virar à direita na Marshall

Street, em seguida à esquerda e, por fim, cruzar um longo quarteirão até a Broad. Para chegar à bomba da Little Marlborough, no entanto, bastava atravessar um beco, cruzar dois curtos quarteirões e pronto. Era até mesmo possível divisá-la, caso se estivesse bem no fim da Cross Street.

Snow notara algo mais enquanto corria os olhos pelos registros de Farr: as mortes na Cross Street estavam distribuídas de uma forma mais irregular do que a daquelas na imediata proximidade da bomba. Praticamente todas as casas ao longo da Broad Street haviam sofrido alguma perda, mas na Cross Street apenas um punhado de casas isoladas fora atingido. Era isso que Snow procurava entender naquele momento. Embora pudesse demonstrar com facilidade que o surto se concentrava ao redor da bomba-d'água, sabia, por experiência própria, que esse tipo de evidência não contentaria um miasmista. Aqueles números poderiam ser o mero reflexo de alguns bolsões de ar contaminado que abateram aquela parte do Soho, algo que emanasse dos bueiros e das fossas – ou, talvez, até mesmo da bomba-d'água. Snow estava ciente de que devia estar atento às exceções da regra. O que precisava era de aberrações, de desvios à norma. Bolsões de vida onde se esperaria a morte, bolsões de morte onde se esperaria a vida. A Cross Street estava mais próxima da Little Marlborough e, por isso, de acordo com a teoria de Snow, deveria ter sido poupada durante a epidemia. E, de fato, não sofrera perdas significativas, exceto pelos quatro casos registrados por Farr. Teriam esses quatro casos alguma relação com a Broad Street?

Infelizmente, quando Snow bateu no número 10 da Cross Street, para entrevistar os filhos do alfaiate que haviam sobrevivido, já era tarde demais. Um vizinho lhe contou que toda a família – o pai e os cinco filhos – havia morrido no intervalo de quatro dias. A vontade de saciar a sede, a altas horas da noite, com a água da Broad Street fora a ruína de todos.

EM SUA MENTE, SNOW JÁ DESENHAVA MAPAS; imaginara uma vista aérea dos arredores da Golden Square, com uma linha limítrofe irregular ao redor da bomba da Broad Street. Qualquer um dentro daquele limite vivia mais próximo do poço contaminado; todos que estivessem além tinham bons motivos para buscar água em outra parte. A investigação que Snow empreendera na vizinhança, com base nos dados preliminares de Farr, revelou que dez mortes se deram fora daquele limite. Entre essas, incluíam-se as do alfaiate e seu filho na Cross Street. Após algumas horas de conversa, Snow observou que, das outras vítimas, três eram crianças que frequentavam uma escola perto da Broad; em luto, os pais relataram que com frequência, a caminho da escola, elas bebiam a água daquela bomba. Alguns parentes confirmaram que três outras vítimas, apesar de viverem mais próximas de outra fonte, tinham o costume de buscar água na Broad Street. Fora isso, as duas últimas mortes registradas além do limite estabelecido por Snow estavam em conformidade com a média de um bairro de Londres daquela época. As vítimas podiam com facilidade ter contraído a doença de um modo completamente distinto.

Snow sabia igualmente que, para defender seu ponto de vista, precisava abordar a situação inversa: os moradores que viviam próximos à bomba e que, por um ou outro motivo, sobreviveram ao optarem por não beber daquela fonte contaminada. Snow analisou outra vez a lista de Farr à procura de ausências significativas. No número 50 da Poland Street havia um punhado de mortes. Em si, esse número era previsível: a Poland Street encontrava-se nas imediações da bomba, dentro do limite imaginado por Snow. No entanto, ao correr os olhos pela lista, Snow percebeu que a quantidade era surpreendentemente pequena, uma vez que aquele era o endereço do Asilo St. James, que abrigava quinhentos e trinta e cinco pessoas. Na Broad Street, era comum que, em uma casa com dez pessoas, ao menos duas morressem. Portanto, uma população de quinhentas pessoas que vivia nas proximidades da bomba deveria ter testemunhado dezenas de mortes. Como Whitehead já havia compreendido a partir de suas visitas diárias, o asilo – a despeito da duvidosa moralidade de seus desvalidos moradores – tinha sido uma espécie de santuário durante a epidemia. Quando Snow entrevistou os diretores do asilo, uma explicação logo lhe saltou aos olhos: a instituição era abastecida pela Grand Junction Water Works, que, como a pesquisa anterior de Snow revelara, era uma das mais confiáveis fontes de água encanada. O asilo dispunha também de um poço próprio. Não havia, portanto, qualquer motivo para que seus moradores se deslocassem até a bomba da Broad Street, ainda que esta se encontrasse a menos de cinquenta metros do portão.

Snow observou outra expressiva ausência na lista de Farr. Os setenta funcionários da cervejaria Lion, no número 50 da Broad Street, tornavam-na o segundo maior empregador das imediações. No entanto, a lista de Farr não registrara sequer uma morte naquele endereço. Era possível, é claro, que os empregados tivessem morrido em suas casas e, assim, Snow fez uma visita aos proprietários da fábrica, Edward e John Huggins, que relataram um pouco perplexos que a peste passara ao largo de seu estabelecimento. Dois funcionários foram acometidos por uma leve crise de diarreia, mas ninguém apresentara sintomas graves. Quando Snow indagou sobre o abastecimento de água no local, os dois responderam que, como o asilo, a cervejaria dispunha de seu próprio sistema de abastecimento e de um poço. No entanto, explicaram para grande proveito do sóbrio investigador que raramente viam seus funcionários beberem água. Em geral, a cota diária de cerveja era suficiente para saciar-lhes a sede.

Mais tarde, Snow faria uma visita à fábrica dos irmãos Eley, onde se deparou com uma situação mais extrema. Os proprietários relataram que dezenas de empregados haviam adoecido, muitos dos quais morreram em suas próprias casas ao longo dos primeiros dias da epidemia. Quando reparou nas duas grandes tinas de água que os irmãos mantinham no local para consumo de seus empregados, Snow nem precisou perguntar qual era a origem da água.

Ele ouvira também que a mãe dos irmãos Eley e sua prima haviam recentemente falecido em virtude do cólera, ambas muito distantes da Golden Square. É provável que a coincidência tenha de imediato impressionado Snow; talvez, até mesmo, tenha se lembrado mais uma vez do desafiador *experimentum crucis* sugerido muitos anos antes pela *Gazeta Médica de Londres*. Sem dúvida, considerando sua discrição, Snow proporia a questão de modo delicado: havia alguma possibilidade de Susannah Eley ter consumido um pouco da água da bomba da Broad Street? Este talvez tenha sido um momento de grande angústia para Snow: como extrair a informação de que necessitava sem revelar que o desvelo dos irmãos desencadeara a morte da mãe deles. A conduta taciturna de Snow possivelmente o ajudou no momento em que os irmãos descreviam suas remessas diárias de água da bomba até Hampstead; um investigador mais impressionável reagiria mais apaixonadamente diante da revelação de uma pista tão crucial. No entanto, qualquer que tenha sido sua reação diante dos irmãos Eley, ao deixar a fábrica em direção à claridade da Broad Street, Snow deve ter pensado consigo mesmo, com alguma satisfação, que decerto as peças daquele quebra-cabeça começavam a se encaixar com perfeição. Os miasmistas pareciam finalmente ter encontrado um adversário à altura.

~

Inevitavelmente, histórias como esta tendem a se identificar com um determinado tipo de mito: o do gênio solitário que se livra dos grilhões do conhecimento tradicional ao lançar mão unicamente de seu poder intelectual. No entanto, ao explicar a batalha de Snow contra a teoria do miasma e contra o sistema médico então dominante, não é suficiente apontar sua argúcia e determinação, embora, sem dúvida, essas qualidades desempenhem um papel fundamental. Se o predomínio do modelo miasmático resultava da ação de múltiplas forças inter-relacionadas, o mesmo se dava com a capacidade de Snow para perceber quão ilusória era essa teoria. O miasma era o equivalente intelectual da doença contagiosa; espalhara-se em meio à *intelligentsia* a uma velocidade alarmante. Assim, por que Snow ficara imune?

Parte da resposta se encontra no estudo de Snow sobre o éter e o clorofórmio. O *insight* subjacente que lhe trouxera os primeiros aplausos estava relacionado ao fato de os vapores do éter e do clorofórmio terem efeitos notavelmente previsíveis sobre os seres humanos. Caso se pudesse controlar a densidade do gás, haveria uma mínima variação na forma como os homens – para não mencionar os sapos e os pássaros no laboratório de Snow – reagiriam à inalação. Sem essa previsibilidade, é claro, Snow jamais teria construído para si uma próspera carreira como anestesista; os riscos e a imprecisão do procedimento excederiam largamente os benefícios. O éter era, em si, uma substância tóxica – à sua maneira, uma espécie de miasma – e, ainda assim, parecia completamente indiferente à "constituição interna" dos indivíduos que o inalavam. Se seguisse o padrão descrito por alguns miasmistas, o éter deveria desencadear reações distintas, de acordo com a constituição interna de cada paciente – talvez despertando em alguns uma consciência sobrenatural, induzindo outros ao riso ou levando em segundos a um estado de inconsciência. Snow, porém, observara milhares de pacientes serem sedados pelo gás ao longo dos últimos seis anos e sabia, em primeira mão, quão automático era o procedimento. Toda a sua carreira era, em certo sentido, um testemunho dos previsíveis efeitos fisiológicos provocados pela inalação de gases. Assim, quando os teóricos do miasma invocaram a constituição interna para explicar por que metade dos moradores de um quarto podia sucumbir aos vapores venenosos, enquanto a outra metade permanecia a salvo, Snow estava naturalmente inclinado a considerar com reservas uma teoria como essa.

Sua experiência com o clorofórmio e o éter também o dotou de uma compreensão intuitiva sobre como os gases se dispersam no ambiente. Concentrado e levado diretamente aos pulmões do paciente, o éter seria mortal. Todavia, mesmo que estivesse ao lado do paciente, o médico que fizesse a aplicação não sentiria o menor de seus efeitos, pois a densidade das moléculas do éter no ar caía abruptamente quanto mais distante se estivesse do inalador. O princípio – conhecido como a lei de difusão dos gases – já havia sido descoberto e analisado pelo químico escocês Thomas Graham. Snow aplicou a mesma lógica ao miasma: se houvesse elementos danosos em suspensão no ar, emanando das fossas ou das caldeiras de ossos, provavelmente estariam tão dispersos que não ofereceriam qualquer risco à saúde. (É claro que, a esse respeito, Snow estava parcialmente correto: os vapores se provaram irrelevantes nos locais onde se notava a presença de doenças epidêmicas, mas na verdade tinham efeitos deletérios a longo prazo, visto que muitos gases industriais do período eram cancerígenos.) Vários anos depois da epidemia da Broad Street, Snow explicitaria essa relação, em uma polêmica declaração diante de um dos comitês de saúde pública de Benjamin Hall, na qual defendeu as "atividades repugnantes" (a cocção de ossos, a fabricação de sabão, tinturas e cordas com tripas de animais), que eram acusadas de contaminar o ar. "Cheguei à conclusão", explicou Snow ao escandalizado comitê, "[de que essas atividades repugnantes] não são prejudiciais à saúde pública. Considero que se fossem prejudiciais à saúde pública, seriam tão demasiadamente prejudiciais à saúde do trabalhador envolvido nessas atividades, e, até onde fui capaz de constatar, não é esse o caso; e, de acordo com a lei de difusão dos gases, segue-se que, se não são prejudiciais àqueles que se encontram de fato nos locais onde se conduzem essas atividades, é impossível que o sejam para as pessoas mais distantes do local." Chamem-no de o Princípio do Explorador de Esgoto: se todo mau cheiro era de fato doença, então os catadores de lixo que descessem a um túnel subterrâneo cheio de água de esgoto estariam mortos em segundos.

Snow era também um médico, um experimentado observador de sintomas, e compreendia que, em conjunto, os efeitos físicos de uma doença podiam oferecer importantes pistas sobre sua origem. No caso do cólera, de longe a mais pronunciada mudança no corpo se dava no intestino delgado. A doença invariavelmente principiava com uma terrível expulsão de fluidos e matéria fecal; todos os outros sintomas seguiam-se a essa perda inicial de água. Snow não era capaz de determinar com exatidão que tipo de componente estava por trás do terrível ataque do cólera ao corpo humano, mas sabia, a partir de suas observações, que a doença sempre lançava esse ataque a partir de um determinado local: o intestino. O sistema respiratório, por outro lado, ficava em grande medida livre da fúria do cólera. Para Snow, isso sugeria uma óbvia etiologia: o cólera era ingerido, não inalado.

O talento de observador de Snow estendia-se além do corpo humano. A triste ironia de sua defesa da teoria da transmissão do cólera pela água era a de que, embora tivesse à mão todas as explicações médicas essenciais já no inverno de 1848-49, por quase uma década ninguém lhe deu ouvidos. A situação afinal mudou, mas não em razão de suas habilidades como médico ou cientista. Não seria uma pesquisa de laboratório que convenceria de vez as autoridades; nem a própria observação direta do *Vibrio cholerae*. Seria a conscienciosa e profunda observação da vida urbana e de seus padrões cotidianos: os consumidores de cerveja da cervejaria Lion; as idas e vindas no meio da madrugada em busca de água fresca nas quentes noites de verão; a confusa rede particular de abastecimento de água na região sul de Londres. Os avanços promovidos por Snow no campo da anestesia foram o resultado de suas múltiplas habilidades como médico, pesquisador e inventor. Todavia, sua teoria sobre o cólera dependeria, por fim, de suas habilidades como sociólogo.

Igualmente importante era a íntima relação que Snow mantinha com os objetos de sua pesquisa. Não é por acaso que, das dezenas e dezenas de epidemias de cólera que analisou ao longo da carreira, aquela pela qual é mais famoso tenha eclodido a seis quarteirões de sua casa. Como Henry Whitehead, Snow trouxe, para o episódio da Broad Street, um genuíno conhecimento local. Quando fizeram aquela triunfante ronda pelas ruas do Soho, Benjamin Hall e seu Comitê de Saúde Pública eram pouco mais que turistas de olhos arregalados diante de todo aquele desespero e tantas mortes, para, em seguida, regressarem à segurança de Westminster ou Kensington. Snow, todavia, era um verdadeiro morador do bairro. Isso lhe deu tanto consciência de como o bairro de fato funcionava quanto credibilidade entre os moradores, de cujo íntimo conhecimento do surto a pesquisa de Snow dependia.

Ele compartilhava mais do que a geografia com os trabalhadores pobres da Golden Square, é claro. Embora tivesse havia muito subido na escala social, suas raízes como filho de um trabalhador rural marcaram, ao longo de toda a vida, sua percepção do mundo – primordialmente no sentido de bloquear algumas ideias dominantes. Em parte alguma dos escritos de Snow sobre a doença encontra-se a ideia de um componente moral para a enfermidade. Também ausente é a premissa de que os pobres eram de algum modo mais vulneráveis à doença, em decorrência de alguma deficiência em sua constituição interna. Desde que observara a epidemia na mina de Dillingsworth, quando era apenas um jovem aprendiz, Snow havia muito sabia que as epidemias tendiam a devastar as classes mais baixas da sociedade. Por alguma razão – provavelmente fruto de uma combinação de observação racional e de sua própria consciência social – essa disparidade levou Snow a buscar causas externas, não internas. Os pobres estavam morrendo em maior número não porque tivessem uma deficiência moral, morriam porque estavam sendo contaminados.

A resistência de Snow à teoria do miasma era também metodológica. A força de seu modelo derivava de sua habilidade de usar fenômenos observados em uma escala para fazer prognósticos de comportamento em outras escalas, acima ou abaixo na cadeia. A observação da falência de certos órgãos poderia oferecer um prognóstico sobre o comportamento da pessoa por inteiro, que, por sua vez, seria um índice do comportamento de todo o corpo social. Se os sintomas do cólera se concentravam em torno do intestino delgado, deveria haver, portanto, alguma característica reveladora nos hábitos de alimentação e de ingestão de líquidos das vítimas do cólera. Se o cólera era transmitido pela água, então os padrões de contaminação deveriam estar relacionados aos padrões de distribuição de água nos bairros de Londres. A teoria de Snow assemelhava-se a uma escada: isoladamente, cada degrau era bastante significativo, mas sua força residia no fato de seguir de baixo para cima, percorrendo todo o caminho desde a membrana do intestino delgado até a própria cidade.

E assim a imunidade de Snow à teoria do miasma era tão resoluta quanto a própria teoria em si. Em parte, era uma contingência da profissão; em parte, um reflexo de sua consciência social; e, por fim, de seu método "consiliente" e multifacetado de compreender o mundo. Snow era, sem dúvida, brilhante; mas bastava olhar para William Farr para perceber com que facilidade mentes brilhantes podiam ser induzidas ao erro pela ortodoxia e pelo preconceito. Como todas aquelas pobres almas que morriam na Broad Street, o *insight* de Snow encontrava-se no ponto de interseção de uma série de vetores sociais e históricos. Independentemente de seu brilhantismo, Snow jamais conseguiria comprovar sua teoria – e poderia até mesmo nem tê-la concebido – sem a densidade populacional da Londres industrial, ou o rigor numérico de Farr, ou sua própria origem de trabalhador. É assim que grandes rupturas intelectuais normalmente ocorrem na prática. É raro que um gênio solitário tenha um momento de iluminação isolado em seu laboratório. Nem se trata de simplesmente criar a partir do já estabelecido ou de postar-se sobre os ombros de gigantes, na famosa frase de Newton. Grandes rupturas estão mais próximas daquilo que se observa em uma inundação: uma dezena de afluentes isolados converge, e a elevação das águas conduz o gênio a uma altura suficiente para que possa observar ao redor os obstáculos intelectuais de uma época.

Pode-se imaginar a convergência de todas essas forças na metódica rotina de Snow naquela quarta-feira. Em meio à mais importante investigação de sua vida, ainda trabalhava como médico, manipulando a difusão de gases. Aplicou clorofórmio a dois pacientes: de um, extraíam-se hemorroidas; de outro, um dente. Passou o restante do dia nas ruas da vizinhança, sondando, indagando, ouvindo. No entanto, cada conversa, ainda que íntima, era orientada pelos cálculos impessoais de Farr. Snow traçava linhas de conexão entre a patologia do indivíduo e o cenário mais amplo do bairro; passava com naturalidade da perspectiva do médico para a do sociólogo e estatístico. Desenhava mapas em sua mente, em busca de padrões e de pistas.

HENRY WHITEHEAD NÃO POSSUÍA uma teoria própria sobre o cólera, mas, ao longo dos dias precedentes, refletira bastante sobre as teorias alheias. Ele sabia que os bairros mais abastados ao redor da Golden Square pululavam de irônicas explicações para a epidemia: os miseráveis do Soho, que se encontravam do lado desprezível da Regent Street, haviam atraído para si a doença. A crise física, material, podia ser tanto a encarnação de uma crise moral, um tipo de castigo divino, quanto o resultado do temor que nutriam pela doença, que, por sua vez, os enfraquecia diante do cólera. Whitehead refletira vários dias sobre essas calúnias, mas sua indignação atingiu o auge quando James Richardson, o leitor das Escrituras da St. Luke, não compareceu ao meio-dia ao conselho paroquial. Richardson era um dos mais íntimos amigos de Whitehead, um inflamado ex-granadeiro com uma inclinação para debates metafísicos que se prolongavam até altas horas da noite. Whitehead o encontrou em casa, sofrendo com um ataque de cólera que começara algumas horas antes. Richardson relatou uma conversa que tivera com um amedrontado vizinho que lhe perguntara qual era o melhor antídoto contra o cólera: "Eu não sei o que tomar, mas eu sei o que fazer. Ainda que não previna ou cure o cólera, me resguardará do que ele tem de pior, i.e., do medo. Voltarei meus olhos para Deus e, embora a doença me consuma, ainda assim confiarei n'Ele."

Se James Richardson – a própria imagem da coragem – podia contrair a doença, pensou Whitehead, então a explicação da "constituição interna" certamente era falsa. Com a aparente queda no número de novos casos e com a partida de grande parte dos moradores do bairro, Whitehead finalmente tinha tempo para fazer um balanço da situação e começou a pensar sobre os meios de combater os preconceitos da população. Ele não era um homem de ciência, é claro, mas conhecia tanto quanto qualquer outro o itinerário da epidemia e talvez, se as colocasse no papel, suas experiências se provassem de algum valor para a população em geral. Os registros de Farr, publicados no *Times* daquela manhã, faziam a seguinte observação:

"Ao norte do Tâmisa houve um notável surto no distrito de St. James." A descortesia da descrição era quase um insulto. A verdadeira história da epidemia da Golden Square ainda estava por ser narrada.

Richardson mencionara de passagem algo que permaneceu no pensamento de Whitehead enquanto regressava à igreja de St. Luke. O leitor da Escritura havia bebido no sábado um copo de água da Broad Street, um ou dois dias antes de aparecerem os primeiros sintomas. Como não tinha o costume de beber daquela fonte, Richardson se perguntava se haveria alguma relação entre o copo de água e a doença subsequente. Whitehead, porém, julgou a relação pouco provável. Ele pessoalmente vira muitos moradores se recuperarem do cólera depois de beber a água da Broad Street. Ele próprio tomara um copo algumas noites antes e, até aquele momento, resistira à pestilência. Talvez Richardson não tivesse bebido o suficiente.

Mas o que estava acontecendo no subsolo, nas repulsivas águas do poço da Broad Street? Para sermos honestos, não sabemos. Claramente, na quarta-feira, era significativamente mais difícil para o *Vibrio cholerae* chegar ao intestino delgado do homem, em especial graças à drástica queda na quantidade de pessoas decorrente da grande mortalidade e do êxodo em massa. Nesse sentido, é possível que o extraordinário sucesso reprodutivo do *Vibrio cholerae* ao longo do fim de semana – imaginem quantos trilhões de bactérias foram criados em tão pouco tempo – tenha sido o agente de sua própria derrocada. Estabelecer sua base de ação em uma cisterna pública no distrito mais densamente povoado de Londres permitiu que as bactérias se espalhassem pela vizinhança tal qual um incêndio, mas a disseminação das chamas foi tão súbita e extensiva que rapidamente exterminou sua própria fonte primária de alimentação. Não havia muitos outros intestinos delgados para colonizar.

É igualmente provável que o *Vibrio cholerae* não tivesse sobrevivido mais do que alguns dias no poço abaixo da bomba da Broad Street. Sem a incidência de luz solar, a água do poço ficaria livre de plânctons e, desse modo, as bactérias que não escaparam do poço morreriam vagarosamente de fome na escuridão seis metros abaixo do nível da rua. O grau de pureza da água teve igualmente um papel importante. O *Vibrio cholerae* dá preferência às águas com maior teor salino ou bastante material orgânico. Em água destilada, o organismo morre em poucas horas. Mas o cenário mais provável é que a bactéria estivesse em uma luta de vida ou morte contra outro organismo: um bacteriófago, que se aproveita do *Vibrio cholerae* para seus próprios fins reprodutivos do mesmo modo que o *Vibrio cholerae* explora o intestino delgado do homem. Dentro de uma célula bacteriana, um bacteriófago produz cerca de cem novas partículas virais e elimina a bactéria no decorrer do processo. Depois de vários dias de reprodução, a população de *Vibrio cholerae* pode ter sido substituída por bacteriófagos inofensivos ao homem.

Qualquer que seja a explicação, aqueles poucos dias no exato princípio da epidemia foram uma espécie de loteria microbiana: uma população de *Vibrio cholerae* reunida em uma pequena poça d'água, à espera de ser impulsionada em direção à luz do dia, na qual incalculáveis possibilidades de glória reprodutiva a esperavam. Aquelas bactérias que conseguiram chegar à bomba seguiram adiante para gerar trilhões de descendentes no intestino delgado de suas vítimas. Aquelas que ficaram para trás morreram.

Quando mais tarde relembrou os eventos daquela semana, Whitehead encontrou muitos outros casos de sobreviventes que ingeriram copiosas quantidades de água da Broad Street. Lembrou-se de um rapaz que adoecera e atribuíra sua recuperação ao fato de ter bebido dez quartos de galão; recordou uma garota que consumira dezessete durante a tentativa (por fim bem-sucedida) de combater a doença. Mas encontrou algo mais quando tentava restabelecer a cronologia dos eventos: praticamente todos os sobreviventes que consumiram uma grande quantidade de água da Broad Street a haviam bebido depois do sábado. Era muito mais difícil encontrar alguém que relatasse ter ingerido a água da bomba no princípio daquela semana – simplesmente porque a maioria dessas pessoas havia morrido.

Então é possível imaginar que, no fim da semana, a bomba estivesse praticamente livre do *Vibrio cholerae*, que teria morrido nas suas águas escuras e sombrias, enquanto o surto ardia seis metros acima. Talvez outro microrganismo tenha por conta própria contido o assassino. Ou talvez o fluxo natural da água subterrânea tenha vagarosamente limpado a bomba, e a colônia inicial de *Vibrio cholerae* se dispersara através do cascalho, da areia e da lama sob as ruas do Soho.

No fim do dia, Snow montara um convincente caso estatístico contra a bomba-d'água. Dos oitenta e três mortos registrados na lista de Farr, setenta e três morreram em casas que estavam mais próximas da bomba da Broad Street do que de qualquer outra fonte de água pública. Desses setenta e três, descobrira Snow, sessenta e um eram consumidores habituais da água da Broad Street. Os últimos seis definitivamente não bebiam a água de lá. Esses seis casos permaneceram um mistério, "em razão da morte ou da partida de todos aqueles que mantinham relações com os indivíduos falecidos", escreveria mais tarde Snow. Os dez casos que se localizavam fora da fronteira imaginária traçada ao redor da bomba da Broad Street eram igualmente reveladores: oito pareciam ter uma relação com a Broad Street. Snow estabelecera, além da lista de endereços de Farr, novas cadeias causais que os ligavam à bomba: o proprietário do café que normalmente vendia bebidas preparadas com água da Broad Street lhe contara que nove de seus clientes habituais haviam morrido desde o início do surto. Snow delineara um interessante contraste entre a cervejaria Lion e a fábrica dos irmãos Eley; documentara o improvável porto seguro do asilo da Poland. Até mesmo tivera seu *experimentum crucis* em Hampstead.

A julgar pela aparência, era uma surpreendente demonstração de habilidade investigativa, dadas as próprias condições do bairro. Nas vinte e quatro horas que se seguiram ao acesso aos números preliminares de Farr, Snow saíra no encalço de detalhes relacionados à vida privada dos familiares e vizinhos sobreviventes de mais de setenta pessoas. O destemor desse ato ainda surpreende: à medida que o bairro se esvaziava tomado pelo terror provocado pela mais selvagem epidemia da história da cidade, Snow passava horas e horas visitando as casas mais atingidas – casas que estavam, na verdade, ainda sob ataque. Seu amigo e biógrafo Benjamin Ward Richardson recordaria mais tarde: "Ninguém, a não ser quem o conhecesse na intimidade, podia imaginar o custo e os riscos que representavam tal empreitada. Onde quer que o cólera aparecesse, ali ele se fazia presente."

É pouco provável que, naquele momento, qualquer outra pessoa em Londres tivesse uma melhor ideia da magnitude do surto do que John Snow e Henry Whitehead. No entanto, ironicamente, o conhecimento que ambos tinham da vizinhança da Broad Street impediu que pudessem medir a verdadeira extensão da tragédia. Havia ao menos duas vezes mais moradores do Soho sofrendo em hospitais locais do que os que morriam na reclusa escuridão de seus próprios lares. Nos três dias após o 1º de setembro, mais de cento e vinte vítimas do cólera sobrecarregaram os funcionários do Middlesex Hospital, onde Florence Nightingale observou que aparentemente um grande número de enfermos eram prostitutas. Os doentes ficavam amontoados em amplos quartos abertos e eram tratados com sais e calomelano. O ar estava tomado por um cheiro de cloro e ácido sulfúrico que os funcionários dispunham em largas tigelas nos quartos dos doentes, com o intuito de purificar o ar. Na verdade, tinham pouca utilidade: dois terços dos pacientes morreram.

Quando a quantidade tornou-se grande demais para abrigar no Middlesex, os novos casos eram encaminhados para o Hospital Universitário de Londres. Vinte e cinco vítimas do cólera deram entrada nos três primeiros dias de setembro. O Hospital de Westminster admitira oitenta pacientes nos primeiros dias do surto. Outras instituições também tiveram uma notável procura: naquela quarta-feira, mais de cinquenta vítimas do cólera foram admitidas nos hospitais de Guy, St. Thomas e Charing Cross.

O Hospital de São Bartolomeu recebera a maior quantidade de vítimas do cólera – quase duzentas nos primeiros dias do surto. Os médicos experimentaram várias formas de tratamento, com variados níveis de sucesso: óleo de rícino, cápsicos e, até mesmo, água fria. Injeções intravenosas de uma solução com a intenção de emular a salinidade do soro sanguíneo pareceram reanimar dois pacientes, que, no entanto, morreram poucas horas mais tarde – muito provavelmente porque, como os pacientes de Thomas Latta em 1832, não receberam uma quantidade suficiente de injeções.

E, assim, a devastação nas ruas acima da Golden Square representava, na verdade, apenas um capítulo dessa história. Enquanto faziam seus cálculos naquela quarta-feira, Snow e Whitehead ainda estavam pensando em números de dois dígitos. Logo descobririam que aqueles resultados eram assustadoramente otimistas.

É POSSÍVEL QUE AS ÁRDUAS INVESTIGAÇÕES de Snow tenham, por si só, diminuído a disseminação da epidemia. Sabemos, por seu próprio relato, que conversou com centenas de pessoas do bairro no decorrer da semana e que muitas dessas conversas tinham por tema a bomba da Broad Street. O que não sabemos é se Snow revelava sua teoria sobre a origem do cólera naquelas conversas. Além de entrevistas, seriam *também* uma forma de alerta? Afinal, Snow era um médico e os pobres e amedrontados moradores do Soho eram seus pacientes. Se acreditava que a bomba estava disseminando uma doença fatal, parece improvável que guardasse para si aquela informação. Uma centena de recomendações isoladas feitas por um médico estimado seria suficiente para conter o apreço dos moradores da vizinhança pela água da Broad Street? A queda mais acentuada na quantidade de mortes ocorrera na terça e na quarta-feira – dois dias depois de Snow ter iniciado a exploração da vizinhança. Era possível que poucas pessoas estivessem morrendo, porque uma parcela da população ouvira os rumores de que a bomba era responsável por aquilo.

Mas, embora estivesse em declínio, a epidemia ainda alcançava níveis alarmantes para os padrões habituais. Snow sabia, com base em suas investigações, que ao menos uma dezena de novas mortes ocorrera naquela quarta-feira – dez vezes mais que a taxa normal do bairro. Dado o êxodo da população, era provável que a pestilência ainda fosse, em níveis relativos, assombrosamente fatal. Snow sabia que seu levantamento estatístico seria um argumento convincente para defender sua teoria da transmissão pela água, em particular se viessem associados aos resultados finais do estudo sobre o sistema de abastecimento de água no sul de Londres. Sua monografia sobre o cólera precisava ser revista, novos artigos deveriam ser submetidos a *The Lancet* e à *Gazeta Médica de Londres*. Mas, de imediato, Snow se defrontava com uma questão mais premente. As pessoas estavam morrendo em seu bairro e sua pesquisa sobre o surto claramente revelava o responsável.

"Dispensário da morte"

A manivela da bomba-d'água

~ SEXTA-FEIRA, 8 DE SETEMBRO

NA NOITE DE QUINTA-FEIRA, o Conselho Administrativo da Paróquia de St. James convocou uma reunião de emergência para debater a epidemia em andamento e a reação do bairro. Durante a reunião, foi informado aos membros do conselho que um cavalheiro desejava dirigir-lhes a palavra. Era John Snow, munido de sua pesquisa sobre a devastação da semana anterior. Postou-se diante do conselho e, com sua voz cavernosa e incomum, contou-lhes que sabia a causa do surto e tinha como provar de forma convincente que a grande maioria dos casos da vizinhança podia ser rastreada até sua origem. É improvável que Snow tenha penetrado no complexo e amplo emaranhado de sua campanha contra a teoria do miasma – melhor ir direto aos mais expressivos padrões da vida e da morte e deixar a filosofia para outra ocasião. Apresentou os desanimadores índices de sobrevivência entre os que viviam próximos à bomba-d'água e as estranhas exceções entre os que consumiam aquela água. Mencionou igualmente as mortes que ocorreram a uma enorme distância da Golden Square, cuja única relação com o bairro era o consumo de água. Talvez tenha mencionado a cervejaria e o asilo da Poland Street. Uma após outra, revelou também a relação entre as mortes e a água no fundo do poço da Broad Street. E, ainda assim, a bomba-d'água continuava em pleno funcionamento.

Os membros do conselho permaneceram céticos. Sabiam como qualquer um quanto a água da Broad Street era tida em alta estima – em particular quando comparada à de outras bombas dos arredores. Mas também conheciam, por experiência própria, os odores e vapores perniciosos que abundavam na vizinhança; certamente estes eram mais responsáveis pelo surto do que a água tão confiável da Broad Street. A argumentação de Snow era, no entanto, persuasiva – e, além disso, o conselho tinha poucas opções. Se Snow estivesse errado, por algumas semanas os moradores do bairro não poderiam matar sua sede. Se estivesse certo, quem poderia calcular a quantidade de vidas que se salvariam? E, assim, após uma rápida deliberação, o conselho aprovou o fechamento do poço da Broad Street.

Na manhã seguinte, sexta-feira, 8 de setembro, exatamente uma semana depois de o surto ter iniciado sua violenta jornada através do Soho, a manivela da bomba-d'água foi removida. Qualquer que fosse a ameaça que estivesse no fundo do poço, por enquanto ali permaneceria.

As mortes no Soho continuariam por ainda outra semana, e o cômputo final do ataque lançado desde o poço da Broad Street contra o bairro demoraria ainda alguns meses. A remoção da manivela foi amplamente ignorada pela imprensa. Na sexta-feira, o *Globe* publicara um relato otimista – e tipicamente miasmático – sobre as condições do bairro àquela altura: "Em virtude da mudança favorável do tempo, a pestilência, que se abatera com tão espantosa severidade sobre este distrito, arrefeceu e é possível supor que os moradores já se defrontaram com o pior. Ontem poucas mortes ocorreram, e, nesta manhã, nenhum novo caso foi registrado." Todavia, no dia seguinte, as notícias pareciam menos auspiciosas:

> Lamentamos informar que, após a finalização da reportagem que apareceu ontem no *Globe*, ocorreram vários casos graves e fatais de cólera e que sete ou oito foram registrados na manhã de sábado, embora as mais sensatas precauções tenham sido tomadas para conter o avanço da doença. Os arredores da Golden Square revelavam ... uma aparência bastante melancólica e comovente. Dificilmente se encontrava uma rua que estivesse livre dos carros e coches fúnebres, e os moradores do distrito, intimidados pela calamidade que se abatera sobre eles, acorriam às ruas para testemunhar o último e pesaroso gesto que se dispensava a seus vizinhos e amigos. Uma

> grande quantidade de comerciantes deixou suas lojas e fugiu do local, e as persianas fechadas exibiam o anúncio de que o comércio ficaria suspenso por alguns dias. Os irmãos Huggins, proprietários da cervejaria, anunciaram, com louvável disposição, que os pobres ... poderiam obter, a toda hora do dia ou da noite, qualquer quantidade de água quente necessária à purificação de suas casas ou a outros propósitos; um ato humanitário e benevolente, do qual um grande número de pessoas se beneficiou.

Dezenas ainda morreriam ao longo da semana seguinte, mas claramente o pior havia passado. Computados os números finais, a gravidade do surto chocou até mesmo aqueles que o vivenciaram. Quase setecentas pessoas que viviam a cerca de duzentos e vinte metros da bomba da Broad Street morreram em menos de duas semanas. A população da rua fora literalmente dizimada: noventa de seus oitocentos e noventa e seis moradores pereceram. Das quarenta e cinco casas que se estendiam em todas as direções a partir do cruzamento entre a Broad e a Cambridge Street, somente quatro atravessaram a epidemia sem sofrer qualquer perda: "Tamanha mortalidade em um tão curto espaço de tempo praticamente não tem paralelo neste país", salientou o *Observer*. Se considerarmos a cidade como um todo, as epidemias do passado produziram uma quantidade maior de mortos, mas nenhuma matara tantos, em uma área tão restrita e com tão devastadora velocidade.

A REMOÇÃO DA MANIVELA DA BOMBA-D'ÁGUA representou uma guinada histórica, e não apenas porque marcou o fim do mais rumoroso surto de Londres. A história tem seus pontos de inflexão nos quais o mundo se transforma em poucos minutos – o assassinato de um líder, a erupção de um vulcão, a ratificação de uma constituição. Mas há outros momentos que, embora menos expressivos, são igualmente decisivos. Uma centena de diferentes tendências históricas converge para um fato único e modesto – um desconhecido desaparafusa a manivela de uma bomba-d'água em uma rua marginal de uma efervescente cidade – e, nos anos e nas décadas seguintes, milhares de mudanças reverberam esse modesto acontecimento. O mundo não se modifica de imediato, uma vez que a mudança, em si, leva muitos anos para se tornar visível. Tal transformação, entretanto, não é menos determinante em razão de sua silenciosa evolução.

E assim foi com o poço da Broad Street: a *decisão* de remover a manivela da bomba-d'água revelou-se mais significativa que os efeitos imediatos dessa decisão. Sim, o surto da Broad Street se extinguiria ao longo dos dias seguintes, à medida que as últimas vítimas morressem e outras, mais afortunadas, se recuperassem. Sim, a vizinhança voltaria aos poucos à normalidade nas semanas e nos meses seguintes. Essas eram verdadeiras vitórias decorrentes da remoção da manivela, ainda que a água do poço estivesse potencialmente purgada do *Vibrio cholerae* na ocasião em que Snow defendeu seu ponto de vista diante do Conselho Administrativo Paroquial. Mas a manivela da bomba representa mais do que a redenção do bairro. Assinala um momento crucial na luta entre o homem da cidade e o *Vibrio cholerae*, pois, pela primeira vez, uma instituição pública intervinha de modo consciente contra um surto de cólera, tendo por base uma razoável teoria científica. A decisão de remover a manivela não se baseava em tabelas meteorológicas, em preconceitos sociais ou em um ralo moralismo medieval; baseava-se em uma pesquisa metódica sobre os efetivos padrões sociais da epidemia, que confirmavam as previsões apresentadas por uma teoria subjacente sobre o efeito da doença no corpo humano. Baseava-se em informações que a própria organização da cidade tornara visível. Pela primeira vez, o poder crescente do *Vibrio cholerae* sobre a cidade seria desafiado pela razão, não pela superstição.

O aprendizado de dar ouvidos à razão, no entanto, demanda tempo, em particular por parte do homem comum da Broad Street, que, desde que o cólera se abatera sobre Londres, nada ouvira das autoridades *senão* superstições. Quando o Conselho Administrativo Paroquial removeu a manivela na manhã de sexta-feira, o gesto foi visto com nítida zombaria e desdém pelos passantes que tiveram a oportunidade de testemunhá-lo. Não é difícil compreender a reação. Para muitos sobreviventes, a água da Broad Street fora o principal remédio. E, agora, as autoridades cortavam o fornecimento? Por acaso queriam acabar com o bairro de vez?

Não eram apenas os moradores do Soho que estavam surdos à razão de Snow. No mesmo dia em que o conselho removeu a manivela, o presidente do Comitê de Saúde Nacional, Benjamin Hall, divulgou as diretivas que orientariam a comissão, por ele criada, na investigação do surto da Broad Street. Solicitou-se aos inspetores que realizassem uma pesquisa de casa em casa por todo o bairro e colhessem informações sobre uma longa lista de condições ambientais. Vale a pena reproduzir na íntegra tais diretivas, uma vez que a lista captura perfeitamente as obsessões miasmáticas do Comitê de Saúde:

> Peculiaridades estruturais das ruas quanto à ventilação.
>
> Estorvos, abatedouros, atividades repugnantes etc.
>
> Mau cheiro nas ruas e sua origem, grades de esgoto, sarjetas etc.; se as grades estão entupidas, se a quantidade de enfermos e mortos é maior próximo às grades.
>
> Mau cheiro nas casas e sua origem, se o cheiro é pior à noite ou pela manhã, antes de as casas e lojas serem abertas.
>
> Se a casa tinha privada, com ou sem descarga d'água, ou fossa e sua localização; se há reclamações de mau cheiro dali proveniente; se estavam em boas condições; se as privadas eram abastecidas com água; se o escoamento da casa se interrompera. ... Esse distrito fora recentemente drenado. Averiguar de que maneira os drenos das várias casas se conectavam com os novos esgotos; a estrutura de drenos da casa, feita com tubos ou tijolos, e sua condição; se sujeitos a obstrução, se há presença de mau cheiro.
>
> Examinar os porões quanto ao nível do piso em relação à rua; se houve acúmulo de dejetos nos porões, ou em porões adjacentes, antes do surto. Considerar o efeito dessas condições sobre a ventilação geral das casas, em especial à noite...
>
> Examinar as casas quanto às condições gerais de limpeza e meios de ventilação. Examinar também os pátios de fundo, ou investigar quais eram suas condições antes da epidemia. Observar se há lajes ou se estão cobertos de imundície.
>
> Examinar se a doença acometeu os pavimentos superiores ou inferiores. Conseguir, se possível, a proporção de casos por pavimento.
>
> Estimar o mais próximo possível as condições no que diz respeito à quantidade excessiva de moradores, higiene pessoal, hábitos, dieta etc.
>
> Anotar o número de ocorrências em cada casa, e o número de mortos em cada casa.

Examinar a fonte de abastecimento de água, a qualidade, a quantidade, se obtida por meio de canos ou tonéis, e a condição desses recipientes.

Observar as condições gerais das ruas e pátios e investigar qual era o estado de limpeza antes do surto.

Examinar se há irregularidades no solo na construção dos esgotos ao longo do antigo cemitério em Little Marlborough Street, ou infiltração no esgoto dali proveniente, ou se a drenagem de qualquer estorvo para o interior do sistema de esgoto tivera qualquer efeito, ou se no interior dos esgotos havia algo que pudesse ser nocivo.

As instruções de Hall à comissão encarregada do cólera oferecem um brilhante estudo de caso sobre como os paradigmas intelectuais dominantes podem dificultar o estabelecimento da verdade, até mesmo se as pessoas envolvidas são sagazes, austeras e metódicas em suas pesquisas. A lista elaborada por Hall é uma espécie de camisa de força para um documento final. Basta bater os olhos nessas instruções para perceber que tipo de documento produziriam: um rico e incrivelmente detalhado inventário sobre os odores do Soho em torno de 1854. Metade das categorias menciona especificamente o mau cheiro e a ventilação, e as poucas diretivas que podem ser relevantes para a teoria da transmissão pela água – tais como as condições das fossas – são, em cada caso, especificamente marcadas pela preocupação de Hall com o mau cheiro.

No geral, Benjamin Hall relacionou cerca de cinquenta instruções específicas à sua comissão. Somente duas delas – relacionadas à qualidade e à fonte de abastecimento de água – eram essenciais para provar ou refutar a teoria da transmissão pela água de Snow. Mas é claro que, assim isoladas, essas duas variáveis eram praticamente insignificantes. Na manhã de segunda-feira, no auge da epidemia, o próprio Snow não detectara nada de incomum na água. De qualquer modo, com as tecnologias disponíveis na época, a análise da qualidade da água não esclareceria o mistério: nada havia para ver. Naquele ano, Pacini vislumbrara a bactéria no microscópio, mas sua descoberta não ecoaria por ainda três décadas. A forma mais confiável de "ver" o cólera era de maneira indireta, no modo como os hábitos de consumo de água no bairro reproduziam os padrões de contaminação e óbito que Farr capturara em seus registros. Caso não se percebesse a sobreposição desses dois conjuntos de dados, a força e a clareza da teoria da transmissão pela água desaparecia. Mas Hall jamais pediu à sua comissão que investigasse os hábitos de consumo de água da população, nem tampouco que comparasse esses hábitos com a distribuição geral das mortes.

É importante observar que Hall não era cego aos princípios epidemiológicos básicos que norteavam o trabalho de Snow – que a causa de uma doença pode ser deduzida pela observação dos padrões estatisticamente incomuns no decorrer da epidemia. Hall solicitou a seus investigadores que reportassem se as mortes por cólera estavam concentradas ao redor de grades de esgoto ou na região do cemitério do tempo da peste. Mas a teoria da transmissão pela água não foi contemplada nessa investigação. A despeito do fato de Snow ter publicado uma obra sobre o tema e a despeito das numerosas conversas de Snow com William Farr a respeito do cólera e do fornecimento de água, o diretor do Comitê de Saúde não viu qualquer necessidade em determinar se havia uma concentração incomum de mortes em torno de quaisquer fontes de água potável da vizinhança. Desde o princípio, as instruções de Hall distorciam as regras do jogo a fim de derrotar a teoria de Snow.

Mas a força-tarefa de Snow não seria a única a investigar a epidemia da Broad Street. Nas semanas e nos meses que se seguiram ao surto, outro grupo esquadrinharia a vizinhança, juntando as peças desse quebra-cabeça em busca de pistas. E, à frente do grupo, estaria o homem que provavelmente conhecia o bairro do Soho melhor do que ninguém: Henry Whitehead.

~

A NOTÍCIA SOBRE A REMOÇÃO da manivela da bomba-d'água surpreendera Whitehead por lhe parecer uma grande tolice. Quando, naquela sexta-feira, ficou sabendo de uma teoria sobre a contaminação da bomba, repudiou-a de imediato, colocando-se ao lado dos gozadores da Broad Street. Será fácil refutá-la, pensou. E Whitehead estava particularmente bem preparado para fazer essa refutação. A investigação de Snow, que durara apenas dois dias, não estava à altura das horas de vigília que Whitehead passara ao lado dos enfermos, desde que o surto irrompera na sexta-feira. O jovem pároco se dedicara igualmente à elaboração de uma argumentação que invalidasse as teorias então dominantes. Agora poderia adicionar à sua lista a teoria da transmissão pela água. Os membros do Conselho Administrativo Paroquial podiam se deixar convencer facilmente pelas artimanhas demográficas do dr. Snow, mas certamente não conheciam a realidade do bairro tão bem quanto Whitehead; não viram, por exemplo, uma garota de dezessete anos sobreviver, depois de beber litros e litros de água da bomba. Whitehead estava confiante de que, embora lhe exigisse um pouco mais de pesquisa, a bomba-d'água seria inocentada no devido momento.

"Todo limite é um começo tanto quanto um final", escreveria George Eliot alguns anos depois em *Middlemarch*. Assim era a história da remoção da manivela da bomba. Era o fim do ataque desferido pelo poço da Broad Street contra a Golden Square, e o começo de uma nova era da saúde pública. No entanto, não é o desfecho óbvio de uma história de detetive. Os moradores remanescentes não se uniram ao redor do dr. Snow para celebrar a solução que apresentava para o mistério; Benjamin Hall não abriu mão de suas obsessões miasmáticas da noite para o dia; até mesmo o Conselho Administrativo Paroquial, embora tivesse acatado a recomendação do dr. Snow, não parecia impressionado com sua teoria. E Henry Whitehead estava tão pouco convencido da culpabilidade da bomba que prometeu defendê-la. Assim, de fato, a trama narrativa da epidemia da Broad Street revelou, próximo do fim, uma reviravolta dialética: ao persuadir o, até aquele momento, incompetente Conselho Administrativo a adotar sua recomendação, Snow despertou o único adversário que tinha mais conhecimento direto da epidemia do que ele. Ao derrotar um oponente, Snow defrontou-se com outro mais desafiador para sua teoria da transmissão pela água. Snow ainda precisava conquistar apoio de muitos potenciais aliados: Benjamin Hall e seus investigadores iludidos pelo miasma; William Farr; os editores de *The Lancet*. Mas, a curto prazo, seu principal oponente seria o reverendo Henry Whitehead.

DESDE O PRINCÍPIO, WHITEHEAD vinha reunindo pistas de maneira informal. Na sexta-feira, antes de receber a notícia da remoção da manivela da bomba-d'água, subira ao púlpito da St. Luke para proferir seu sermão diário. Postado diante de seus fatigados e famintos paroquianos na igreja parcialmente ocupada, observou a grande quantidade de mulheres idosas e pobres espalhada pelos bancos. Parabenizou-as por sua "notável imunidade à pestilência". Mas até mesmo enquanto proferia as palavras, pensou: Como pode? Que tipo de pestilência poupa os velhos e destituídos?

Nos meses seguintes, Whitehead e Snow exploraram a Broad Street, percorrendo caminhos distintos, mas paralelos. Snow começou a reunir os dados de sua investigação em uma nova versão de sua monografia sobre o cólera de 1849, enquanto escrevia para os periódicos médicos uma série de artigos que abordavam a epidemia. A seção da monografia dedicada à Broad Street começava, em tom dramático, com as seguintes linhas:

> O mais terrível surto do cólera que jamais ocorreu neste reino é provavelmente aquele que irrompeu algumas semanas atrás na Broad Street, Golden Square e ruas circundantes. Em um raio de duzentos e vinte metros do local onde a Cambridge Street se une à Broad, houve mais de quinhentos ataques fatais do cólera em apenas dez dias. A mortalidade nessa pequena área iguala-se provavelmente a qualquer outra que jamais acometeu o país, até mesmo a da peste; e foi muito mais repentina, com boa parte das mortes se desenrolando em poucas horas. A mortalidade teria sido indubitavelmente maior se não fosse pela debandada da população. Aqueles que viviam de aluguel em residências mobiliadas partiram primeiro, mas logo foram acompanhados por outros inquilinos, que abandonaram a mobília para que lhes fosse enviada tão logo encontrassem um local para colocá-la. Muitas casas ficaram completamente fechadas, em decorrência da morte de seus proprietários; e, em um grande número de circunstâncias, os lojistas remanescentes enviaram para longe suas famílias: de sorte que, em menos de seis dias desde o surgimento da epidemia, as ruas mais atingidas perderam mais de três quartos de sua população.

Naquele outono, Whitehead rapidamente escreveu e publicou uma monografia de dezessete páginas intitulada *The Cholera in Berwick Street*. Foi a primeira descrição abrangente sobre o surto voltada para o público em geral. A maior parte das investigações de Whitehead naquelas semanas iniciais tinha o intuito de avaliar o alcance e a duração da epidemia. Assim, começou sua monografia com um sucinto inventário:

> Dufour's Place. – Casas, nove; população, cento e setenta; mortes, nove; casas sem qualquer morte, quatro. Lamentavelmente, os rumores exageraram a mortalidade no local.
>
> Cambridge Street. – Casas, catorze; população, cento e setenta e nove; mortes, dezesseis; mortes do lado oeste, dez; leste, seis, dos quais três foram em uma única casa. Cinco casas escaparam.

Whitehead descreveu a estranha falta de relação que observou, no auge do surto, entre as condições sanitárias e as taxas de mortalidade em cada residência. Salientou que uma exemplar moradia em Peter Street – exatamente aquela que fora elogiada pelas autoridades alguns anos antes por seu asseio – sofrera doze mortes; a maior quantidade entre todas as casas da vizinhança. Traçou o panorama da devastação provocada pelo surto nas famílias do bairro: "Havia não menos que vinte e um casos de maridos e mulheres que morreram em um intervalo de poucos dias. Em uma das ocorrências, além dos pais, quatro filhas também morreram. Em outra, ambos os pais e três de quatro filhos. Em outra, uma viúva e três de seus filhos." A não mais que quinze metros da escadaria da St. Luke, encontravam-se quatro casas que tinham perdido, ao todo, trinta e três pessoas.

Lendo a monografia de Whitehead, pode-se perceber a luta do jovem pároco contra as implicações teológicas do surto. A chegada da peste tinha de ser, em alguma medida, uma expressão da vontade divina, e, neste caso, a divindade parecia ter elegido a paróquia da St. Luke para o mais severo dos castigos imagináveis. Certamente, era uma vexatória realidade para um representante de Deus: de todas as paróquias de Londres, ao longo de todos os anos que o cólera devastara o país, Deus julgara justo sujeitar a comunidade de Whitehead ao mais terrível ataque epidêmico na história da cidade. Na monografia, Whitehead inicialmente professa uma incapacidade de explicar tal evento em termos da vontade divina, mas, em seguida, oferece o embrião de uma teoria, que seguia, ela mesma, uma lógica marcadamente dialética:

> Os métodos de Deus são iguais, os do homem, parciais; e outro fato, mais compreensível, apresenta-se diante de nós, dado o acúmulo desigual de imundície e sujeira, a superpopulação de seres humanos, a censurável tolerância em relação a ruas malconstruídas e casas sem ventilação, a indiferença em relação

> aos princípios básicos de escoamento e esgoto, que agravam a pestilência em determinadas localidades, mas atraem pouca atenção e provocam pouco alarde, até que aqui e ali uma mina explode, revelando à assustada população de uma cidade mal-administrada o risco de uma situação que admite que qualquer rua ou paróquia, entre as quais não se encontram as mais baixas e imundas, transforme-se em um enorme ossuário em um dia ou em uma hora.

Até que aqui e ali uma mina explode. No entanto, o surto, em sua imensa brutalidade, lançou luz sobre a pobreza e o desespero da vida do centro da cidade, iluminando o sofrimento cotidiano com o brilho extraordinário do desespero. Em parte, Whitehead tinha razão: a aterrorizante visibilidade do surto lançou as sementes da cura. Mas não foi a providência divina que dirigiu o processo. Foi a densidade populacional. Amontoe cerca de mil pessoas em três quarteirões da cidade e eis o ambiente no qual floresce a doença epidêmica; mas, ao florescer, a doença revela as características de sua verdadeira natureza. Sua expansão aponta o caminho para sua derrocada final. A bomba-d'água da Broad Street era uma espécie de antena urbana, que enviava por intermédio da vizinhança um sinal, o qual, graças a um padrão detectável, permitia aos homens "ver" o *Vibrio cholerae* sem a ajuda do microscópio. Todavia, sem aqueles milhares de corpos amontoados ao redor da bomba-d'água, o sinal se perderia, como uma onda de som que se dissipa no silêncio do vácuo.

Nas primeiras semanas do surto, Whitehead observara muitos desses padrões a ponto de poder desbancar, em sua monografia, uma grande parte das teorias então dominantes. Seu relato sobre a devastação da Peter Street expôs a falácia da hipótese sanitária; e apresentou inúmeros casos de corajosos paroquianos que adoeceram, a fim de combater trivialidades como "o medo mata". Tabulou a quantidade de mortes nos pisos superiores e inferiores para demonstrar que o cólera atacara ambas as classes sem distinção. No entanto, a despeito de seu escárnio inicial diante da remoção da manivela da bomba-d'água, o poço da Broad Street não é mencionado em seu texto. Talvez Whitehead tenha simplesmente percebido que não reunira provas suficientes contra a tese de Snow a ponto de incluir a teoria da transmissão pela água em sua monografia. Ou sua opinião começava a se modificar com as primeiras investigações.

De qualquer forma, a monografia era apenas o começo. Whitehead acabaria por fazer, nos meses seguintes, uma pesquisa tão detalhada que o levaria muito além do que jamais imaginara – muito além, na verdade, do que o próprio John Snow arriscaria. No fim de novembro, o Conselho Paroquial de St. James aprovou a formação de uma comissão para investigar o surto da Broad Street, com o propósito inicial de produzir um relatório com base em um questionário que circularia pelo bairro, acrescido pelos dados reunidos pela Comissão do Comitê de Saúde. Todavia, quando o conselho se dirigiu a Benjamin Hall, o diretor do Comitê de Saúde se recusou a compartilhar suas descobertas – "principalmente, tendo em vista que tal sorte de investigação era mais considerável quando feita de modo independente". A crítica revelou-se bastante proveitosa. Diante das respostas insuficientes a seu questionário, e sem qualquer contribuição do Comitê de Saúde, o Conselho Administrativo Paroquial chegou à conclusão de que teria de reunir sua própria equipe de investigadores. Reconhecendo o mérito de sua recém-publicada monografia e o valor de sua familiaridade com a comunidade, o conselho solicitou ao reverendo Whitehead que se unisse à comissão. Convidou igualmente o médico que atuava no bairro e que estivera tão excitado com o estado da bomba-d'água da Broad Street. Snow e Whitehead talvez não concordassem sobre as causas da epidemia, mas estavam agora trabalhando no mesmo time.

WHITEHEAD COMEÇOU SEU ATAQUE à teoria da contaminação da bomba-d'água observando uma importante ausência na pesquisa original que Snow fizera no bairro. Snow focara quase exclusivamente os moradores do Soho que faleceram durante a epidemia, detectando que uma esmagadora maioria havia consumido a água da Broad Street antes de adoecer. Todavia, Snow não investigara os hábitos de consumo de água dos moradores do bairro que *sobreviveram* à epidemia. Se esse grupo tivesse ingerido a água da bomba da Broad Street na mesma quantidade, então toda a fundamentação da teoria de Snow se dissolveria. A relação entre beber a água da bomba e o cólera seria insignificante se boa parte do bairro – os mortos *e* os vivos – estivesse consumindo aquela água. Provavelmente, boa parte dos mortos também passeara pela Broad Street em algum dos dias que antecederam à epidemia, mas isso não significava que tal passeio provocara o cólera.

O conhecimento que Whitehead tinha do bairro lhe abriu um importante horizonte de investigação, uma vez que lhe era possível descobrir o paradeiro de centenas de moradores que abandonaram o bairro nas semanas seguintes à epidemia. Snow teria intuitivamente compreendido a importância de investigar as taxas de consumo de água da bomba entre os sobreviventes, mas a grande maioria encontrava-se fora de seu alcance naquela primeira semana de setembro. E, assim, Snow se vira obrigado a montar seu caso contra a bomba com base em sua pesquisa sobre os mortos, acrescida de alguns poucos casos de improváveis sobreviventes (o asilo, a cervejaria). Whitehead, por outro lado, podia lançar mão da extensiva rede social que havia muito estabelecera na vizinhança a fim de descobrir o paradeiro daqueles que emigraram da Golden Square. Sua investigação o levou, nos meses que se seguiram ao seu encontro com o Comitê, a atravessar toda a cidade de Londres; quando tomou conhecimento e localizou ex-moradores do bairro que se mudaram para outras cidades, enviou questionários pelo correio. No fim, colheu informações sobre quatrocentos e noventa e sete moradores da Broad Street, mais da metade da população que ali residia nas semanas anteriores ao surto.

À medida que se lançava a essa investigação, frequentemente visitando a mesma residência cinco vezes em busca de novas pistas, Whitehead sentia arrefecer sua resistência à teoria da contaminação pela água. Com incrível frequência, as lembranças dos sobreviventes do surto revelariam alguma esquecida relação com a bomba-d'água da Broad Street. Uma jovem, cujo marido morrera logo nos primeiros dias, revelou, em um primeiro momento, a Whitehead que o casal não consumia regularmente a água da Broad Street. No entanto, alguns dias depois, lembrou-se de algo mais: na noite do dia 30, seu marido lhe pedira para apanhar um pouco de água da bomba para beber durante o jantar. Mas ela mesma não bebeu nada. Outra mulher, cujo marido e filha foram acometidos pelo cólera (e, afinal, sobreviveram), negou veementemente que qualquer um em sua casa tivesse provado alguma vez a água da Broad Street. No entanto, quando relatara os detalhes da curiosa entrevista com o reverendo Whitehead ao restante da família, a filha lembrou-se de que de fato bebera daquele poço nos dias anteriores ao surto.

Esse último caso era um típico exemplo das histórias deslindadas por Whitehead: os filhos muitas vezes eram o elo perdido que ligava a família à bomba-d'água. Em sua análise sobre o consumo de água no bairro, Whitehead observou que com muita frequência se solicitava aos jovens que apanhassem água para suas famílias. A ida até a bomba da Broad Street era uma incumbência comum para qualquer criança do bairro acima de seis ou sete anos, e sua familiaridade com o poço significava que muitas crianças do bairro bebiam daquela fonte sem o conhecimento dos pais. À medida que ouvia esses relatos, regressava à mente de Whitehead a imagem de todas aquelas viúvas reunidas na St. Luke no dia em que a manivela da bomba-d'água fora removida. Finalmente havia uma explicação plausível para a imunidade delas. Não era porque as senhoras fossem, de algum modo, moralmente superiores aos mortos; não era porque possuíssem uma constituição mais forte ou um estilo de vida mais asseado. O que reunia todas aquelas mulheres em um único grupo era o fato de serem velhas, fracas e solitárias, e isso significava que não tinham ninguém para apanhar água para elas.

À medida que Whitehead tabulava os primeiros números, o caso contra a bomba-d'água parecia de fato poderoso. Entre a população que consumia a água da bomba, as taxas de infecção estavam de acordo com o que Snow delineara em sua pesquisa original: para cada dois consumidores da água da Broad Street que não foram contaminados, outros três adoeceram. A proporção parecia ainda mais intrigante quando esses números eram comparados com as taxas de infecção daqueles que não beberam do poço: somente um em dez fora acometido pelo cólera. Por mais que tenha resistido à teoria da transmissão pela água, Whitehead viu-se diante de um fato decisivo: a ingestão da água do poço multiplicava as chances de contaminação.

Mas ainda restavam três objeções à teoria da contaminação da bomba que incomodavam Whitehead. Snow vivia no Soho, mas não era exatamente um frequentador assíduo da Broad Street, e Whitehead tinha o pressentimento de que a teoria de Snow não estava de acordo com o longo histórico de pureza da água da Broad Street. Caso uma cisterna da região tivesse que ser contaminada com algum tipo de agente infeccioso, provavelmente seria a fétida bomba da Little Marlborough Street.

E ainda havia os sobreviventes. Os números pareciam desabonar o poço, mas Whitehead tinha dificuldade em desconsiderar as observações que fizera no local: vira seus paroquianos beberem galões de água da Broad Street em seus presumíveis leitos de morte – e, então, se recuperarem. Whitehead tinha em mente sua própria experiência particular: afinal de contas, também bebera a água do poço justamente no auge do surto. Se o poço estava verdadeiramente contaminado, por que fora poupado?

O desenrolar da investigação incutira uma objeção a mais na mente de Whitehead. Em novembro, o Comitê de Pavimentação examinara a bomba-d'água da Broad Street, procurando por alguma passagem que permitisse que as linhas de esgoto contaminassem com dejetos a água do poço. O veredicto fora categórico: a investigação encontrara o poço "livre de qualquer fissura ou outra comunicação com os drenos e esgotos pelos quais tais matérias poderiam provavelmente ser transportadas para as águas". Também fizeram testes químicos e microscópicos da própria água; nenhum detectou qualquer anormalidade.

A pesquisa de John Snow ajudaria decisivamente Whitehead a contornar sua primeira objeção, mas seria o próprio pároco que desvendaria o mistério colocado pelas outras duas. Durante os meses de inverno, Snow estivera revisando seu livro sobre o cólera, incorporando tanto os dados da pesquisa sobre o abastecimento de água do sul de Londres quanto o relato da epidemia da Broad Street. Por volta do início de 1855, ofereceu a Whitehead uma cópia da monografia. Ao ler a versão de Snow sobre os eventos de setembro, o pároco surpreendeu-se ao descobrir que Snow não imputara o surto a uma "impureza generalizada da água". A teoria de Snow pressupunha que o caso original era uma "contaminação especial ... proveniente da evacuação das vítimas do cólera" que vazara para o poço, vindo de um esgoto ou fossa. Assim, a qualidade *geral* da água não era relevante para a teoria de Snow. Não importava o que fosse, o agente causador do cólera viera de fora para dentro.

Quando agradeceu o livro, Whitehead apresentou a Snow "uma objeção *a priori*" à teoria da contaminação: se um caso específico de cólera desencadeara a epidemia, então não deveria a rápida difusão da doença através da população circundante ter tornado a água cada vez mais mortal ao longo da semana, à medida que mais e mais evacuações de água de arroz chegassem ao poço? Se a teoria de Snow estivesse correta, continuou Whitehead, o padrão do surto seria uma linha gradual e ascendente, e não um pico repentino, seguido de um firme declínio. E havia ainda a questão da rota da contaminação. O Comitê de Pavimentação não encontrara qualquer conexão entre o poço da Broad Street e os esgotos locais. A ideia de uma fossa que estivesse contaminando o poço parecia ainda mais ridícula para Whitehead. Pelo que o pároco sabia, todas as fossas foram eliminadas desde a aprovação da Lei de Remoção de Estorvos.

A monografia de Snow e o crescente acúmulo de dados, no entanto, fizeram com que Whitehead se aproximasse cada vez mais da aceitação da teoria da transmissão pela água. Se Snow estivesse certo, deveria haver, na linguagem da moderna epidemiologia, um caso índice, uma vítima original do cólera cujas evacuações de algum modo chegaram até o poço da Broad Street. Pressupondo um período de incubação de alguns poucos dias – tempo suficiente para o *Vibrio cholerae* chegar ao poço e, então, até os intestinos delgados da primeira leva de vítimas –, o paciente zero deveria ter adoecido em torno do dia 28 de agosto. Whitehead voltou a estudar os *Registros Semanais* referentes às semanas anteriores ao surto e encontrou somente dois casos na vizinhança: uma morte no dia 12; outra no dia 13. Com base em novas investigações, revelou-se que ambos os casos ocorreram a grande distância do poço da Broad Street, eliminando qualquer possível relação com aquela água.

Por várias semanas, Whitehead vivera um impasse. Todas as evidências que compilara apontavam para a existência de um caso índice que confirmaria, de uma vez por todas, a própria teoria, à qual, durante tanto tempo, resistira. Agora estava praticamente convencido de que o poço fora contaminado e de que as águas notoriamente limpas do poço da Broad Street foram responsáveis pela devastação que assolara seus paroquianos. Mas quem iniciara a contaminação?

Quando não estava desempenhando suas funções na St. Luke ou entrevistando os dispersos ex-moradores da Broad Street, Whitehead podia ser encontrado com frequência examinando os arquivos do Departamento de Registros Gerais. As estatísticas globais dos registros tinham havia muito perdido sua utilidade para Whitehead; precisava de informações mais específicas que apenas a documentação original podia lhe oferecer. Durante uma visita, enquanto procurava por algum detalhe particular, uma anotação nos arquivos da Broad Street lhe chamou a atenção: "No número 40 da Broad Street, em 2 de setembro, um bebê, de cinco meses de idade: após um ataque de diarreia quatro dias antes de morrer."

Whitehead já estava familiarizado com a triste história do bebê Lewis. A morte dela fora há muito incluída na cronologia do surto. O que lhe chamou a atenção desta vez foi o comentário final: "após um ataque de diarreia quatro dias antes de morrer". Jamais ocorrera a Whitehead que um bebê pudesse sobreviver mais do que um dia ou dois a uma doença que matava muitos adultos em poucas horas. Mas se o bebê Lewis estivera doente por quatro dias, isso significava que sua enfermidade antecedera o surto em pelo menos um dia. Whitehead sabia desde o início que o endereço – Broad, 40 – colocava o bebê Lewis mais próximo da bomba do que qualquer outro morador do bairro.

De imediato, Whitehead largou sua outra investigação e acorreu novamente à Broad Street, onde encontrou a sra. Lewis em casa e disposta a responder às novas perguntas do pároco. Ela lhe contou que, na verdade, sua filha adoecera um dia antes do que sugeriam os registros de Farr: no dia 28, *cinco* dias antes de sua morte. Quando Whitehead perguntou-lhe como ela descartara as fraldas sujas do bebê, ela disse que os panos eram mergulhados em baldes de água, alguns dos quais eram despejados dentro de um tanque no pátio dos fundos. Mas outros ela lançara em uma fossa que ficava em frente à casa.

O reverendo Whitehead sentia que, por fim, tudo começava a se encaixar. O caso do bebê Lewis combinava perfeitamente com o perfil do caso índice: um ataque de cólera que ocorrera três dias antes da primeira leva da epidemia, durante o qual as evacuações da vítima foram depositadas a poucos passos do poço da Broad Street. Era exatamente o que John Snow previra. De imediato, Whitehead convocou o Conselho Paroquial, cujos membros chegaram com facilidade a um acordo. O poço da Broad Street seria examinado outra vez.

Um morador do bairro chamado York, que sobrevivera ao surto, fora designado para supervisionar uma segunda escavação do poço da Broad Street. Desta vez, no entanto, a fossa diante do número 40 da Broad Street seria igualmente examinada. Esse endereço possuía um encanamento que se conectava aos esgotos, mas que apresentava inúmeras imperfeições. A fossa diante da casa fora concebida para funcionar como um alçapão, mas, na prática, servia como um dique que bloqueava o fluxo normal para o sistema de esgoto. Whitehead afirmaria mais tarde que York encontrara ali "coisas abomináveis, imunes à água, que não ouso mencionar". As paredes da fossa eram feitas de tijolos que estavam tão decadentes que podiam ser "tirados de seus lugares sem qualquer esforço". A menos de um metro da borda exterior da parede de alvenaria encontrava-se o poço da Broad Street. À época da escavação, o nível da água do poço se encontrava a dois metros e meio abaixo da fossa. Entre a fossa e o poço, York relatou ter encontrado "solo lodoso", saturado de imundície humana.

A primeira escavação não vira isso porque, guiada pelos ditames de Benjamin Hall, examinara somente o interior do poço e focara grande parte de sua investigação na qualidade da água. Os miasmistas do Comitê de Saúde não estavam interessados nas rotas de transmissão, nos escoamentos. Ao contrário de John Snow, não viam o surto como uma rede de transmissões. Estavam procurando por uma propriedade geral de falta de asseio do bairro, não um caso índice. Se o poço fora em parte responsável pelo surto, então com certeza a irregularidade se encontrava no interior do próprio poço. Jamais ocorrera ao Comitê de Saúde que o poço, embora sem imperfeições, pudesse ter "pegado" a doença de outra fonte. E, assim, os inspetores do Comitê simplesmente espiaram dentro do poço e coletaram amostras da água. Não se preocuparam em olhar aquelas paredes decadentes, não se preocuparam em ver as conexões.

Mas a escavação de York desenterrara a trágica verdade. O conteúdo de uma fossa estava penetrando no poço da Broad Street. Qualquer coisa que vivesse nos tratos intestinais dos moradores do número 40 da Broad Street tinha livre acesso aos intestinos de cerca de mil outros seres humanos. E isso era tudo de que o *Vibrio cholerae* precisava.

Enquanto a comissão paroquial fazia os retoques finais em seu relatório, Whitehead se deparava com a explicação para sua última objeção à teoria de Snow. Se o poço da Broad Street fora contaminado pelos dejetos da vizinhança, por que não se tornara mais mortal à medida que mais e mais moradores do bairro eram abatidos pelo cólera? Por que a epidemia não seguiu um padrão de crescimento exponencial, com cada novo caso agravando a contaminação? A escavação de York oferecera uma explicação parcial, ao restringir o foco ao número 40 da Broad Street. As vítimas do cólera que viviam em outras partes do bairro não estavam despejando seus baldes no poço da Broad Street. E, assim, a enfermidade deles não afetou a qualidade daquela água. Todavia, somente no número 40 da Broad, cinco pessoas morreram, incluindo os primeiros casos: o alfaiate, o sr. G. e sua esposa. Por que as suas evacuações não escoaram de volta ao poço no auge da epidemia, atiçando ainda mais a fúria da pestilência?

A resposta revelou-se uma mera questão de arquitetura. Somente a família Lewis tinha acesso imediato à fossa em frente à casa. Os outros moradores, que ocupavam os pisos superiores, lançavam seus dejetos pela janela dentro do imundo pátio dos fundos da casa. Havia, sem dúvida, transmitida pelos intestinos dos recém-falecidos, uma vasta colônia de *Vibrio cholerae* vivendo em compasso de espera na terra escura nos fundos da casa. Ninguém, porém, jamais tentou ingerir a água que se encontrava naquele pátio pestilento e, assim, a cadeia de contaminação ali se interrompera. A população de *Vibrio cholerae* no Soho alcançava taxas inimagináveis, mas a conexão entre a bactéria e o poço da Broad Street fora interrompida depois da morte do bebê Lewis, uma vez que a sra. Lewis não tinha nada mais o que despejar na fossa em frente à sua casa.

Quando, no decorrer dos primeiros meses de 1855, Whitehead compartilhou com Snow as suas descobertas, uma tranquila, mas profunda, amizade floresceu entre os dois homens. Muitos anos depois, Whitehead lembrou-se dos modos "calmos e proféticos" com que Snow descreveu o futuro de sua mútua investigação. "Você e eu talvez não estejamos vivos para ver o dia", explicou Snow ao jovem pároco, "e, então, meu nome talvez não mais seja lembrado; mas chegará o tempo em que os grandes surtos de cólera serão coisas do passado; e é o conhecimento do modo como eles se propagam que fará com que desapareçam."

Com o caso índice identificado, a comissão paroquial agora estava pronta para divulgar seu relatório, que representava a mais perfeita defesa da hipótese original de Snow. De início, rebatiam-se metodicamente as explanações populares que circularam nos meses que se seguiram ao surto:

as condições meteorológicas, o ar do esgoto, a prolongada influência dos terrenos do lazareto. A pestilência não dirigia um golpe desproporcional contra qualquer indústria específica, nem singularizava uma classe econômica: tanto quem estava em cima quanto embaixo fora devastado. As casas bem-asseadas sofreram tanto quanto as insalubres.

Somente uma explicação resistira à extensiva sondagem da comissão:

> A comissão é unanimemente da opinião de que a espantosa e desproporcional mortalidade na "área do cólera" ... era de algum modo imputável ao uso da água impura do poço da Broad Street.

Ao abraçar a teoria da transmissão pela água, a comissão esquivou-se para desferir um contundente golpe contra a hipótese do miasma. As frases são formais e o estilo é compatível com a gravidade de um relatório sobre uma doença mortal. No entanto, as palavras são suas armas:

> O peso, tanto das evidências positivas quanto das negativas, parece apontar clara e inequivocamente em uma outra direção – a qual demonstra que a água teve uma influência preponderante na determinação do ataque. ... Caso se argumente, ao explicar uma influência atmosférica, que o cólera, para alguns, possa ser transmitido exclusivamente através da atmosfera impura, pode-se refutar que nenhuma consideração das ruas, dos níveis locais, das grades de esgoto, dos drenos das casas ou da direção do vento explicará a existência de tais impurezas atmosféricas, enquanto o uso individual da água foi de fato mapeado e suas consequências podem ser razoavelmente inferidas.

O relatório da comissão sobre a epidemia da Broad Street era, para ser exato, a segunda vitória institucional da teoria da transmissão pela água de Snow, mas teve o gostinho da primeira. Snow convencera o Conselho Administrativo Paroquial a remover a manivela, embora seus membros dificilmente estivessem convencidos de seus argumentos. No entanto, seu caso contra a bomba-d'água tinha verdadeiramente convencido a comissão formada pelo Conselho Paroquial. A teoria de Snow resistira até mesmo ao ataque de um de seus mais mordazes adversários. O reverendo Whitehead se empenhara ativamente em refutar a teoria, mas ficara tão completamente convencido da argumentação de Snow que acabou fornecendo a evidência que afinal encerrou a questão. O promotor tornou-se a principal testemunha da defesa.

Seguramente este seria o ponto no qual deveria se dissipar a nebulosa confusão do miasma, e a ciência, por fim, prevaleceria para sempre sobre a superstição. Mas a ciência raramente desfere golpes assim decisivos, e o caso da Broad Street não era uma exceção. Depois de algumas semanas do relatório da comissão paroquial, a equipe de Benjamin Hall divulgou seu relato sobre a epidemia do cólera de St. James. Seu veredicto sobre a teoria de Snow era inequívoco – e inequivocamente depreciativo:

> Ao explicar a notável intensidade deste surto dentro de limites bastante definidos, foi sugerido pelo dr. Snow que a verdadeira causa do que quer que fosse peculiar neste caso encontrava-se no uso disseminado de um poço em particular, situado, em meio ao distrito, na Broad Street, e tendo (imaginava-se) suas águas contaminadas por evacuações de água de arroz de vítimas do cólera.
>
> Depois de cuidadosa investigação, não vemos qualquer razão para adotar essa crença. Não julgamos correto afirmar que a água foi de tal modo contaminada; nem há ali diante de nós qualquer evidência suficiente para demonstrar se os moradores do distrito, ao beber daquele poço, sofreram em maior proporção do que os moradores do distrito que beberam de outras fontes.

Não vemos qualquer razão para adotar essa crença. É evidente que o Comitê de Saúde não via qualquer razão. Seu campo de visão estava circunscrito aos limites que o miasma impusera meses antes, quando Benjamin Hall delineou os objetivos iniciais do comitê. Hoje, para nós, essa total recusa da teoria de Snow parece uma total insensatez, mas aqueles não eram homens desarrazoados. Não eram charlatões, trabalhando clandestinamente em prol dos interesses particulares de grupos vitorianos. Não estavam cegos por políticas ou ambições pessoais.

Estavam cegos, na verdade, por uma ideia.

Que tal falta de asseio local prevalecesse mais intensamente em todos os distritos atingidos é evidente pelos resultados obtidos durante a visitação de casa em casa. A atmosfera exterior era ofensiva em decorrência da emanação resultante da má disposição dos esgotos; as casas eram quase universalmente afetadas de igual maneira, em parte por causa dos mesmos motivos, em parte em razão das extremas imperfeições de drenagem e limpeza, em parte em consequência da presença de matadouros e outras atividades repugnantes; os moradores viviam apinhados, talvez no grau máximo que se conheça até mesmo em Londres, e a arquitetura geral da região era de tal sorte, a ponto de torná-la praticamente insensível à ventilação.

Baseado no princípio a que nos referimos e que acreditamos ser comumente reconhecido como o que apresenta a mais provável teoria sobre as irrupções coléricas, será óbvio que a localidade, não obstante seu nível elevado, contenha todas as condições que predispõem a uma violenta explosão epidêmica; e acreditamos que qualquer indivíduo familiarizado com as leis da doença possa predizer sua extrema deficiência para sofrer o que depois sobrevier a ela.

Eis a lógica do relatório da Comissão do Cólera, em linguagem mais clara: "O cólera prospera em espaços malventilados e superpovoados, nos quais as condições insalubres e odores viciosos abundam. Examinamos a área da Broad Street e descobrimos que era um espaço mal-ventilado e superpovoado, no qual as condições insalubres e odores viciosos abundam. O que mais é necessário?"

Se não houvesse vidas humanas em risco, o relatório da Comissão do Cólera seria uma leitura quase cômica, que captura em dolorosos detalhes a excessiva análise grandgrindiana de dados completamente inexpressivos. Leem-se as primeiras cem páginas como um almanaque sobre as condições climáticas, com dezenas de tabelas documentando cada variação atmosférica conhecida pela ciência. Os títulos das seções são os seguintes:

Pressão atmosférica
Temperatura do ar

Temperatura da água do Tâmisa
Umidade do ar
Direção do vento
Força do vento
Velocidade do vento
Eletricidade
Ozônio
Chuva
Nuvens
Comparação da meteorologia de Londres, Worcester, Liverpool, Dunino e Arbroath
Vento
Ozônio [de novo]
Avanço do cólera nos distritos metropolitanos no ano de 1853
Fenômenos atmosféricos no ano de 1853
Fenômenos atmosféricos em relação ao cólera nos distritos metropolitanos no ano de 1854

Essa ladainha deixa claro por que o comitê não viu qualquer razão para acreditar na teoria de Snow. Seus membros não estavam, estritamente falando, investigando a teoria. Talvez se tivessem dispensado um pouco mais de tempo para desvendar os padrões de consumo de água na Broad Street e um pouco menos de tempo compilando dados meteorológicos de Dunino, julgassem a argumentação de Snow mais intrigante.

A única concessão que o comitê fez à teoria de Snow foi uma breve referência ao caso de Susannah Eley. Era impossível evitar a conclusão de que a água da Broad Street fora o veículo de contaminação naquele caso. Mas o *experimentum crucis* não era, aparentemente, *crucial* o bastante para os miasmistas da comissão:

> A água estava, inegavelmente, maculada por contaminação orgânica; e já argumentamos que, se em épocas de invasão epidêmica havia no ar alguma influência que convertia impurezas putrefatas em um veneno específico, a água do local, na medida em que contém algumas dessas impurezas, provavelmente estaria sujeita a uma similar conversão venenosa.

Esse é o mais tortuoso círculo vicioso argumentativo. A comissão começa com a asserção de que o cólera é transmitido pela atmosfera. Quando se depara com uma evidência que contradiz sua asserção inicial – um claro caso de cólera que fora transmitido pela água –, a contra-evidência é tomada como uma nova comprovação da asserção original: a atmosfera deve estar tão contaminada que afetou a própria água. Os psicólogos chamam esse tipo de raciocínio defeituoso de "predisposição para a confirmação": a tendência de forçar uma nova informação a se conformar a uma prévia visão de mundo. Para a comissão do professor Benjamin Hall, a predisposição para a confirmação da teoria do miasma era tão forte que os cegou para os padrões que Snow e Whitehead perceberam em dois níveis fundamentais. Desde o início, a perspectiva de Hall estrutura de tal modo o modelo de investigação que boa parte dos dados relevantes não foi descoberta pela comissão. E, quando alguns poucos padrões reveladores conseguiam se manifestar, a comissão estava tão conceitualmente atolada no modelo dominante que transformou o *experimentum crucis* da teoria da transmissão pela água em algo que testemunhava o poder do miasma.

E foi assim que, depois do surto da Broad Street, a teoria do miasma não desmoronou de imediato, embora seus dias estivessem contados. As investigações paralelas de Snow e Whitehead ainda seriam reconhecidas como um momento crucial na luta contra o cólera. Mas seria necessário um outro surto – mais de uma década depois – para que essa versão da história prevalecesse de vez.

Não se sabe se Sarah Lewis tomou conhecimento de que os últimos dias que passou cuidando de sua filha desencadearam o mais devastador surto da história de Londres. Se assim foi, o peso da notícia deve ter sido arrasador, pois o surto que inadvertidamente pusera em ação levaria também seu marido. Thomas Lewis adoecera naquela sexta-feira, 8 de setembro, depois de algumas horas da remoção da manivela da bomba-d'água. Combateu a doença mais tempo do que a maioria, sobrevivendo por onze dias. O jovem policial finalmente sucumbiu no dia 19 de setembro, deixando a mulher, sem marido e sem filha, em meio a um bairro arruinado. O surto começara no número 40 da Broad Street e ali chegou ao fim.

A agonia de Thomas Lewis sugere uma alternativa assustadora para essa história. O surto da Broad Street arrefecera em parte porque a única rota viável entre o poço e os intestinos delgados atravessava a fossa do número 40 da Broad Street. Quando o bebê Lewis morreu, morreu também a conexão. No entanto, quando seu marido adoeceu, Sarah Lewis passou a esvaziar outra vez as tinas de água suja na fossa. Se Snow não tivesse persuadido o Comitê Administrativo Paroquial a remover a manivela naquela ocasião, a doença poderia ter percorrido todo o bairro novamente, no momento em que a água do poço foi reabastecida com um novo suprimento de *Vibrio cholerae*. E, assim, a intervenção de Snow não apenas ajudou a pôr fim ao surto. Preveniu também um segundo ataque.

MAP 1.
MARGARET STREET
REGENT STREET
JOHN STREET
CASTLE ST EAST
OXFORD MARKET
PRINCES STREET
GT CASTLE ST
MARKET ROW
WELLS STREET
BERNERS STREET
OXFORD STREET
REGENT CIRCUS
PUMP
MARLBOROUGH MEWS
BLENHEIM MEWS
POLAND STREET
NOEL STREET
HOLLEN STREET
LITTLE CHAPEL STREET
CARLISLE STREET
SOHO SQUARE
CHARLES ST
GREEK STREET
FRITH STREET
PRINCES STREET
ARGYLL STREET
GREAT MARLBOROUGH STREET
HANOVER SQUARE
PORTLAND STREET
PORTLAND MEWS
WORK HOUSE
BERWICK STREET
WARDOUR STREET
DEAN STREET
ARGYLL PLACE
HANOVER STREET
RICHMOND BUILDINGS
QUEEN STREET
BROAD STREET
EDWARD STREET
MARSHALL STREET
CARNABY STREET
SILVER STREET
KING STREET
GEORGE STREET
MADDOX STREET
NEW STREET
PETER STREET
OLD COMPTON STREET
CHURCH ST
KING ST
CROSS STREET
GREAT PULTENEY STREET
LITTLE WINDMILL STREET
BRIDLE STREET
LITTLE PULTENEY STREET
RUPERT ST
RICHMOND ST
GERRARD ST
LISLE STREET
OLD BURLINGTON MEWS
NEW BURLINGTON STREET
BOYLE ST
GOLDEN SQUARE
WARWICK STREET
ARCHER STREET
RUPERT STREET
NEW BOND STREET
SAVILLE ROW
OLD BURLINGTON STREET
CLIFFORD STREET
HEDDON STREET
LEICESTER ST
BREWER STREET
SHERRARD STREET
QUEEN STREET
GREAT WINDMILL STREET
PANTON SQUARE
ANGEL COURT
BRUTON ST
CORK STREET
GLASSHOUSE ST
AIR STREET
TICHBORNE STREET
COVENTRY STREET
PRINCES STREET
OXENDON STREET
HAYMARKET
GRAFTON STREET
ALBEMARLE STREET
BURLINGTON GARDENS
VIGO STREET
SACKVILLE STREET
REGENTS QUADRANT
REGENT CIRCUS
PICCADILLY
DOVER STREET
ALBANY
VINE STREET
JERMYN STREET
PANTON STREET
C. F. Cheffins, Lith, Southampton Bldgs London.
SCALE 30 INCHES TO A MILE.

~ Conclusão

O mapa fantasma

Logo nos primeiros dias que se seguiram à remoção da manivela da bomba, um engenheiro chamado Edmund Cooper começou a investigar a epidemia da Broad Street a pedido da Comissão Metropolitana de Esgotos. Espalharam-se pela cidade boatos de que as escavações das tubulações desenterraram cadáveres decompostos, mas ainda infectados, do tempo da peste. Até mesmo os jornais responsabilizavam as antigas sepulturas pelo surto. (O *Daily News* publicara uma carta em 7 de setembro acusando os construtores dos esgotos de desencavarem uma "imensa quantidade de ossos humanos" durante os trabalhos na área.) Em razão da gravidade das acusações, a comissão despachou Cooper para investigar tais alegações. O engenheiro logo chegou à conclusão de que os corpos das vítimas da peste, de duzentos anos antes, representavam pouca ameaça para o bairro, independentemente de terem sido, ou não, importunados durante a construção dos esgotos. De acordo com os *Registros Semanais* – e com base na própria investigação de Cooper – estava claro, dada a dispersão geográfica dos mortos, que dificilmente a obra tivera qualquer influência. Cooper, no entanto, precisava representar esses padrões de modo inteligível, tanto para os leigos quanto para seus supervisores. Por isso criou um mapa da epidemia. Fez alterações em uma planta do bairro que representava as novas linhas de esgoto, adicionando-lhe códigos visuais com o intuito de indicar a localização das mortes por cólera, bem como a do cemitério do tempo da peste. Cooper assinalou cada casa que sofrera alguma perda com um traço preto, ladeado por uma série de linhas que indicava quantas mortes ocorreram naquele endereço. No canto superior esquerdo do mapa, Cooper desenhou um círculo, cujo centro se encontrava aproximadamente sobre a Little Marlborough Street, com a seguinte inscrição: "Suposto local do cemitério da peste." Um rápido olhar sobre o mapa deixava claro que o surto se originara em alguma outra parte: as mortes estavam concentradas alguns quarteirões a sudeste do local do antigo cemitério. Somente um punhado de mortes ocorrera dentro do círculo de Cooper, e as casas imediatamente abaixo ou à direita do círculo foram completamente poupadas. Se algum eflúvio pestilento houvesse emanado daquelas covas, por certo os moradores que viviam sobre os antigos túmulos teriam sofrido a maior quantidade de perdas.

O desenho original de Cooper seria reproduzido e expandido em outro mapa que foi elaborado durante a investigação do Comitê de Saúde e que incluía os dados mais abrangentes da pesquisa do último outono. Mais uma vez, o mapa isentava o cemitério da peste, embora a comissão tenha incluído as linhas de esgoto como uma fonte potencial de contaminação miasmática da área. Ambos eram ótimos exemplares de uma nova arte – o mapa de pontos, isto é, a representação do alcance espacial de uma epidemia por meio da marcação de cada caso com um ponto (ou um traço) sobre o mapa. Ambos tentam contar a história do surto da Broad Street de uma perspectiva mais ampla, procurando ver os padrões da doença à medida que esta se espalhava pelo bairro. Eram também igualmente detalhistas: antigas e novas linhas de esgoto eram assinaladas com marcações distintas; cada bueiro era representado no mapa por um símbolo, em conjunto com as áreas de ventilação, as entradas laterais e o número de cada casa da região. Até mesmo as bombas-d'água foram incluídas. Todavia, a despeito de sua grande precisão, o mapa de Cooper sofria de um excesso de detalhes para que pudesse narrar aquela história de um modo coerente. A relação entre a bomba da Broad Street e as mortes ao redor se perdia sob o grande volume de informações que Cooper mapeara. Para que um mapa explicasse a verdadeira causa por trás da epidemia, era necessário mostrar menos, não mais.

John Snow concebeu seu primeiro mapa sobre o surto da Broad Street em princípios de 1854. Em seu formato original, apresentado ao público em um encontro da Sociedade Epidemiológica em dezembro, assemelhava-se ao trabalho de Cooper, com duas pequenas modificações: cada morte foi representada por um grosso traço preto, o que proporcionava um vívido destaque às casas que sofreram uma quantidade significativa de perdas, e o excesso de detalhes foi eliminado, preservando-se unicamente o traçado básico das ruas e os símbolos que representavam as treze bombas-d'água que abasteciam a vasta área do Soho. O impacto visual do mapa era impressionante. Como representava uma grande faixa de Londres – desde a Hanover Square de um lado até a Soho Square do outro, percorrendo todo o caminho até a Piccadilly Circus –, era possível observar que onze bombas-d'água não apresentavam casos de cólera nas proximidades. A bomba da Little Marlborough Street tinha alguns poucos traços pretos nas imediações, nada comparado com a grande concentração de mortes ao redor da bomba da Broad Street: os traços pretos se amontoavam pelas ruas vizinhas como se fossem os vários andares de um edifício. Sem um símbolo que destacasse a bomba-d'água da Broad Street, os outros mapas de pontos da epidemia não tinham uma ordem clara, assemelhando-se a uma nuvem disforme que pairava sobre o extremo ocidental do Soho. No entanto, quando se enfatizava a imagem da bomba, o mapa ganhava uma súbita clareza. O cólera não se estendia difusamente sobre o bairro. Irradiava-se, na verdade, a partir de um único ponto.

Snow, por conseguinte, dera à morte e à escuridão do surto da Broad Street uma nova espécie de clareza. Variações desse primeiro mapa, que foi, com justiça, exaltado por sua força persuasiva, foram reproduzidas em inúmeros manuais de cartografia, design de informação e saúde pública. Em 1911, o manual *Sedgwick's Principles of Sanitary Science and Public Health*, um marco da epidemiologia, incluía uma dezena de páginas sobre o caso da Broad e uma versão revisada do famoso mapa. Graças a essa constante atenção, o mapa tornou-se o símbolo definitivo de todo o surto. No entanto, de certo modo, seu significado não foi bem compreendido. Os traços pretos que assinalavam os fantasmas do Soho eram um impressionante elemento gráfico, mas não eram uma invenção de Snow. Os mapas de pontos já haviam sido empregados na representação de outras epidemias de cólera, e ao menos um (o de Cooper) fora elaborado para o próprio surto da Broad Street, antes mesmo que Snow pensasse em criar o seu. Em parte, o que tornou o mapa de Snow pioneiro foi o fato de que aliou conhecimentos de design da informação a uma teoria cientificamente válida sobre a transmissão do cólera. O que importava não era a técnica de mapeamento, mas a ciência subjacente ao mapa.

Snow modificou o mapa original para publicação em dois lugares – no relatório da comissão paroquial e na segunda edição de sua própria monografia sobre o cólera. Acrescida de novos dados sobre a epidemia que Whitehead e outros reuniram, a segunda versão do mapa de Snow continha sua mais importante contribuição para o campo do mapeamento de doenças. (Ironicamente, esse aspecto não é mencionado em *Visual Explanations*, o abrangente estudo de Edward Tufte sobre o mapeamento de Snow, o qual, praticamente sozinho, elevou-o ao nível de cânone do design da informação.) Depois de apresentá-lo à Sociedade Epidemiológica, Snow percebeu que o mapa original ainda era vulnerável à interpretação miasmática. A concentração de mortes ao redor da bomba-d'água da Broad Street poderia ser uma mera evidência de que a bomba liberava vapores pestilentos na atmosfera. E, assim, Snow percebeu que precisava encontrar um modo de representar graficamente a circulação de pedestres ao redor da bomba, que ele tão meticulosamente reconstituíra. Precisava mostrar os *vivos*, não apenas os mortos; precisava mostrar como os moradores de fato se moviam pelo bairro.

Para solucionar esse problema, Snow lançou mão de uma ferramenta matemática que mais tarde receberia a denominação de diagrama de Voronoi. (É improvável que Snow soubesse algo a respeito da história desse instrumento, embora fosse certamente o primeiro a aplicá-lo ao mapeamento de doenças.) Um diagrama de Voronoi adota, convencionalmente, a forma de um campo bidimensional, formado por pontos rodeados de "células". As células definem a região, em torno de cada ponto, que se encontra mais próxima deste ponto do que de qualquer outro do diagrama. Imaginem um campo de futebol com um ponto sobre cada uma das linhas do gol. Nesse caso, o diagrama de Voronoi seria dividido em duas células, sendo a linha do meio de campo a demarcação entre elas. Quem se colocasse em qualquer lugar de um dos lados dessa fronteira estaria mais próximo do ponto da linha do gol desse lado do que daquele da outra linha do gol. Obviamente, a maioria dos diagramas de Voronoi contém muitos pontos, dispersos de maneira difusa, e, assim, as células assumem um aspecto semelhante a favos de mel.

A intenção de Snow nesse segundo mapa era criar um diagrama de Voronoi, tendo como pontos de referência as treze bombas-d'água. Desse modo seria possível traçar uma célula que representasse o exato subgrupo de residências que estava mais próximo da bomba da Broad Street do que de qualquer outra bomba no mapa. Mas essas distâncias deveriam ser calculadas de acordo com o tráfego de pedestres, não com as distâncias abstratas da geometria euclidiana. A célula ficava distorcida em razão do arranjo errático das ruas no Soho. Algumas casas estavam mais próximas da Broad Street em linha reta, mas, quando se mediam as rotas a pé, que abriam seu caminho através dos becos tortuosos e ruas laterais do Soho, outra bomba se revelava mais próxima. Era, como o historiador Tom Koch observa com sagacidade, um mapa organizado tanto ao redor do tempo quanto do espaço: em vez de medir a exata distância entre dois pontos, mede quanto tempo se leva para caminhar de um ponto a outro.

E, assim, a segunda versão do mapa – aquela que apareceu tanto na monografia de Snow quanto no relatório do Conselho Paroquial – incluía uma linha ligeiramente excêntrica e irregular, que circundava o centro do surto, no formato aproximado de um quadrado com cinco ou seis áreas que se lançavam, como pequenas penínsulas, sobre o bairro ao redor. Essa era a área que abarcava todos os moradores para os quais o caminho mais curto até a água os levava diretamente à bomba da Broad Street. Sobreposta ao desenho dos traços pretos que representavam cada morte, aquela área disforme adquiria uma súbita clareza: cada península se estendia para alcançar um distinto agrupamento de mortes. Além dos limites da célula, os traços pretos rapidamente desapareciam. A demonstração visual que Snow concebeu para sua teoria da transmissão pela água girava em torno de uma intrigante correspondência entre dois formatos: o formato da área da epidemia em si e o formato dos trajetos mais curtos até a bomba da Broad Street. Se o cólera estivesse de algum modo se espalhando como uma emissão miasmática a partir da bomba-d'água, o desenho das mortes pelo bairro seria bastante diferente: possivelmente não seria um círculo perfeito, uma vez que algumas casas eram mais vulneráveis do que outras. Mas certamente não seguiria tão meticulosamente o contorno das ruas (i.e., do tráfego de pedestres), de acordo com a proximidade em relação ao poço da Broad. Afinal de contas, o miasma não se deixaria influenciar pelas particularidades do traçado das ruas, tampouco pela localização das outras bombas da vizinhança.

E, assim, os fantasmas do surto da Broad Street foram rearranjados para um último retrato, reencarnados naqueles traços pretos que ladeavam as ruas do bairro devastado. Ao morrer, estabeleceram, como um grupo, um padrão que, embora exigisse certo treino para se tornar visível, apontava para uma verdade essencial. Todavia, apesar de seu elegante traçado, a influência imediata do mapa foi muito menos evidente do que reza a lenda. O mapa não desvendou o mistério da epidemia. Não levou à remoção da manivela da bomba nem, por conseguinte, ao desfecho do surto. Na verdade, foi incapaz de convencer o Comitê de Saúde sobre os méritos da teoria da transmissão pela água. Ainda assim, a despeito de tantas reservas, o mapa de Snow merece seu caráter de ícone. Sua importância reside em dois aspectos básicos: originalidade e influência.

A originalidade do mapa não se baseia na decisão de mapear a epidemia, tampouco de representar as mortes por meio de pontos gravados ao longo do traçado das ruas. Se houve uma inovação formal, foi aquela circunferência irregular que contornava o surto, o diagrama de Voronoi da segunda versão. No entanto, a verdadeira inovação residia nas informações geradas pelo diagrama e na investigação que, em um primeiro momento, as compilou. O mapa da Broad Street de Snow apresentava uma visão geral do bairro, mas foi concebido com base no conhecimento de suas particularidades. Os dados que esboçou no formato de gráficos eram uma reflexão direta sobre o cotidiano banal dos moradores. Qualquer engenheiro poderia ter produzido um mapa de pontos a partir dos *Registros de nascimento e óbito* de William Farr. No entanto, o mapa de Snow tinha raízes mais profundas e mais íntimas: dois moradores do Soho que conversaram com seus vizinhos, caminhando juntos pelas ruas, compartilhando informações sobre suas rotinas e buscando aqueles que há muito haviam abandonado o bairro. É claro que já haviam sido feitos mapas que projetavam demografias de bairro, mas invariavelmente tais projeções dependiam da ingerência governamental de recenseadores ou do Comitê de Saúde. O mapa de Snow – animado pelo conhecimento direto da realidade do bairro – era algo completamente distinto: era uma autorrepresentação do bairro, que, ao delinear seus próprios padrões em um mapa, transformava-os em uma verdade mais profunda. O mapa era, sem dúvida, um brilhante trabalho de design de informação e de epidemiologia. Mas era também a representação de certo tipo de comunidade – as vidas densamente interligadas de um bairro metropolitano – que, paradoxalmente, só se tornou possível quando essa comunidade se viu sob uma feroz ameaça.

Quanto à influência, que bonito seria imaginar John Snow desvelando seu mapa diante dos espantados e retumbantes aplausos da Sociedade Epidemiológica, bem como as elogiosas resenhas em *The Lancet* na semana seguinte. Mas não foi o que aconteceu. Embora hoje sua força persuasiva pareça óbvia para aqueles que, como nós, vivem longe do alcance do modelo miasmático, quando o mapa começou a circular, em fins de 1854 e princípios de 1855, seu impacto foi bastante inexpressivo. Afinal, o próprio Snow parecia acreditar que o estudo sobre a South London Water Works seria o eixo de sua argumentação, enquanto o mapa da Broad Street serviria como uma mera comprovação suplementar, uma peça acessória.

A maré da opinião científica por fim mudaria em favor de Snow e, quando isso aconteceu, o mapa cresceu em importância. A maior parte dos relatos a respeito do surto reproduzia o mapa de algum modo – com tamanha frequência que, na verdade, cópias das cópias começaram a aparecer em manuais, descritas erroneamente como reproduções originais. (A maior parte delas carecia dos essenciais diagramas de Voronoi.) À medida que aumentava a aceitação da teoria da transmissão pela água, o mapa era constantemente invocado como uma explicação sucinta da ciência por trás da teoria. Era mais fácil apontar aqueles traços pretos que emanavam nefastamente da bomba-d'água do que explicar toda a concepção de microrganismos invisíveis ao olho humano. O mapa talvez não tenha tido sobre o público o impacto imediato desejado por Snow, mas de qualquer forma repercutiu em seu meio cultural. Como o próprio cólera, o mapa tinha certa qualidade que fazia com que as pessoas ficassem dispostas a reproduzi-lo e, por meio dessa reprodução, se disseminasse mais amplamente a teoria da transmissão pela água. No fim das contas, o mapa foi um triunfo tanto de marketing quanto de ciência empírica, ao ajudar uma boa ideia a encontrar seu público.

EMBORA SEJA MAIS UMA INFERÊNCIA do que um fato empírico, é possível imaginar que o mapa de Snow tenha tido um impacto a curto prazo imediato crucial. Sabemos que o interesse de Whitehead pela teoria da transmissão pela água aumentou significativamente depois que Snow lhe presenteou com uma cópia da edição revisada de sua monografia sobre o cólera no fim do inverno de 1855. Essa monografia continha a segunda versão do mapa de Snow. É bastante provável que a visão de todas aquelas mortes que se irradiavam a partir da bomba-d'água da Broad Street tenha contribuído para mudar as ideias do pároco, afinal passara mais tempo do que qualquer outra pessoa explorando os mais íntimos detalhes daquelas vidas e mortes – primeiro, assistindo os enfermos como sacerdote; depois, investigando o surto como detetive amador. Por isso, deve ter sido uma verdadeira revelação ver todas aquelas informações reunidas graficamente pela primeira vez.

Convencer um pároco auxiliar dos méritos da teoria da transmissão pela água talvez pareça uma conquista menor, mas as investigações de Whitehead em 1855 foram, no fim das contas, tão decisivas quanto as de Snow para solucionar o mistério da Broad Street. Sua "experiência de conversão", ao ler a monografia de Snow, levou-o à busca do caso índice e, por conseguinte, à descoberta do bebê Lewis. Esta o levou à escavação de York, que confirmou uma direta conexão entre a bomba-d'água e a fossa do número 40 da Broad Street.

Embora, é claro, não passe de suposição, é inteiramente razoável presumir que, sem as contribuições do reverendo Whitehead, a comissão formada pelo Conselho Paroquial jamais teria responsabilizado a bomba-d'água da Broad Street pela epidemia. Sem o caso índice, sem uma inequívoca ligação com o poço e sem o apoio de uma das mais respeitáveis figuras do bairro, a comissão teria facilmente se equivocado e imputado o surto aos deploráveis padrões sanitários que se viam por toda a vizinhança – nas ruas e nas casas, na água e no ar. A comissão seria facilmente envolvida pela cortina de fumaça miasmática do relatório do Comitê de Saúde. No entanto, a compilação final de evidências fora demasiado esmagadora para sucumbir diante de tão ordinárias explicações. Quando se combinam os dados originais de Snow com a investigação mais exaustiva de Whitehead, quando se incorpora o caso índice e os decadentes tijolos do poço da Broad Street, a conclusão é inevitável: a bomba-d'água estava na origem da epidemia.

O veredicto da comissão paroquial significava que, pela primeira vez, um grupo de investigação oficial endossava a teoria da transmissão pela água. Era uma pequena vitória, uma vez que o Conselho Paroquial não tinha poder sobre assuntos de saúde pública além do Soho, mas deu a Snow e a seus futuros aliados algo que ele havia muito procurava: um endosso oficial. Nos anos e nas décadas subsequentes, o relatório da comissão paroquial cresceu em influência à medida que se retomava o episódio do surto da Broad Street. Com o passar do tempo, obscureceu de vez a investigação do Comitê de Saúde. As doze páginas devotadas à Broad Street em *Sedgwick's Principles of Sanitary Science and Public Health* citavam extensivamente o relatório do Conselho Paroquial, mas o veredicto do Comitê de Saúde não é sequer mencionado. A grande maioria das obras que retomam o caso da Broad Street peca ao não aludir ao fato, bastante sintomático, de que, para as autoridades de saúde pública do período, a investigação de Snow não tinha a menor relevância.

Embora sempre fantasiosa, a prática de rebobinar o filme da história e imaginar cenários alternativos também pode ser instrutiva. Se a comissão do Conselho Paroquial não endossasse a teoria da transmissão pela água, o episódio da Broad Street possivelmente teria entrado para a história como outro exemplo da fatídica influência do miasma: um bairro superpovoado e insalubre, que, coberto por odores pestilentos, recebeu o merecido castigo. As intervenções de Snow permaneceriam como o trabalho de um ilustre dissidente, um intruso com uma teoria não comprovada, que foi incapaz de convencer qualquer um, além do apavorado Conselho Administrativo Paroquial que, por desespero, removeu a manivela da bomba-d'água. Sem dúvida, a ciência teria em algum momento retomado a teoria da transmissão pela água, mas possivelmente décadas a mais se passariam sem a clareza e a reprodutibilidade da história da Broad Street e o respectivo mapa. Quantos milhares de pessoas a mais haveria nesse meio-tempo?

Esta é uma sutil, mas plausível, cadeia de relações causais: o mapa ajuda a persuadir Whitehead da veracidade da teoria da transmissão pela água, que o estimula a buscar o caso índice, que leva à necessidade de uma segunda escavação, que, por fim, ajuda a persuadir a comissão paroquial da correção da tese de Snow. E o endosso da comissão paroquial salva a Broad Street dos miasmistas, ao se tornar o mais influente e persuasivo argumento em prol da teoria de Snow, acelerando, assim, sua adoção pelas próprias instituições de saúde pública que a ela renunciaram tão categoricamente à época da epidemia. O mapa pode não ter convencido Benjamin Hall dos perigos da água contaminada na primavera de 1855. Mas isso não significa que não tenha, afinal, transformado o mundo.

Ao se imaginar essa cadeia de eventos, um fato torna-se esmagadoramente claro. Embora John Snow tenha tido uma participação decisiva na pioneira identificação da bomba-d'água como o provável foco da epidemia, no fim foi Whitehead quem forneceu a evidência crucial para determinar o verdadeiro papel que a bomba desempenhou nesse episódio. A versão mais corrente sobre o caso da Broad Street invariavelmente se ancora na imagem de um cientista visionário, que lutava sozinho contra o modelo dominante para descobrir a causa secreta por trás da terrível pestilência. (Whitehead muitas vezes é mencionado em relatos populares, mas normalmente como uma espécie de zeloso aprendiz, que auxiliava Snow em suas pesquisas pelo bairro.) Porém, a Broad Street deveria ser entendida não apenas como o triunfo de um cientista renegado, mas também, e tão importante quanto, como o triunfo de certo diletantismo engajado. O próprio Snow tinha seu lado amadorístico. Não desempenhava qualquer função institucional nos locais atingidos pelo cólera; seu interesse pela doença estava mais próximo de um diletantismo do que de uma verdadeira vocação. Whitehead, por sua vez, era um diletante por excelência. Não dispunha de qualquer preparo médico nem formação em saúde pública. Suas únicas credenciais para resolver o mistério do mais devastador surto de Londres eram sua mente aberta e investigativa e seu íntimo conhecimento da comunidade. Seus valores religiosos o colocaram em estreito contato com os trabalhadores mais humildes do Soho, mas não o cegaram para as luzes da ciência. Se a relevância do segundo mapa de Snow reside, em parte, no modo como possibilitou que a sociedade se representasse,

Whitehead foi a ponte que tornou possível essa representação. Ele não era especialista, nem funcionário público, nem autoridade. Era um morador do bairro. E essa era sua grande força.

E aqui se encontra uma espécie de antídoto para o horror da Broad Street, para a terrível visão de famílias inteiras morrendo lado a lado em estreitos apartamentos: a imagem de Snow e Whitehead travando uma insólita amizade naqueles últimos meses de inverno de 1855, unidos pela terrível epidemia que assolou o bairro e, ironicamente, pelo ceticismo inicial de Whitehead em relação à teoria de Snow. Muito pouco se sabe a respeito da relação pessoal entre esses dois homens, além das informações que trocaram e do fato de Snow ter oferecido ao outro uma cópia de sua monografia e um vaticínio sobre o futuro do cólera. Está claro, porém, pelos relatos posteriores de Whitehead, que entre os dois – um pacato e introvertido anestesiologista e um pároco extremamente sociável – se formou um poderoso vínculo, que se forjou não só por vivenciarem o inimaginável horror de um campo de batalha urbano, mas também por desencavarem juntos a causa secreta por trás daquela carnificina.

Isso não é mero sentimentalismo. O triunfo da vida metropolitana no século XX é, a rigor, a vitória de uma imagem sobre a outra: o ritual sombrio das epidemias mortais foi substituído pela troca de experiências entre dois estranhos de distintas formações, que compartilhavam suas ideias no meio da rua. Definitivamente, quando John Snow saiu pela primeira vez em direção à bomba-d'água da Broad Street no início de setembro de 1854, não se sabia com certeza que imagem prevaleceria. Londres parecia à beira da destruição. Um homem podia abandonar a cidade por uma semana e, ao voltar, deparar-se com dez por cento dos seus vizinhos sendo levados rua abaixo pelos coches fúnebres. Essa era a vida nas grandes cidades.

Snow e Whitehead desempenharam um pequeno, mas definitivo, papel na transformação dessa tendência, ao solucionarem o mistério local que levou, por fim, a uma série de soluções globais – soluções estas que transformaram a vida metropolitana em uma prática sustentável e a afastou do caminho da morte coletiva que ameaçava varrê-la. E foi justamente a convivência metropolitana entre esses dois homens que tornou possível essa solução: dois estranhos de formações distintas, unidos pelas circunstâncias e pela proximidade, que compartilhavam informações valiosas e conhecimento no espaço público da metrópole. O caso da Broad foi, com certeza, um triunfo da epidemiologia, do pensamento científico e do design de informação. Mas foi também um triunfo do urbanismo.

John Snow jamais experimentaria o sabor dessa conquista. Nos primeiros anos que se seguiram ao surto, os defensores da teoria da transmissão pela água cresceram em quantidade e visibilidade. A monografia de Snow incluía tanto o caso da Broad Street quanto o estudo sobre o abastecimento de água ao sul de Londres, e a combinação conquistava adeptos a uma velocidade muito maior do que o texto original de seis anos antes. John Sutherland, proeminente inspetor do Comitê de Saúde, fez várias declarações públicas que ofereciam, no mínimo, um endosso parcial à teoria da transmissão pela água. Os registros de William Farr passaram a apoiar mais e mais a teoria. Surgiram muitas publicações que a defendiam sem dar o devido crédito ao *insight* original de Snow – incluindo algumas que creditavam a William Budd a identificação da água como o berço original do cólera. Talvez ciente de que seu legado giraria por fim ao redor de suas investigações sobre o cólera, Snow respondeu a esses trabalhos com cartas equilibradas, mas firmes, que enviava aos periódicos médicos, lembrando a seus colegas sua precedência nessa questão.

O miasma, porém, ainda dominava muitas mentes e o próprio Snow com frequência era alvo do tratamento derrisório por parte das autoridades científicas. Em 1855, testemunhou no Parlamento, diante de uma comissão da Lei de Remoção de Estorvos, em defesa das "atividades repugnantes". Argumentou eloquentemente que as doenças infecciosas não se espalhavam por meio dos fétidos odores emitidos pela cocção de ossos ou pela fabricação de tinturas e cordas com tripas de animais da Londres industrial. Mais uma vez lançou mão de análises estatísticas fundamentadas, argumentando que os trabalhadores que exerciam suas atividades nesses estabelecimentos teriam tido uma incidência muito maior de doenças do que o público em geral, se o miasma estivesse de algum modo provocando epidemias. O fato de que não havia uma taxa desproporcional de contágio nesse meio – a despeito de sua imersão nos vapores – significava que as causas das doenças se encontravam em outro lugar.

Benjamin Hall, o eterno miasmista, expressou sua total descrença em relação ao testemunho de Snow. Pouco depois, Edwin Chadwick denunciaria os "disparates" da argumentação de Snow. O verdadeiro ataque, porém, viria em um editorial não assinado em *The Lancet*, que investiu contra Snow com fúria e desdém incomuns:

> Por que será, então, que o dr. Snow é tão extravagante em suas opiniões? Por acaso há algo que as comprove? Não! ... Todavia, o dr. Snow alega ter descoberto que a propagação do cólera se dá, via de regra, pela ingestão de água do esgoto. A sua teoria, é claro, desbanca todas as demais teorias. Estas atribuem a grande eficácia da disseminação do cólera a deficiências no escoamento e às impurezas atmosféricas. *Por isso*, afirma o dr. Snow, os gases da decomposição animal e vegetal são inócuos! Embora não satisfaça a razão, tal lógica satisfaz uma teoria; e todos sabemos que uma teoria é, em geral, mais despótica que a razão. O fato é que o poço de onde o dr. Snow extrai suas verdades sanitárias é o encanamento do esgoto principal. Seu *specus*, ou sua caverna, é um cano de esgoto. Por se apegar demais às suas ideias, caiu em um bueiro e, desde então, não conseguiu sair de lá.

A confiança dos miasmistas não duraria para sempre. Em junho de 1858, no início do verão, uma implacável onda de calor produziu uma fedentina de proporções épicas às margens de um poluído Tâmisa. A imprensa rapidamente a apelidou de o "Grande Fedor": "Uma vez inalado, ninguém jamais esquece esse fedor", observou o *City Press*, "e pode-se considerar um afortunado aquele que sobreviver para lembrar." O odor opressivo alcançou o Parlamento. Como noticiou o *Times* em 18 de junho:

> Pena... que a temperatura caiu dez graus ontem. O Parlamento estava prestes a legislar sobre o estorvo que se abateu sobre a Grande Londres por força do mais absoluto fedor. O calor intenso afastara nossos legisladores das áreas do prédio que confrontam o rio. Alguns membros da Casa, dispostos a investigar a questão a fundo, aventuraram-se até a biblioteca, mas foram imediatamente rechaçados, cada qual com um lenço no nariz.

Algo inusitado, no entanto, aconteceu quando William Farr computou os dados relativos àquelas primeiras semanas de junho. As taxas de mortalidade das doenças epidêmicas comprovaram-se inteiramente normais.

De algum modo, a mais notória nuvem de miasma na história de Londres não fora capaz de provocar a menor alteração nos índices de mortalidade. Se todo mau cheiro era doença, como Edwin Chadwick tão corajosamente defendera mais de uma década antes, então o Grande Fedor deveria ter provocado um surto da dimensão do de 1848 ou 1854. No entanto, nada fora do normal acontecera.

É fácil imaginar o contentamento que tomaria John Snow diante dos intrigantes dados dos *Registros de nascimento e óbito*, que talvez o levasse a escrever um breve comentário para *The Lancet* ou a *Gazeta Médica de Londres*. Mas não teria essa oportunidade. Em 10 de junho, sofrera um derrame em seu escritório enquanto revisava sua monografia sobre o clorofórmio e morreu seis dias depois, justo quando o Grande Fedor pairava com mais intensidade sobre as águas fétidas do Tâmisa. Tinha quarenta e cinco anos. Muitos amigos se perguntaram se os muitos experimentos em seu laboratório doméstico não provocaram o seu súbito falecimento.

Dez dias depois, *The Lancet* publicou estas breves e equilibradas linhas em sua seção de obituários:

> Dr. John Snow – Este aclamado médico morreu ao meio-dia do dia 16 do mês corrente, em sua casa na Sackville-street, de um ataque de apoplexia. Suas pesquisas sobre o clorofórmio e outros anestésicos foram tidas em apreço por seus pares.

Talvez Snow esperasse que o cólera se tornasse o cerne de seu legado, mas no primeiro obituário que veio à luz após sua morte nem sequer mereceu uma menção.

Depois de anos de evasivas burocráticas, o Grande Fedor finalmente instigou as autoridades a lidar com o tema crucial que John Snow identificara uma década antes: a contaminação da água do Tâmisa provocada pelas linhas de esgoto que desaguavam diretamente no rio. Os planos havia muito elaborados foram finalmente desengavetados em virtude do clamor público em torno do Grande Fedor. Com a ajuda do visionário engenheiro Joseph Bazalgett, a cidade lançou-se em um dos mais ambiciosos projetos de engenharia do século XIX: um sistema de linhas de esgoto que escoaria tanto os dejetos quanto as águas de superfície para o leste, longe do centro de Londres. A construção de novos esgotos era um empreendimento tão épico e duradouro quanto a construção da Ponte do Brooklyn ou a Torre Eiffel. Sua grandiosidade encontra-se no subsolo, longe dos olhos, e, por isso, não é invocada com a mesma frequência que outras conquistas, mais simbólicas, do período. No entanto, os esgotos de Bazalgett foram cruciais ao demonstrarem que uma cidade era capaz de responder a uma profunda crise ambiental e sanitária, que se estendia por toda parte, com um projeto que solucionava de fato o problema que se propunha combater. Se a investigação de Snow e Whitehead demonstrou que a inteligência urbana poderia compreender uma imensa crise sanitária, os esgotos de Bazalgett provaram que se poderia realmente fazer algo a esse respeito.

Ao norte do Tâmisa, o projeto para os novos esgotos envolvia três linhas principais, cada qual em diferentes níveis de elevação, que corriam paralelas ao rio na direção leste. Ao sul, haveria duas linhas principais. Toda a água de superfície e os dejetos da cidade desaguariam em um desses canais "interceptores" e, em seguida, esse conteúdo seria escoado – em alguns casos, bombeado – por vários quilômetros para fora da cidade. Ao norte, a drenagem no Tâmisa ocorria em Barking; ao sul, a embocadura se encontrava em Crossness. Os esgotos somente desaguavam no Tâmisa durante a maré alta para que, mais tarde, durante a maré baixa, a vazão carregasse os dejetos da cidade para o oceano.

Era um empreendimento diabolicamente complexo, uma vez que a cidade já possuía uma complicada infraestrutura de encanamentos, ferrovias e edifícios – para não mencionar uma população de quase três milhões de habitantes –, com a qual Bazalgett de algum modo precisava lidar. "Era de fato um trabalho muito complicado", escreveria ele mais tarde, com uma evasiva tipicamente inglesa. "Às vezes, passávamos semanas delineando um projeto até que, de repente, nos deparávamos com alguma ferrovia ou canal que arruinava tudo e éramos obrigados a começar outra vez." Mas, de qualquer forma, o mais avançado e elaborado sistema de esgotos de todo o mundo encontrava-se em funcionamento em 1865. Os números por trás do projeto são inacreditáveis. Ao longo de seis anos, Bazalgett e sua equipe construíram cento e trinta e dois quilômetros de esgotos, empregando mais de trezentos milhões de tijolos e praticamente um milhão de metros cúbicos de concreto. Somente a construção do sistema principal de interceptores de esgoto custou quatro milhões de libras, que corresponderiam, nos dias de hoje, a aproximadamente duzentos e cinquenta milhões de dólares. (Obviamente, os custos da mão de obra de Bazalgett eram, então, muito menores.) Isso é, ainda hoje, a espinha dorsal do sistema de manejo de dejetos da cidade. Os turistas podem se maravilhar com o Big Ben ou com a Torre de Londres, mas, sob seus pés, se encontra a mais impressionante de todas as maravilhas da engenharia.

A melhor forma de apreciar a dimensão da obra de Bazalgett é passear às margens do rio, pelos aterros de Victoria ou Chelsea, ao norte; ou de Albert, ao sul. Essas amplas e atraentes passarelas foram construídas para abrigar as grandes linhas interceptoras de baixa elevação que corriam paralelas ao Tâmisa. Sob os pés dos alegres passantes que aproveitam a paisagem e o ar puro e sob os carros que se movem ruidosamente ao longo da margem norte do rio se encontra uma crucial e oculta fronteira, a última linha de defesa que impede que a água que abastece a cidade seja contaminada por seus próprios dejetos.

As linhas de esgotos de baixa elevação ao norte do rio foram umas das últimas a serem concluídas e esse atraso acabou desempenhando um importante papel no último grande surto de cólera de Londres. No fim de junho de 1866, um homem e uma mulher, que viviam em Bromley-by-Bow, no East End, foram contaminados pelo cólera e morreram alguns dias depois. No prazo de uma semana, uma terrível epidemia irrompera no bairro – a pior que a cidade vira desde a devastação de 1853-54. No fim de agosto, mais de quatro mil pessoas haviam morrido. Dessa vez, foi William Farr quem fez o primeiro trabalho de detetive. Intrigado pela súbita explosão de cólera na cidade depois de uma década de relativa dormência, Farr lembrou-se das pesquisas de seu velho companheiro John Snow sobre as companhias de água do sul de Londres, que com tanta frequência levaram Snow ao Departamento de Registros Gerais. Farr decidiu discriminar essas novas mortes de acordo com as linhas de abastecimento de água e, quando o fez, o padrão era inequívoco. A grande maioria dos mortos consumia a água da East London Water Company. Dessa vez, Farr não perderia tempo com as objeções dos miasmistas. Embora não soubesse *como* ocorrera a contaminação, estava claro que aquela água era fatal. Qualquer perda de tempo redundaria na condenação de milhares de pessoas à morte. Farr imediatamente ordenou que se afixassem avisos na região, alertando os moradores para que não consumissem "qualquer água que não tenha sido previamente fervida".

Mas, ainda assim, persistia o mistério. Os esgotos de Bazalgett haviam supostamente eliminado o fatídico ciclo de realimentação entre o que entrava e saía de Londres, entre a água que a abastecia e o lixo que produzia. Além disso, a East London Water Company alegava filtrar exaustivamente todos os seus reservatórios. Se algum agente de contaminação saísse dos esgotos da cidade, ficaria retido pelos filtros da companhia, antes de ser repassado para a população. Farr enviou uma carta a Bazalgett, o qual de imediato respondeu a fim de esclarecer que o sistema ainda não estava em funcionamento naquela região da cidade. "É, infelizmente, a única localidade onde ainda não se completaram os trabalhos de drenagem", explicou ele. Os esgotos de baixa elevação foram construídos, mas os empreiteiros de Bazalgett ainda não haviam finalizado a estação de bombeamento necessária para elevar as águas do esgoto a fim de que a gravidade pudesse continuar a empurrá-las em direção à embocadura em Barking. Portanto, a linha interceptora naquela área ainda não se encontrava em operação.

A atenção se voltou, então, para a East London Water Company. De início, os encarregados da companhia juraram que toda a água passava pelos mais avançados filtros em seus novos reservatórios cobertos. Porém, surgiram notícias de que alguns consumidores encontraram enguias vivas na água que consumiam, o que sugeria que os filtros não funcionavam tão bem assim. Designado para investigar o surto, o epidemiologista John Netten Radcliffe começou seu trabalho pela análise do funcionamento do sistema de filtragem da East London. Poucos meses antes, Radcliffe lera um relato sobre o surto da Broad Street de autoria de um pároco que desempenhara um importante papel durante as investigações. Na ausência de John Snow, ocorrera a Radcliffe que esse sujeito poderia contribuir com sua valiosa experiência para a solução da epidemia mais recente. E, assim, trouxeram de volta o epidemiologista amador Henry Whitehead para ajudar a resolver um último caso de água contaminada.

Ao lado de outros investigadores, Radcliffe e Whitehead logo descobriram inúmeros exemplos de negligência por parte da East London Water Company, que permitiam que as águas próximas do rio Lea contaminassem a água de superfície ao redor dos reservatórios da companhia em Old Ford. Por fim, identificou-se o caso índice em Bromley-by-Bow; o fato é que a arruinada descarga d'água de um casal desaguava no rio Lea, a menos de dois quilômetros do reservatório de Old Ford. No fim a relação com o abastecimento da East London provou-se, até, estatisticamente mais pronunciada do que a da bomba-d'água da Broad Street em 1854, uma vez que se descobriu que noventa e três por cento dos mortos eram consumidores da água da companhia.

Dessa vez, o veredicto foi praticamente unânime, e a investigação pioneira de Snow foi amplamente reconhecida. As palavras que o próprio Farr empregou em um depoimento ao Parlamento, um ano após o surto, estão entre as mais veementes. De início, escarneceu, em tom irônico, dos interesses comerciais que, a despeito das evidências em contrário, sustentaram a teoria do miasma:

> Uma vez que não há companhias que abasteçam os moradores de Londres com o ar da cidade, como o fazem com a água, aquele gozava da péssima consideração tanto das Comissões Parlamentares quanto das Comissões Reais. Em benefício do ar, não se convocou qualquer testemunha científica, não se apelou a qualquer opinião abalizada; assim responsabilizaram livremente a atmosfera pela propagação e pela difusão ilícita dos mais variados tipos de peste, enquanto alardeavam orgulhosamente o primor e a inocência do Pai Tâmisa, merecidamente reverenciado ao longo dos anos, e dos deuses das águas de Londres.

Obviamente, dez anos antes, ao menos um homem *oferecera* de fato sua "opinião abalizada" em defesa da atmosfera, em um testemunho amplamente desqualificado. E, em seguida, Farr reconheceu o papel determinante de John Snow:

> A teoria do dr. Snow voltou sua atenção na direção da água e afastou-a da doutrina atmosférica. ... A tese de que o vento leste assaltava o East End

> de Londres, com o cólera em suas asas, não se ampara, de modo algum, na experiência de epidemias anteriores. ... Um indivíduo indiferente inspiraria esse ar sem a menor apreensão; no entanto, somente uma robusta testemunha científica ousaria beber um copo da água filtrada do Lea, em Old Ford.

Sua conversão à doutrina de Snow foi tão abrangente que Farr literalmente reescreveu a história a fim de dar a impressão de que as ideias do epidemiologista obtiveram desde o início um sucesso que na verdade não conheceram. Na introdução a seu relatório sobre o surto de 1866, Farr, ao aludir à investigação sobre o caso da Broad Street, apresenta este surpreendente relato sobre as descobertas do Comitê de Saúde Pública.

> O relatório final da comissão científica comprovou, de modo conclusivo, a influência da água como meio de difusão da doença em sua configuração fatal. ... A visão do dr. Snow de que tudo o que dizia respeito ao cólera era transmitido por meio da água por fim se confirmou. O notável relatório ... imputava, em parte, à bomba-d'água da Broad Street o terrível surto no distrito de St. James. Mas o tema foi investigado, de modo mais profundo e conclusivo, por uma comissão, auxiliada pelo dr. Snow e pelo reverendo Henry Whitehead.

Ou Farr estava deliberadamente distorcendo a história ou – como em tantos outros futuros relatos – sua memória relativa aos trabalhos da comissão paroquial suprimiu o relatório do Comitê de Saúde. Relembremos as exatas palavras dessa "confirmação" da teoria de Snow: "*Depois de cuidadosa investigação, não vemos qualquer razão para adotar essa crença. Não julgamos correto afirmar que a água foi de tal modo contaminada.*" Com confirmações como essa, quem precisa de contestações?

Ainda assim, a hipótese da transmissão pela água havia muito fora incorporada ao paradigma científico dominante. Whitehead ficou contente em saber que, mais uma vez, contribuíra para que as ideias de seu velho amigo encontrassem um público mais amplo. Até mesmo *The Lancet* mudou de opinião, como demonstra um editorial nas semanas que se seguiram ao surto de 1866:

> As investigações do dr. Snow sobre a evolução do cólera estão entre as mais fecundas da medicina moderna. Ele traçou a história do cólera. A ele devemos, em larga medida, a rigorosa argumentação que comprovou a influência da contaminação do suprimento de água. Não se poderia prestar um maior serviço à humanidade: isso nos permitiu desvendar e combater a doença, no único local onde se poderia derrotá-la, em sua origem ou meios de transmissão. ... Dr. Snow foi um grande benfeitor público e os benefícios que nos legou devem ser reavivados na memória de todos nós.

Ao que tudo indica, o dr. Snow finalmente conseguiu sair daquele "bueiro".

EM TODA PARTE, nas últimas décadas do século XIX, a teoria microbiana da doença encontrava-se em ascensão, e os miasmistas foram substituídos por uma nova geração de caçadores de micróbios que mapeavam o reino invisível da vida bacteriana e viral. Pouco depois da descoberta do bacilo da tuberculose, o cientista alemão Robert Koch isolou o *Vibrio cholerae*, quando trabalhava no Egito em 1883. Koch inadvertidamente reproduziu a descoberta feita por Pacini no início da década de 1830. No entanto, como o feito do italiano fora ignorado pelo meio científico então dominante, foi Koch quem recebeu a primeira salva de palmas por identificar o agente que causara tanto horror ao longo do século anterior. Porém, a história faria jus ao italiano. Em 1965, o *Vibrio cholerae* foi oficialmente renomeado como *Vibrio cholerae 1854*.

Tamanhos avanços não foram suficientes para convencer os poucos que se mantinham inflexíveis – como Edwin Chadwick, que, ao ser baixado à cova em 1890, levou consigo a crença impenitente nos poderes danosos do miasma. Todavia, a maior parte das instituições de saúde pública abriria suas portas para a nova doutrina. Estabelecer sistemas de abastecimento de água potável e de remoção de dejetos tornou-se o mais importante projeto de infraestrutura de toda cidade industrializada do planeta. A aparência da rede elétrica, em torno da virada do século, tende a atrair mais atenção, mas foi a construção da invisível rede de linhas de esgoto e encanamentos de água potável que tornou a cidade moderna mais segura para os intermináveis prazeres de consumo que a eletricidade proporcionaria. O projeto de Bazalgett era um modelo a ser imitado pelo mundo. Em 1868, a estação de bombeamento de Abbey Mills foi finalmente concluída, o que significava que aquela ramificação do fabuloso sistema de esgotos de Bazalgett encontrava-se em pleno funcionamento. Em meados da década de 1870, todo o sistema estava interligado. A água dos esgotos continuaria a ser bombeada para o extremo ocidental do Tâmisa até 1887, época em que a cidade passou a despejar seus dejetos em mar aberto.

As mudanças prenunciadas pelo sistema de esgoto foram as mais variadas: os peixes regressaram ao Tâmisa, o fedor arrefeceu e a água potável tornou-se nitidamente mais gostosa. Mas uma mudança ficou acima de todas as outras. Ao longo de todos aqueles anos, desde que Henry Whitehead auxiliara a desvendar a contaminação do reservatório de Old Ford em 1866, Londres não vivenciou nem mais um surto de cólera. A batalha entre a metrópole e o micróbio fora vencida pela metrópole.

O cólera continuaria a aterrorizar as cidades ocidentais nas primeiras décadas do século XX, mas com o bem-sucedido projeto de engenharia de Londres como modelo, as epidemias usualmente estimulavam as autoridades a modernizar a infraestrutura urbana. Um surto como esse atingiu Chicago em 1885, depois que uma avassaladora tempestade fez com que o esgoto da cidade alcançasse o sistema de captação de água potável, no lago Michigan. Dez por cento da população da cidade morreu durante a subsequente epidemia de cólera e febre tifoide, e essas mortes redundaram, por fim, no épico esforço da cidade de modificar o fluxo do rio Chicago, que levou o esgoto para longe da fonte de água. Hamburgo construíra um moderno sistema de esgotos na década de 1870, amplamente inspirado no de Londres, mas, como o projeto continha imperfeições, o cólera retornou em 1892 para reivindicar quase dez mil vidas de uma população que era um sétimo da de Londres. Uma vez que todas as grandes epidemias de cólera na década de 1860 saltaram o canal da Mancha a partir de Hamburgo, os moradores de Londres aguardaram apreensivos, enquanto chegavam pelo telégrafo as notícias do surto alemão. No entanto, suas preocupações eram injustificadas. O sistema de defesa de Bazalgett conseguiu resistir, e o cólera não aportou nas praias britânicas.

Na década de 1930, o cólera fora reduzido a uma anomalia nas cidades industrializadas do mundo. O grande monstro que assolara as metrópoles do século XIX fora domado por uma parceria entre ciência, medicina e engenharia. No mundo em desenvolvimento, todavia, a doença permanece uma séria ameaça. Uma variedade do *Vibrio cholerae*, conhecida como "El Tor", matou milhares de indivíduos na Índia e em Bangladesh nas décadas de 1960 e 1970. Um surto na América do Sul no início da década de 1990 infectou mais de um milhão de pessoas e matou, ao menos, dez mil. No verão de 2003, estragos provocados no sistema de abastecimento de água durante a Guerra do Iraque provocaram um surto de cólera em Basra.

Há uma terrível simetria nessas tendências. De variadas maneiras, os combates que se desenrolam no mundo em desenvolvimento espelham as questões com que Londres se defrontou em 1854. As megacidades do mundo em desenvolvimento se debatem contra os mesmos problemas do desconhecido e potencialmente insustentável crescimento que Londres vivenciou há cento e cinquenta anos. Em 2015, as cinco maiores cidades do planeta serão Tóquio, Mumbai, Daca, São Paulo e Délhi – todas com uma população acima dos vinte milhões. O grande impulsionador desse inchaço será o assim denominado processo de favelização, por meio do qual cidades inteiras se expandem em terras ilegalmente ocupadas, sem qualquer infraestrutura tradicional ou planejamento urbano que apoie esse crescimento. A classe de catadores de lixo da Londres vitoriana renasceu no mundo em desenvolvimento, e seu número é absolutamente inacreditável. Atualmente há um bilhão de favelados no planeta, e algumas estimativas sugerem que esse número duplicará nos próximos vinte anos. É bastante possível que um quarto da humanidade viva em favelas até 2030. Todos os tipos da economia informal vitoriana – os lameiros, os cata-bagulhos e os vendedores ambulantes – talvez tenham desaparecido para sempre no mundo desenvolvido, mas, em todas as partes do planeta, seu número está em franca expansão.

Embora careçam de boa parte da infraestrutura e das comodidades domésticas da metrópole desenvolvida, as favelas são um espaço dinâmico de criatividade e inovações econômicas. Alguns dos mais antigos desses aglomerados populacionais – a favela da Rocinha no Rio de Janeiro e a de Dharavi em Mumbai – já amadureceram como áreas urbanas, as quais dispõem de grande parte das comodidades que, em geral, associamos ao mundo desenvolvido: barracos de madeira improvisados dão lugar ao aço e ao concreto, à eletricidade, à água encanada e, até mesmo, à televisão a cabo. A rua principal na favela de Sultaneyli, em Istambul, é ladeada por edifícios de seis andares, em meio à efervescência do comércio corriqueiro de uma cidade: bancos, restaurantes, lojas. E tudo isso foi conquistado sem escrituras de imóveis, sem planejadores urbanos, sem a infraestrutura governamental, em terras que são, a rigor, ilegalmente ocupadas. As comunidades de favelados não são, em nenhuma medida, bolsões de pobreza e crime. São precisamente o local para onde o mundo em desenvolvimento acorre para fugir da pobreza. O escritor Robert Neuwirth o expressa da melhor maneira em *Shadow Cities*, seu fascinante estudo sobre a cultura das favelas: "Com materiais improvisados, eles constroem um futuro em uma sociedade que sempre os viu como pessoas sem futuro. Assim, de um modo bastante concreto, afirmam sua própria existência."

Essa esperança, no entanto, precisa ser contrabalançada com precaução. As favelas ainda enfrentam importantes dificuldades. Indiscutivelmente, o mais premente obstáculo é o mesmo que Londres enfrentou um século e meio antes: a falta de água potável. Mais de um bilhão de pessoas não têm acesso a água potável de qualidade; quase três bilhões – praticamente a metade da população do planeta – não têm acesso a saneamento básico: banheiros e esgotos. A cada ano, dois milhões de crianças morrem de doenças – incluindo o cólera – que resultam diretamente dessas condições insalubres. E, assim, as megacidades do século XXI terão de aprender novamente todas as lições que Londres aprendeu ao longo de século XIX. Embora precisem lidar com vinte milhões de habitantes, em vez de dois milhões, o conhecimento científico e tecnológico à sua disposição excede em muito o que Farr, Chadwick e Bazalgett tinham à mão.

Algumas das soluções mais engenhosas que agora são propostas nos levam de volta ao tema da reciclagem da água que tanto cativou as mentes vitorianas. O inventor Dean Kamen desenvolveu duas máquinas afins – cada qual do tamanho de uma lavadora de louças – que, em conjunto, podem fornecer eletricidade e limpar a água para vilas rurais e favelas que careçam desses produtos. O motor funciona com um combustível que se encontra com facilidade – o esterco de vaca –, embora Kamen garanta que a máquina funcione com "qualquer coisa que queime". A energia produzida pode alimentar setenta lâmpadas fluorescentes. O calor produzido pelo motor pode ser utilizado para pôr em funcionamento um purificador de água, que Kamen apelidou de "estilingue". O dispositivo recebe água de qualquer qualidade, incluindo a dos esgotos, e extrai água limpa por meio da vaporização. O protótipo de Kamen inclui um "manual" com uma única instrução: basta acrescentar água. Dessa forma, como os catadores de fezes que perambulavam pelas ruas de Londres, recolhendo excremento de cachorro para a curtição de couro, os favelados de amanhã podem terminar por solucionar os problemas de saneamento da comunidade ao empregar as substâncias – dejetos humanos e animais – que se encontram justamente na origem do problema.

Devem-se evitar os excessos otimistas a respeito de como essas megacidades enfrentarão sua crise potencial nos anos vindouros. Talvez surjam novas tecnologias que permitam às comunidades de favelados encontrar, por si sós, soluções para o problema de saúde pública, no entanto é óbvio que os governos deverão assumir sua parte. A Londres industrial levou cem anos para se transformar em uma cidade com água limpa e um sistema de saneamento confiável. As classes de catadores de lixo que Mayhew analisou com tantos detalhes não mais existem em Londres, mas até mesmo as mais ricas cidades do mundo desenvolvido continuam a enfrentar problemas de pobreza e falta de moradia, particularmente nos Estados Unidos. As cidades desenvolvidas, no entanto, não mais parecem estar em um curso de colisão consigo mesmas, tal qual a Londres do século XIX. Por isso, talvez um século se passe até que as cidades do mundo em desenvolvimento alcancem o mesmo senso de equilíbrio e, ao longo desse período, haverá, sem dúvida, tragédias humanas em larga escala, incluindo surtos de cólera, que custarão muitas vidas, mais do que as que se perderam na época de Snow. Mas, a longo prazo, as perspectivas para a vida urbana, até mesmo nesses vastos "organismos" em expansão, são sólidas. É provável que as megacidades amadureçam mais rápido do que Londres, precisamente graças a todas as formas de conhecimento que germinaram durante o episódio da Broad Street: a epidemiologia, a engenharia de infraestrutura urbana, o manejo e a reciclagem de dejetos. E, é claro, todo esse conhecimento se ampliou com a capacidade conectiva da rede de computadores, que interliga conhecimento institucional com conhecimento local de pesquisadores diletantes em um nível que Snow e Whitehead jamais poderiam imaginar.

Nunca foi tão fácil representar determinado conhecimento local em um mapa que estabeleça padrões de saúde e doença (bem como de temas menos perigosos), visíveis de novas formas a especialistas e leigos. Os sucessores do mapa da Broad Street de Snow estão agora onipresentes na internet. Em vez de vermos Snow e Whitehead batendo de porta em porta e William Farr tabulando relatórios médicos, agora temos vastas redes de provedores de saúde e funcionários do governo relatando surtos a centros de dados, nos quais são automaticamente mapeados e publicados *online*. Um serviço denominado GeoSentinel mapeia doenças infecciosas entre viajantes; o CDC publica um relatório semanal sobre o atual estado da *influenza* nos Estados Unidos, ao lado de uma série praticamente infinita de tabelas e mapas que documentam as diferentes variedades de gripe que circulam através da corrente sanguínea nacional. A lista de mensagens do popular ProMED-mail oferece uma atualização diária a respeito de todos os surtos de doenças conhecidas em ação ao redor do mundo, que certamente a tornam a mais aterradora fonte de informação para o homem. A tecnologia avançou drasticamente, mas a filosofia subjacente ainda é a mesma: há algo profundamente esclarecedor na observação dos padrões de vida e morte descritos em forma cartográfica. Uma visão abrangente permanece tão essencial quanto o era em 1854. Quando a próxima grande epidemia vier, mapas serão tão cruciais quanto as vacinas em nossa primeira batalha contra a doença. No entanto, mais uma vez, a escala de observação terá se alargado consideravelmente: desde o bairro até o planeta inteiro.

A influência dos mapas da Broad Street se estende além do reino patológico. A internet fervilha com novas formas de cartografia amadora, graças a serviços como o Google Earth e o Yahoo! Maps. Onde Snow inscrevia a localização de bombas-d'água e de mortes provocadas pelo cólera sobre uma trama de ruas, os modernos mapeadores registram um diferente tipo de informação: boas escolas públicas, restaurantes de comida chinesa, parques para as crianças, festas. Todo conhecimento local, que em geral permanece restrito aos moradores do bairro, pode, agora, ser traduzido na forma de mapas e compartilhado com o restante do mundo. Como em 1854, os amadores estão fazendo um trabalho muito interessante, precisamente porque têm a experiência mais íntima e próxima de sua comunidade. Qualquer um pode criar um mapa que mostre onde as ruas se cruzam e onde se localizam os hotéis; há séculos mapas como esses são feitos. Os mapas que agora aparecem são de uma espécie completamente diferente: mapas de conhecimento localizado, criados por verdadeiros conhecedores da região, por quem sabe se virar nas ruas. Eles mapeiam o intangível: quarteirões que não são seguros à noite, parques que precisam de manutenção, restaurantes nos arredores que dispõem de espaço para carrinhos de bebê, ofertas de imóveis supervalorizados.

Agora até mesmo as páginas mais comuns na internet podem ser exploradas geograficamente. Tanto o Yahoo! quanto o Google estabeleceram uma convenção para "marcar" determinado tipo de informação – digamos, uma entrada em um blog ou um site promocional – com coordenadas geográficas que são automaticamente interpretadas por mecanismos de busca. Alguém adiciona uma reclamação em um fórum *online* de uma comunidade acerca de um parque local e marca a mensagem com sua exata localização; alguém escreve uma pequena resenha sobre um novo restaurante; alguém posta um anúncio de sublocação de verão. Até agora, todas essas informações individuais possuíam endereço no espaço informacional da rede de computadores, uma vez que estavam associados a um URL – um "localizador uniforme de recursos", na sigla em inglês. Agora essas informações podem igualmente possuir uma localização espacial no mundo real. Em um futuro próximo, usaremos esses marcadores geográficos para explorar uma nova cidade da mesma forma que atualmente utilizamos os mecanismos de busca para explorar o espaço virtual. Em vez de olhar para as páginas da internet associadas a uma palavra-chave ou frase, buscaremos páginas relacionadas à esquina em que nos encontramos. Seremos capazes de acessar instantaneamente o tipo de visão abrangente que Snow e Whitehead costuraram, lado a lado, em meses de investigações.

Tecnologias como essas prosperam em centros urbanos, pois crescem de modo mais considerável em meios mais densamente povoados. É pouco provável que um *cul-de-sac* suburbano tenha uma quantidade significativa de páginas na internet. Porém, uma esquina em uma grande cidade pode muito bem ter uma centena de links interessantes: histórias pessoais, resenhas sobre novos bares da moda próximos a essa esquina, alguém com quem se possa marcar um encontro que more a três quarteirões de distância, uma preciosidade escondida em uma livraria – talvez até mesmo um aviso sobre uma fonte de água contaminada. Esses mapas digitais são ferramentas que permitem novos tipos de relações no passeio público, o que explica por que provavelmente são menos úteis em comunidades que não utilizam esse espaço. Quanto maior a cidade, mais provável que seja capaz de fazer um link interessante, em virtude do amplo leque de grupos sociais, pontos de encontro e conhecimento local.

Há muitos anos, Jane Jacobs observou que um dos efeitos paradoxais da vida na metrópole é que as grandes cidades criam meios através dos quais os pequenos nichos podem florescer. Uma loja especializada na venda de broches provavelmente não teria público em uma cidade de cinquenta mil habitantes, no entanto, em Nova York, há todo um distrito dedicado a essas lojas. Pela mesma razão, as subculturas florescem em grandes cidades: caso se tenha alguma idiossincrasia, provavelmente será mais fácil encontrar alguém que compartilhe desse gosto em uma cidade de nove milhões de habitantes. Como escreveu Jane Jacobs:

> Cidades pequenas e subúrbios ... são o habitat para grandes supermercados e pouco mais no que diz respeito a mercearias, salas de cinema e *drive-ins* convencionais e no que diz respeito a teatros. Simplesmente não há gente suficiente para abrigar maior variedade, embora haja (raras) pessoas que dela se aproveitariam caso existisse. As grandes cidades, por outro lado, são o habitat de supermercados, salas de cinema convencionais com delicatéssen, confeitarias, empórios de produtos importados, cinemas de arte e assim por diante, todos os quais em íntima convivência, o comum e o incomum, o grande e o pequeno. Onde quer que, na grande cidade, se encontrem regiões cheias de vida e de gente, o pequeno supera em muito o grande.

A ironia, é claro, é que as redes digitais supostamente deveriam tornar as cidades menos atrativas, não mais. O poder da telecomunicação e da conectividade instantânea tornaria a ideia de núcleos urbanos densamente povoados tão obsoleta quanto as cidades muradas da Idade Média. Por que as pessoas se espremeriam em agressivos meios superpovoados quando poderiam de uma forma igualmente simples trabalhar a distância em suas próprias casas. Porém, como se comprovou, muitas pessoas, na verdade, apreciam a densidade dos meios urbanos, precisamente por oferecer a diversidade de confeitarias e cinemas de arte. À medida que as tecnologias aumentam nossa capacidade de encontrar esses nichos de interesse, esse tipo de densidade simplesmente se tornará cada vez mais atrativo. Esses mapas amadores oferecem um antídoto contra a grandiosidade, a complexidade e a intimidação das grandes cidades. Fazem com que todos se sintam em casa, precisamente porque se baseiam no conhecimento dos verdadeiros moradores da região.

As administrações das cidades também estão explorando essas novas tecnologias de mapeamento. Há alguns anos a cidade de Nova York lançou seu pioneiro serviço 311, que talvez seja o mais ousado aperfeiçoamento da gestão de informação urbana desde os *Registros de nascimento e óbito* de William Farr. Concebido segundo o modelo de solicitação de suporte técnico que o prefeito de Nova York Michael Bloomberg desenvolveu nos terminais de computadores que o tornaram rico, bem como o de alguns poucos pequenos programas em cidades como Baltimore, o 311 é, no fim das contas, uma combinação de três serviços em um único formato. Primeiro, é uma versão mais aprazível e gentil do 911; em outras palavras, o 311 é o número que os nova-iorquinos discam quando há um sem-teto dormindo próximo de um parque infantil – mas não o número que chamam quando alguém está tentando invadir seu apartamento. (Durante os primeiros anos de operação do 311, o número total de ligações para o 911 decaiu pela primeira vez na história da cidade.) O serviço 311 também funciona como uma espécie de prestador de informações que são solicitadas pelos moradores da cidade sobre todos os serviços urbanos. Os cidadãos podem chamar esse número para descobrir se o show no Central Park foi cancelado por causa da chuva, se um estacionamento alternativo está em funcionamento ou qual a localização da clínica de metadona mais próxima.

Mas a ideia mais ousada por trás desse serviço é o fato de que a transferência de informação se dá genuinamente em uma via de mão dupla.

O governo aprende tanto sobre a cidade quanto aqueles que usam o serviço. Pode-se pensar no 311 como uma espécie de extensão amplamente disseminada dos sistemas de percepção da cidade, ao utilizar a "vigilância natural" de milhões de moradores com o intuito de detectar problemas emergentes ou relatar necessidades pendentes. (O próprio Bloomberg é conhecido por usar o serviço para denunciar buracos nas ruas.) Durante o blecaute de 2003, muitos nova-iorquinos diabéticos ficaram bastante apreensivos em relação ao prazo de validade da insulina em temperatura ambiente. (A insulina é tradicionalmente mantida refrigerada.) Os planejadores de emergência da cidade não anteciparam essa preocupação, mas, em poucas horas, Bloomberg abordava o tema em uma das muitas entrevistas coletivas dadas por rádio naquela noite. (A insulina, descobriu-se, permanece estável durante semanas em temperatura ambiente.) O tema da insulina chegou aos dirigentes da cidade graças às ligações ao 311. Os diabéticos que ligaram durante o blecaute receberam uma resposta para sua dúvida, mas a cidade ganhou em troca algo valioso: as chamadas a deixaram consciente de um tema de saúde pública que não ocorrera antes de as luzes se apagarem.

O 311 já tem um impacto sobre as prioridades da administração da cidade. No primeiro ano de operação, as reclamações por barulho estavam no topo da lista: canteiros de obras, festas atravessando a madrugada, bares e clubes que avançavam sobre as calçadas. A administração Bloomberg lançou, por consequência, uma grande iniciativa em defesa da qualidade de vida que combatia os ruídos da cidade. Nos moldes do sistema Compstat, que revolucionou o modo como o Departamento de Polícia combatia o crime ao mapear com renovada precisão as áreas problemáticas, o serviço 311 registra automaticamente as coordenadas de cada reclamação que chega ao enorme banco de dados do centro de chamadas Siebel Systems, que alimenta a administração da cidade com essas informações. O software de mapeamento geográfico exibe quais ruas têm problemas crônicos com buracos e quais quarteirões estão combatendo os grafites.

Aumentar o conhecimento que o governo tem dos problemas da população e aumentar o conhecimento da população sobre as soluções oferecidas para esses problemas, eis a receita para uma saúde urbana que vai além do apelo superficial das campanhas por "qualidade de vida". Quando as pessoas falam sobre a revolução da tecnologia de redes na política, em geral o fazem no contexto de campanhas nacionais: levantamento de fundos por meio da internet ou criação de blogs políticos. No entanto, o impacto mais profundo pode estar bem próximo de casa: mantendo o bairro limpo, seguro e tranquilo; conectando os moradores da cidade ao imenso conjunto de programas oferecido pelo governo ou criando um senso de que os indivíduos podem contribuir para a saúde de toda a comunidade, com a simples discagem de três números em seu telefone.

Todas essas novas e extraordinárias ferramentas são sucessoras da investigação e dos mapas da Broad Street. A grande promessa da alta densidade urbana é impulsionar muitas e diversas formas de inteligência, amadoras e profissionais, em um espaço extremamente diminuto. O grande desafio é descobrir como extrair toda essa informação e distribuí-la pela comunidade. A informação que Snow e Whitehead buscavam girava em torno do terror e da falta de sentido de uma epidemia mortal, mas sua abordagem sobreviveu para lidar com um vasto conjunto de problemas, que agora se avolumaram com as modernas tecnologias da informação. Alguns desses problemas são igualmente ameaçadores à vida ("Quando a insulina se estraga?"), mas a maior parte gira em torno das pequenas preocupações do dia a dia. Somadas, todas essas preocupações provocam, no entanto, uma genuína transformação em seu meio, para não mencionar a renovação do senso de cidadania, um sentimento de que o conhecimento que se tem de sua própria rua pode fazer diferença no âmbito mais amplo da cidade. Quando empregaram o conhecimento direto que possuíam da comunidade do Soho e o transformaram em uma abrangente visão da epidemia, Snow e Whitehead estavam ajudando a inventar um modo de refletir sobre o espaço urbano cujas possibilidades ainda exploramos nos dias de hoje. Foi uma ação que teve profundas implicações para a comunidade médica, é claro, mas foi, além disso, um modelo para a gestão e a difusão de informação cujos desdobramentos se estendem muito além da epidemiologia.

Esse modelo gira em torno de dois pontos principais, ambos centrais na forma como as cidades produzem e transmitem boas ideias. Primeiro: a importância dos amadores e "especialistas locais" não oficiais. A despeito do avançado treinamento médico de Snow, a balança do caso da Broad Street poderia muito bem ter pendido para o lado do miasma se não fosse o conhecimento direto do pouco treinado Henry Whitehead. As cidades são invariavelmente modeladas por seus principais planejadores e funcionários públicos; Chadwick e Farr tinham uma fabulosa influência na Londres vitoriana – a maior parte dela positiva, apesar do viés miasmista. Mas, em último caso, a energia, a vitalidade e a inovação das cidades vêm de pessoas como Henry Whitehead – os aglutinadores, os empreendedores e os tipos que fazem a máquina urbana funcionar no nível da cidade. A beleza de tecnologias como o 311 é que elas amplificam as vozes desses especialistas locais e, assim, permitem que as autoridades aprendam mais facilmente com elas.

O segundo princípio é o fluxo horizontal e interdisciplinar de ideias. Os espaços públicos e cafés dos centros urbanos tradicionais não são organizados em zonas estritas de especialidade e interesse, do modo como o é a maior parte das universidades e corporações. São lugares em que se entrecruzam várias profissões, onde diferentes tipos de pessoas trocam suas experiências, ideias e habilidades ao longo do caminho. O próprio Snow era uma espécie de "café de um homem só": uma das principais razões que o tornaram capaz de dissipar a cortina de fumaça do miasma foi sua abordagem multidisciplinar, como médico, mapeador, inventor, químico, demógrafo e detetive médico. No entanto, até mesmo com essa múltipla formação, ele ainda precisava lançar mão de um conjunto de habilidades distintas – mais sociais que intelectuais – na forma do conhecimento direto de Henry Whitehead.

QUANDO VATICINOU PARA SEU AMIGO que os dois talvez não vivessem para ver o triunfo da teoria da transmissão pela água, Snow estava parcialmente correto. O médico morreu antes que suas ideias pudessem mudar o mundo, mas o pároco viveria ainda quatro décadas, tempo suficiente para ver Londres rechaçar o surto de Hamburgo em 1892. Whitehead permaneceu na St. Luke até 1857 e, então, pelos dezessete anos seguintes, atuou como vigário em diversas paróquias da cidade, dedicando boa parte de seu tempo ao problema da delinquência juvenil. Em 1874, abandonou a cidade para servir em uma série de ministérios no norte da Inglaterra. Pouco antes de sua partida, John Netten Radcliffe, seu colega de investigações durante o surto do East End em 1866, escreveu sobre o papel de Whitehead no caso da Broad Street:

> Na epidemia de cólera da Broad Street, o sr. Whitehead não apenas exerceu diligentemente seus deveres como pároco, como também, por meio de uma subsequente investigação, única em caráter, que se estendeu por quatro meses ... lançou as bases para a doutrina de que o cólera possa ser propagado por meio da ingestão de água. ... Essa doutrina, agora completamente aceita pela medicina, foi originalmente apresentada pelo falecido dr. Snow; mas ao sr. Whitehead inquestionavelmente pertence a honra de ter apresentado pela primeira vez uma prova bastante conclusiva a respeito do alto grau de probabilidade que a ela se relacionava.

Henry Whitehead morreu em 1896, aos setenta anos. Até sua morte, um retrato de seu velho amigo John Snow permaneceu pendurado em seu escritório – para lembrá-lo, como Whitehead costumava dizer, "de que, em qualquer profissão, se atinge o mais alto grau de realização não pelas particularidades das demandas empíricas, mas pelo paciente estudo das leis eternas".

O que Henry Whitehead seria capaz de reconhecer, caso perambulasse hoje pelas ruas do Soho? Os sinais visíveis da epidemia da Broad Street há muito desapareceram. De fato, é da própria natureza da doença epidêmica promover uma carnificina urbana e deixar quase nenhum vestígio na infraestrutura da cidade. As outras grandes catástrofes que afligem os centros urbanos – incêndios, terremotos, furacões, bombas – quase invariavelmente promovem vastos danos arquitetônicos, além do saldo de mortos. Na verdade, é assim que tendem a promover a morte: destruindo os abrigos humanos. As pestes são mais insidiosas. Os micróbios não se importam com as edificações, uma vez que estas não os auxiliam na reprodução. Os edifícios, portanto, ficam de pé. São os corpos que caem.

Os prédios, no entanto, mudaram. Praticamente todos aqueles que se encontravam na Broad Street no fim do verão de 1854 foram substituídos por algo novo – graças em parte à Luftwaffe* e em parte à destruição criativa provocada pela explosão do mercado imobiliário urbano. (Até mesmo os nomes das ruas foram alterados. A Broad Street passou a chamar-se

* A Força Aérea alemã. O autor faz uma referência aos bombardeios sofridos por Londres na Segunda Guerra Mundial. (N.E.)

Broadwick em 1936.) A bomba-d'água, é claro, há muito desapareceu, embora uma réplica acompanhada de uma pequena placa se encontre a alguns quarteirões do local da bomba original na Broad Street. Um quarteirão a leste de onde um dia ela esteve, hoje se encontra um prédio de escritórios de vidros lustrosos, concebido por Richard Rogers, com tubulações aparentes pintadas de vívido laranja; seu saguão envidraçado abriga um delicado e sempre cheio restaurante japonês. A igreja de St. Luke, demolida em 1936, foi substituída, nos anos 1960, pelo edifício da Kemp House, cujos cartorze andares abrigam uma mescla de escritórios, apartamentos e lojas. A entrada do asilo da Poland Street é agora um estacionamento, embora sua estrutura permaneça intacta e visível desde Dufours Place, estendendo-se por trás da delicadeza pós-guerra da Broadwick Street como um grande fóssil vitoriano.

Mas ainda há muita coisa que Whitehead reconheceria nas atuais ruas do Soho, ainda que as construções tenham sido substituídas e os aluguéis, aumentados. Embora, atualmente, os cafés sejam, em sua maioria, filiais de redes nacionais, o restante do bairro exibe a energia dos pequenos empreendedores locais. Os protéticos deram lugar a produtoras de vídeo, a lojas *hipster* com discos de vinil na vitrine, a empresas de *webdesign*, a diminutas agências de publicidade e a bistrôs da moda – para não mencionar as eventuais operárias do sexo, um resquício dos sórdidos dias do Soho da década de 1970. Em toda parte, o bairro fervilha com as paixões e as provocações da intensa vida da metrópole. As ruas estão cheias de vida, precisamente porque são animadas pelo cruzamento dos caminhos de tão variadas formas humanas. Que se encontre segurança, vitalidade e potencialidade nessas encruzilhadas – e não um gradual medo da morte – é parte do legado da batalha que se travou nessas ruas há cento e cinquenta anos. Talvez essa seja a parte mais importante.

Na própria Broad Street, somente um negócio resistiu ao longo desse século e meio que nos separa daqueles terríveis dias de setembro de 1854. Ainda se pode comprar meio litro de cerveja no *pub* da esquina com a Cambridge Street, a não mais de quinze passos do local da bomba-d'água que certa vez quase dizimou a vizinhança. Somente o nome do bar mudou. Agora chama-se The John Snow.

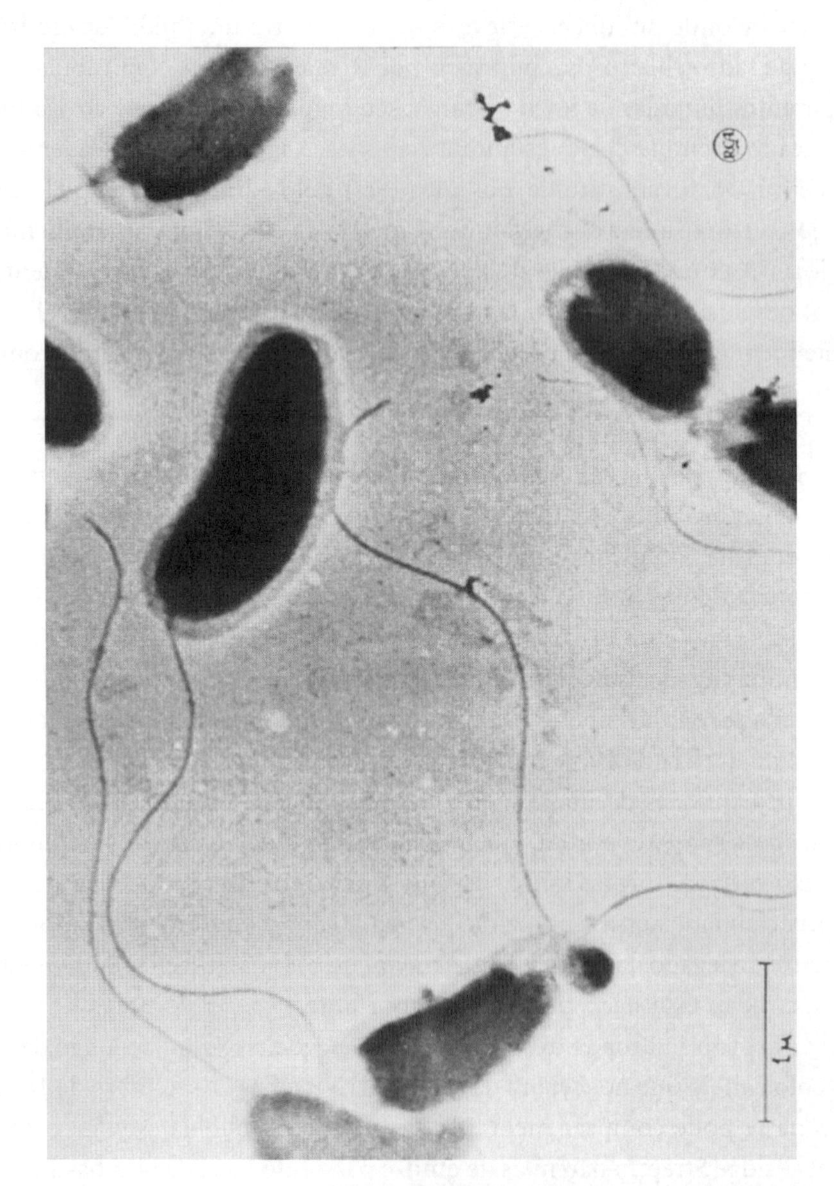

Vibrio cholerae

~ Epílogo

De volta à Broad Street

Neste exato momento, em algum lugar do mundo, uma mulher do campo parte com sua família em direção à cidade, uma moradora da cidade está em trabalho de parto ou um agricultor está à beira da morte – e, com cada ato desse particular e isolado, o equilíbrio mundial se alterna de modo decisivo. Entraremos em uma nova era: um planeta cuja população humana é mais de cinquenta por cento urbana. Alguns especialistas acreditam que nosso planeta trilha o caminho que nos levará aos oitenta por cento antes de atingirmos um ponto de estabilidade. Quando John Snow e Henry Whitehead percorriam os corredores da cidade de Londres em 1854, menos de dez por cento da população mundial vivia nas cidades, um número bem maior do que os três por cento do início do século. Menos de duzentos anos depois, os urbanitas se tornaram maioria absoluta. Ao longo desse período, nenhum outro avanço – as guerras mundiais, a difusão da democracia, o uso da eletricidade, a internet – teve um impacto tão transformador *e* disseminado sobre a experiência de vida do ser humano. Os livros de história tendem a se orientar em torno de linhas históricas nacionalistas: a deposição do rei, a eleição dos presidentes, o envolvimento nas batalhas. Todavia, esses livros, ao narrar a trajetória do *Homo sapiens* como espécie, deveriam começar e terminar com uma observação: tornamo-nos moradores das cidades.

Se fosse possível viajar no tempo de volta a Londres daquele distante setembro de 1854, a fim de descrever a típicos londrinos o futuro demográfico que aguarda seus descendentes, sem dúvida muitos reagiriam com horror diante da perspectiva de um "planeta urbano", como Stewart Brand gosta de chamar. A Londres do século XIX era um monstro imenso e canceroso, fadado a implodir cedo ou tarde. Dois milhões de pessoas amontoadas em um denso aglomerado urbano era uma espécie de insanidade coletiva. Por que alguém desejaria repetir essa experiência com uma população de *vinte* milhões?

Até o momento esses temores se revelaram infundados, uma vez que a urbanização moderna apresentou mais soluções que problemas. Embora ainda sejam poderosos mecanismos de riqueza, inovação e criatividade, as cidades, nos últimos cento e cinquenta anos, desde que Snow e Whitehead observaram os carros fúnebres em suas rondas através do Soho, se transformaram em algo mais: mecanismos de saúde. Dois terços das mulheres que vivem em áreas rurais recebem algum tipo de atendimento pré-natal; nas cidades, no entanto, esse número supera os noventa por cento. Nas cidades, praticamente oitenta por cento dos partos são feitos em hospitais ou outras instituições médicas, em oposição aos trinta e cinco por cento no campo. Por essas razões, à medida que se passa de áreas rurais para urbanas, os índices de mortalidade infantil tendem a despencar. A grande maioria dos hospitais mais avançados do mundo se encontra em centros metropolitanos. Segundo o coordenador do *Relatório global sobre assentamentos humanos das Nações Unidas*, "as áreas urbanas apresentam mais expectativa de vida, menos pobreza absoluta e podem disponibilizar serviços essenciais a um custo menor e em maior proporção do que as áreas rurais". Na maioria das nações do mundo, a vida em uma grande cidade atualmente acarreta o aumento da expectativa de vida, não sua diminuição. Graças a intervenções governamentais durante as décadas de 1970 e 1980, a qualidade do ar em muitas cidades é tão boa quanto o era durante a aurora da industrialização.

As cidades são também um incentivo à saúde ambiental. Esse talvez seja o mais surpreendente novo credo do ambientalismo, o qual, no passado, esteve amplamente atrelado ao ideal de volta à natureza, cujos valores eram explicitamente antiurbanos. Os densos aglomerados urbanos podem arrasar completamente a natureza – há muitos bairros de vibrante saúde em Paris e Manhattan que não possuem sequer uma árvore –, mas prestam igualmente um serviço essencial à redução dos rastros ambientais da humanidade. Compare-se o sistema de esgotos de uma cidade de tamanho médio como Portland, no Oregon, aos recursos de administração de dejetos que seriam necessários para manter a mesma população dispersa no campo. Os quinhentos mil moradores de Portland demandam duas usinas de tratamento de esgoto, conectadas por três mil quilômetros de tubulações. Uma população rural precisaria de mais de cem mil fossas sépticas e onze mil quilômetros de tubulações. O sistema de lixo rural seria muitas vezes mais dispendioso que o correspondente urbano. Como argumenta o ambientalista Toby Hemenway: "Praticamente todos os sistemas de serviços – eletricidade, combustível, alimento – seguem a mesma brutal proporção matemática. Uma população dispersa demanda mais recursos para servi-la – e interligá-la – do que uma concentrada." Do ponto de vista mais amplo do ecossistema, caso dez milhões de seres humanos busquem compartilhar o ambiente com outras formas de vida, é preferível amontoar todos os dez milhões em cento e cinquenta quilômetros quadrados do que espalhá-los ao redor da cidade em um espaço dez ou cem vezes maior. Para que um planeta de seis bilhões de pessoas sobreviva sem arruinar o complexo equilíbrio de nosso ecossistema natural, a melhor alternativa é amontoar o maior número possível de seres humanos em espaços metropolitanos e devolver o restante do planeta à Mãe Natureza.

De longe, a causa ambiental mais significativa que conta com o apoio das cidades é o simples controle populacional. As pessoas têm mais bebês no campo por inúmeras razões. Do ponto de vista econômico, uma prole numerosa faz sentido em meios agrários: há mais mãos para cuidar da lavoura e da casa, sem os limites espaciais da vida urbana. A vida rural – em particular no Terceiro Mundo – não permite o acesso imediato a clínicas de controle de natalidade e planejamento familiar. As cidades, por sua vez, seguem na direção oposta, ao oferecer crescentes oportunidades econômicas para as mulheres, valorização maior dos bens e formas de controle de natalidade. Esses incentivos se revelaram tão poderosos que transformaram uma das tendências dominantes dos últimos séculos da vida na Terra: a explosão populacional, que foi tema de incontáveis cenários apocalípticos, de Malthus a Paul Ehrlich, cujo manifesto, *The Population Bomb*, exerceu uma forte influência no início da década de 1970. Nos países cuja população há muito se reuniu em modernas metrópoles, as taxas de natalidade caíram abaixo do "índice de reposição" de 2,1 filhos por mulher. Países como Itália, Rússia, Espanha e Japão têm uma taxa em torno de 1,5 filho por mulher, o que demonstra que suas populações começarão a encolher nas próximas décadas. A mesma tendência se observa no Terceiro Mundo: enquanto as taxas chegaram a seis filhos por mulher na década de 1970, hoje se encontram em 2,9. Com o avanço da urbanização em todo o mundo, as mais recentes estimativas projetam que a população humana do planeta chegará a oito bilhões em 2050. Depois disso, teremos de nos preocupar com uma *implosão* populacional.

ESTE É O MUNDO QUE SNOW E WHITEHEAD ajudaram a criar: um planeta de cidades. Ao contrário dos moradores da Londres vitoriana, que se preocupavam com a viabilidade de longo prazo de sua imensa e cancerosa metrópole, não duvidamos mais de que regiões metropolitanas com dezenas de milhões de habitantes sejam viáveis. Na verdade, o crescimento descontrolado dessas regiões talvez se comprove essencial para o estabelecimento de um futuro sustentável para os seres humanos no planeta. Essa nova visão está intimamente ligada à relação instável que se estabeleceu entre o micróbio e a metrópole, desde o princípio da epidemia na Broad Street: "As cidades já foram as vítimas mais indefesas e castigadas pelas doenças, tornaram-se, no entanto, seu principal algoz", escreveu Jane Jacobs, em uma das muitas passagens clássicas de *Morte e vida nas grandes cidades*.

> Todo o aparato de cirurgia, higiene, microbiologia, química, telecomunicações, medidas de saúde pública, hospitais e laboratórios universitários, ambulâncias e afins, de que dependem as pessoas não apenas nas cidades, mas igualmente fora delas, é fundamentalmente um produto das grandes cidades e seria inconcebível sem as grandes cidades. A abundância de saúde, a produtividade, a compacta justaposição de talentos que permitem que a sociedade suporte avanços como esses são, por si sós, produtos de nossa organização em cidades e, em especial, em densas e grandes cidades.

Talvez o modo mais simples de explicar por que a Broad Street constituiu um verdadeiro divisor de águas é tomar emprestada a frase de Jacobs e reformulá-la da seguinte forma: a Broad Street assinalou, pela primeira vez na história, o momento em que um indivíduo de bom senso analisou as condições da vida urbana e chegou à conclusão de que as cidades seriam um dia os grandes algozes das doenças. Até então, a batalha parecia totalmente perdida.

No fundo, a transformação anunciada pelo episódio da Broad Street girava em torno da densidade urbana, ao valorizar suas vantagens e minimizar suas deficiências. O acúmulo de duzentas pessoas por acre, a edificação de cidades com milhões de habitantes que compartilham a mesma água, o esforço para se descobrir um modo de eliminar todos os dejetos humanos e animais, tudo isso representava uma mudança de estilo de vida que parecia colocar em risco tanto a saúde individual quanto a ambiental. Porém, as nações que, de modo pioneiro, se organizaram ao redor de aglomerados metropolitanos – por mais turbulentas que tenham sido essas mudanças – são agora os locais mais ricos do planeta, com uma expectativa de vida que é quase o dobro da expectativa das nações predominantemente rurais. Um século e meio depois da Broad Street, consideramos a densidade urbana uma força positiva: um mecanismo de criação de riqueza, de redução populacional e de sustentabilidade ambiental. Nossa espécie depende, agora, de densos centros urbanos como uma estratégia de sobrevivência.

Entretanto, as profecias que anunciavam um planeta urbano no qual oitenta por cento da população viveria em áreas metropolitanas são apenas isto: profecias. É possível que essa grandiosa transformação seja desfeita nas décadas ou nos séculos vindouros. A ascensão de regiões metropolitanas sustentáveis não foi uma inevitabilidade histórica: foi resultado de específicos avanços tecnológicos, institucionais, econômicos e científicos, muitos dos quais desempenharam um importante papel no longo episódio da Broad Street. É bem possível que novas forças surjam – ou antigos inimigos retornem – para ameaçar nosso planeta urbano. Mas o quê?

É improvável que essas forças antiurbanas representem um novo incentivo capaz de atrair as pessoas de volta ao campo, como o sonho extravagante do trabalho a distância profetizado pelos futuristas da década anterior, quando a internet mal começava a fazer parte de nossas vidas.

Há um motivo para que as pessoas mais ricas do mundo – que, ao escolher o local no qual desejam constituir seus lares, têm opções praticamente infinitas – escolham reiteradamente viver nas áreas mais densamente povoadas do planeta. Em última instância, vivem nesses locais pelo mesmo motivo que os favelados de São Paulo: porque é na cidade que as coisas acontecem. As cidades são centros de oportunidades, tolerância, produção de riqueza, redes sociais, saúde, controle populacional e criatividade. Embora, é claro, ao longo das próximas décadas, a internet e seus sucedâneos continuem a exportar alguns desses valores para as comunidades rurais, sem dúvida continuarão igualmente a reforçar a experiência de vida urbana. Os transeuntes nas calçadas se beneficiam tanto, se não mais, da internet quanto os fazendeiros.

As duas grandes ameaças que assomam neste novo século – o aquecimento global e o limitado suprimento de combustíveis fósseis – podem muito bem promover grandes rupturas nas cidades no decorrer das próximas décadas, no entanto, a longo prazo, dificilmente romperão o padrão mais amplo de urbanização, a menos que se acredite que as crises ambientais cheguem provavelmente a um fim com um cataclismo global que nos faça voltar ao modo de vida dos agricultores ou dos caçadores-coletores. A maioria dos centros urbanos mundiais se encontra a poucas dezenas de metros do nível do mar e, caso as calotas polares de fato derretam como hoje se acredita, muitos de nossos descendentes metropolitanos terão de se mudar em torno da metade do século XXI. Não há, porém, qualquer motivo para acreditar que se transferirão para áreas rurais ou suburbanas. É mais provável que se retirem para terras mais elevadas, ao redor das quais se formarão novas e densas áreas metropolitanas. As cidades mais ricas do mundo seguirão o exemplo de Veneza e simplesmente idealizarão uma saída para o problema. As cidades mais pobres seguirão o exemplo de Nova Orleans – ao menos até agora – e simplesmente se transferirão para as cidades vizinhas. De qualquer forma, a população permanece urbana.

A escassez do petróleo também não é um presságio da extinção das cidades. Nos últimos anos, as cidades conquistaram a aprovação de um selo "verde", mas não por estarem literalmente cobertas por folhagens verdes. (Embora a qualidade do ar tenha melhorado significativamente e os parques nunca tenham tido tanto apoio financeiro, as cidades permanecem, em sua maioria, selvas de pedra.) Atualmente, vemos as cidades como comunidades ambientalmente responsáveis porque seus rastros energéticos são menores do que os de outros aglomerados humanos. Em certo sentido, os ambientalistas estão aprendendo algo que os capitalistas descobriram há alguns séculos: há vantagens na vida urbana que superam todas as inconveniências. Os moradores das cidades gastam menos dinheiro para aquecer e refrescar suas casas, têm menos filhos, reciclam seu lixo de forma mais econômica e – mais importante – consomem menos energia em sua locomoção diária, graças aos trajetos mais curtos e ao transporte público viabilizados pelas grandes densidades urbanas. "Segundo os critérios mais importantes, Nova York é a comunidade mais verde dos Estados Unidos e uma das cidades mais verdes do mundo", escreveu David Owen, em *The New Yorker*. "O dano mais devastador que os seres humanos fizeram ao meio ambiente resultou da queima negligente de combustíveis fósseis, uma categoria na qual os nova-iorquinos são quase pré-históricos. O cidadão médio de Manhattan consome gasolina em um nível que o país, como um todo, não consegue igualar desde meados da década de 1920, quando o carro mais vendido nos Estados Unidos era o Ford Modelo T. Um total de oitenta e dois por cento dos moradores de Manhattan vai a pé, de bicicleta ou de transporte público para o trabalho. Esse número é dez vezes maior do que a média geral do país e oito vezes maior do que a dos moradores do condado de Los Angeles. A cidade de Nova York é mais populosa que todos os estados norte-americanos, com exceção de onze; se fosse declarada um estado, ficaria em quinquagésimo primeiro lugar, ou seja, em último, no ranking de uso de energia per capita." Em outras palavras, uma séria crise nas fontes de energia não renovável, em vez de interromper, possivelmente *acelerará* a tendência à urbanização.

Nada disso tem a intenção de minimizar os problemas de longo prazo causados pelo aquecimento global e por nossa dependência dos combustíveis fósseis. Sem controle, essas duas tendências provavelmente terão efeitos desastrosos, e quanto mais cedo nos preocuparmos com seriedade na busca de soluções, melhor. Todavia, em ambos os casos, é possível que se comprove que uma das soluções fundamentais talvez seja encorajar as pessoas a se mudar para as regiões metropolitanas. Um planeta mais quente é ainda um planeta urbano, para o melhor ou o pior.

Ainda assim, isso não quer dizer que a urbanização contínua é inevitável. Apenas quer dizer que as ameaças potenciais virão de algum outro lugar. Muito provavelmente tomará a forma de algo que explore, de modo específico, a própria densidade urbana para nos prejudicar, assim como o *Vibrio cholerae* o fez há duzentos anos.

Logo após os ataques do 11 de Setembro, muitos analistas observaram que havia uma espécie de tenebrosa ironia na tecnologia empregada pelos terroristas; eles usaram o que eram, na verdade, instrumentos pré-históricos – facas – para se apossar de avançadas máquinas norte-americanas – quatro aviões Boeing da série 7 – e, em seguida, empregaram essa tecnologia como arma contra seus criadores. Mas, ainda que os aviões fossem claramente fundamentais para os ataques, a tecnologia avançada que provocou o maior número de mortes se encontrava em outro lugar: os terroristas exploraram igualmente o conhecimento técnico que permitiu que vinte e cinco mil pessoas ocupassem um edifício de cento e dez andares. (Considere-se, por exemplo, que a colisão precisa contra o edifício de cinco andares do Pentágono provocou somente setenta e nove mortes no solo.) O calor do combustível do avião e o impacto da colisão a mais de seiscentos quilômetros por hora foram armas letais naquela manhã, mas, sem a terrível energia potencial liberada por aqueles andares em colapso, o número de mortos seria consideravelmente menor.

Os perpetradores do 11 de Setembro estavam, em última instância, explorando o extraordinário avanço das tecnologias que viabilizaram as grandes densidades urbanas desde o nascimento dos arranha-céus no fim do século XIX. Havia quatrocentas pessoas por acre no Soho em 1854, o bairro mais densamente povoado de Londres. As Torres Gêmeas se erguiam sobre um terreno de aproximadamente um acre e, no entanto, abrigavam, em um dia de trabalho, uma população de cinquenta mil pessoas. A grande densidade oferece uma longa lista de benefícios potenciais, mas também é um convite ao assassinato em massa – e, o que é pior, não é necessário um exército para que essa forma de assassinato ocorra. Precisa-se apenas de munição suficiente para destruir dois prédios e, num piscar de olhos, se tem uma quantidade de mortos comparável à dos dez anos de baixas norte-americanas durante a Guerra do Vietnã.

A grande densidade é o ingrediente crucial que frequentemente fica de fora das discussões sobre guerras assimétricas. Além do fato de a tecnologia ter dado a organizações cada vez menores acesso a armas cada vez mais mortais – sem dúvida um fator importante nessa história –, deve-se considerar o fato de que os padrões de aglomeração humana ao longo dos dois últimos séculos tornaram essas armas ainda mais mortais do que ocorreria caso se pudesse viajar no tempo de volta a 1800 para empregá-las. Ainda que se pudesse sequestrar um avião na época de John Snow, seria muito difícil encontrar uma área urbana suficientemente povoada para matar uma centena de civis no solo. Hoje o planeta está coberto de milhares de cidades que se oferecem como alvos muito mais atraentes. Caso a única ameaça com a qual os seres humanos se confrontem fosse a guerra assimétrica patrocinada pelos terroristas, nossa espécie estaria mais segura se cobrisse o planeta com extensões suburbanas e esvaziasse de vez as cidades. Mas não temos essa opção. Por isso, ou nos habituamos à previsível e ameaçadora presença dos terroristas – assim como a Londres vitoriana se habituou às terríveis pestes que varriam a cidade de tempos em tempos –, ou seguimos o exemplo de John Snow, a fim de descobrir uma forma legítima para conter essa ameaça.

Algumas ameaças, porém, talvez sejam intoleráveis. Para as cidades do século XXI, uma das mais aterradoras é um resquício da Guerra Fria: as armas nucleares. Conhecemos bem estes cenários apocalípticos: se uma bomba de hidrogênio de um megaton – grande demais para uma "mala-bomba", mas muito menor do que as atuais e sofisticadas armas de vinte e cinco megatons – fosse detonada ao lado da bomba-d'água da Broad Street, pulverizaria toda a região desde o Hyde Park até a ponte de Waterloo. Lançado em um dia de trabalho, o ataque liquidaria todo o governo britânico, reduzindo as Casas do Parlamento e o número 10 da Downing Street* a cinzas radioativas. A maior parte dos pontos turísticos de Londres – o Palácio de Buckingham, o Big Ben, a Abadia de Westminster – simplesmente deixaria de existir. Uma zona mais ampla, que se estenderia até Chelsea e Kensington e até o extremo leste da velha cidade, perderia noventa e oito por cento de seus moradores. Alguns quilômetros adiante – em Camden Town, Notting Hill ou East End –, metade da população morreria e boa parte das construções ficaria desfigurada. Qualquer um que assistisse diretamente à

* A residência oficial do primeiro-ministro britânico. (N.E.)

explosão ficaria cego pelo resto da vida; a maioria dos sobreviventes sofreria de terríveis doenças radioativas que tornariam a morte desejável. À medida que se afastasse do marco zero, a onda radioativa deixaria um vasto rastro de ocorrências de câncer e deformações genéticas.

Há ainda os efeitos secundários, os danos colaterais. Todo o governo seria substituído da noite para o dia; os prejuízos do centro financeiro da cidade seriam catastróficos para a economia mundial. O local exato da explosão ficaria inabitável por décadas. Cada morador de uma grande cidade do mundo – cada nova-iorquino e parisiense, cada pessoa em cada rua de Tóquio ou Hong Kong – identificaria mudanças em seu próprio meio: da segurança em números ao terror em massa. As maiores cidades do mundo se pareceriam com enormes pontos negros no centro de um alvo: milhões de vítimas potenciais convenientemente empilhadas em edifícios facilmente destrutíveis. Provavelmente um ataque como esse não interromperia a migração em direção às metrópoles – afinal, Hiroshima e Nagasaki não impediram que Tóquio se tornasse uma das maiores cidades do mundo. Entretanto, muitas explosões talvez mudassem esse quadro. Transformem nossas regiões metropolitanas em verdadeiros alvos nucleares e nos arriscamos a todo um novo tipo de "inverno nuclear": uma estação de êxodo em massa sem precedentes na história da humanidade.

Em outras palavras, seria uma péssima notícia. E essa notícia provavelmente seria trazida ao palco da história mundial por um cordial figurante, alguém que dirigisse uma caminhonete nas ruas do Soho e apertasse o gatilho. No mundo – até onde sabemos –, há vinte mil armas nucleares capazes de provocar esse tipo de dano. Em um planeta com mais de seis bilhões de habitantes, com certeza há milhares e milhares de almas perdidas dispostas a detonar uma dessas armas em um centro urbano superpovoado. Quanto tempo temos até que esses dois cenários se sobreponham?

O motorista da caminhonete não será detido pela lógica convencional da política de distensão da era nuclear (*détente*). Uma destruição mútua assegurada soa, na verdade, como um ótimo desenlace. A teoria dos jogos sempre teve problemas em lidar com jogadores que não tenham um interesse particular racional, e essas teorias de deterrência nuclear não são exceção. E, uma vez lançada a bomba, não há uma segunda linha de defesa – não há vacinas ou quarentenas que possam conter o pior dos cenários. Haverá mapas, mas serão mapas de incineração, ondas radioativas e sepulturas em massa. Ao contrário do mapa de Snow, que nos ajudou a compreender o cólera, tudo isso de nada valerá para o entendimento dessa ameaça. Simplesmente documentará a extensão da tragédia.

Os riscos da densidade urbana tornam-se mais explosivos – ou, dependendo do caso, mais infecciosos – à medida que o salário do medo é, cada vez mais, pago em moeda do século XXI: armas químicas ou biológicas, um vírus ou uma bactéria a serviço de terceiros, a fim de aterrorizar o planeta sem nenhum motivo particular a não ser sua inclinação fundamental à reprodução. Enquanto as pessoas ainda se preocupam com a sustentabilidade a longo prazo dos densos aglomerados urbanos, são essas armas autorreplicadoras, cada vez mais frequentes, que invocam os cenários apocalípticos. As redes de seres humanos e micróbios intimamente interligadas proporcionam um ótimo caso de estudo sobre o poder do crescimento exponencial. Caso dez pessoas sejam infectadas com o vírus Ébola em Montana, nos Estados Unidos, talvez sejam exterminadas cem outras pessoas dependendo do tempo necessário para que a primeira vítima chegue a um hospital – um ambiente de alta densidade. Todavia, caso se infectem dez pessoas com o Ébola no centro de Manhattan, pode-se matar um milhão, ou mais. As bombas tradicionais obviamente se tornam mais mortais quanto maior for a população que atingem, mas, nesse caso, a curva ascendente é linear. Em relação às epidemias, a mortalidade cresce exponencialmente.

Em setembro de 2004, agentes de saúde na Tailândia deram início a um programa de vacinação de avicultores contra a gripe, empregando vacinas que rotineiramente são distribuídas em países ocidentais todos os anos, no início da estação das gripes. Por vários meses, os especialistas em saúde ao redor do mundo clamavam por essa intervenção. Esse episódio foi, por si só, bastante revelador. As vacinas contra a gripe são eficazes somente contra os tipos A e B do vírus da *influenza* – aqueles que podem nos derrubar com febre e dores de cabeça por uma semana, mas que raramente são fatais, exceto nos muito jovens ou muito velhos. O risco de uma pandemia global que tenha origem em um desses vírus é praticamente nulo, o que justifica o fato de, historicamente, os agentes de saúde do Ocidente não terem se preocupado com a vacinação dos avicultores do outro lado do planeta. O vírus com o qual os agentes *estavam* preocupados – o H5N1, também conhecido como o vírus da gripe aviária – está completamente fora do alcance da vacina convencional. Então por que tantas organizações globais de saúde clamavam por vacinas na Ásia? Se estavam preocupados com a gripe aviária, por que prescreveram uma vacina que se sabia ineficaz contra ela?

A resposta a essa questão nos dá a medida do caminho percorrido, desde a epidemia da Broad Street, na compreensão tanto das rotas da doença quanto do código genético que constitui bactérias e vírus. Mas é igualmente representativa de uma linha de continuidade: de como as mesmas questões com que se debateram Snow e Whitehead nas ruas de Londres retornaram para nos assombrar, desta vez em uma escala global e não somente urbana. As ameaças específicas são agora de outra natureza e, de certa forma, mais perigosas, e os instrumentos à nossa disposição são muito mais avançados do que o discernimento estatístico e o trabalho de detetive de Snow. No entanto, o confronto com essas ameaças exige o mesmo tipo de raciocínio e engajamento que Snow e Whitehead aplicaram com brilhantismo ao surto da Broad Street.

Em todos os debates, posicionamentos e análises sérias sobre a gripe aviária que varreram o mundo na década passada desponta algo completamente inesperado: pelo que sabemos, o vírus que causou tal pânico internacional *ainda não existe*. Para ser exato, o H5N1 é um vírus tremendamente letal, com um índice de mortalidade em humanos próximo dos setenta e cinco por cento. Todavia, em sua encarnação atual, é incapaz de desencadear uma pandemia, pois lhe falta a capacidade de passar diretamente de um ser humano para outro. Pode se espalhar rapidamente em meio à população de galinhas e patos; e as aves podem, por sua vez, infectar os seres humanos. No entanto, aí se interrompe a cadeia de contaminação: uma vez que a maioria esmagadora de seres humanos do planeta não está em contato direto com as aves domésticas vivas, o H5N1 é incapaz de causar uma epidemia global.

Então por que os agentes de saúde de Londres, Washington e Roma estão preocupados com os avicultores da Tailândia? Afinal, por que, em primeiro lugar, se preocupar com a gripe aviária? Porque a vida microbiana tem uma fantástica aptidão para a mutação e a inovação. Basta que uma linhagem do H5N1 sofra algum tipo de mutação, que possibilite sua transmissão entre seres humanos, para que esse vírus possa desencadear uma epidemia que rivalizaria facilmente com a pandemia de gripe de 1918, que matou cerca de cem milhões de pessoas em todo o mundo.

Essa nova capacidade poderia ter origem em uma mutação aleatória no DNA do vírus. Para o H5N1, seria como ganhar na loteria genética, na qual suas chances de premiação seriam uma em um trilhão, mas, em um mundo com incalculáveis trilhões de vírus H5N1 pairando no ar, isso não é impossível de imaginar. No entanto, em um cenário mais provável, o H5N1 pegaria emprestado o código genético relevante diretamente de um outro organismo, em um processo conhecido como recombinação genética. Lembrem-se de que a transmissão do DNA entre bactérias e vírus unicelulares é muito mais promíscua do que a hereditariedade controlada e vertical dos organismos multicelulares. Um vírus pode permutar genes com outro de modo imediato. Imagine-se uma mulher morena que acordasse certa manhã com uma mecha de cabelos vermelhos, depois de ter trabalhado por um ano ao lado de uma colega ruiva. Simplesmente os genes para cabelos vermelhos resolveram um dia saltar de uma baia para outra do escritório e se manifestar em outro corpo. Isso soa absurdo, pois estamos acostumados com o modelo dos organismos eucariontes, mas esse seria um evento corriqueiro no microcosmo da vida bacteriana e viral.

A maior parte dos vírus da gripe comum possui a informação genética que lhe permite passar diretamente de um ser humano para outro. Uma vez que está intimamente relacionado ao vírus da gripe comum, seria uma questão relativamente simples para o H5N1 furtar um trecho do código genético pertinente e usufruir de imediato sua nova capacidade de transmissão entre humanos. Certamente seria mais fácil do que se deparar, por acaso, com a sequência correta através de mutação.

E é por isso que todo o mundo se interessou de repente em saber se os avicultores tailandeses haviam recebido suas doses de vacina contra a gripe: porque o mundo quer assegurar que o H5N1 permaneça o mais distante possível do vírus da gripe comum. Se os dois vírus se encontrarem dentro de um hospedeiro humano, uma linhagem mais virulenta do H5N1 pode emergir. Seu poder de contaminação poderia ser tão devastador quanto o do surto de *influenza* que varreu o mundo em 1918, com consequências ainda mais letais. Além disso, teria como habitat um planeta muito mais interconectado e densamente povoado do que o do início do século XX.

Para se ter a dimensão de quão mortal seria uma recombinação genética, basta olhar para a epidemia da Broad Street. Em 1996 dois cientistas de Harvard, John Mekalanos e Matthew K. Waldor, fizeram uma surpreendente descoberta sobre a origem do instinto assassino do *Vibrio cholerae*. Há dois componentes principais por trás do ataque da bactéria ao corpo humano: a fímbria TCP, que permite que ela se reproduza com fúria exponencial no intestino delgado, e a toxina do cólera, que desencadeia de fato a rápida desidratação do hospedeiro. Mekalanos e Waldor descobriram que o gene da toxina do cólera é alimentado, na realidade, por uma fonte externa: um bacteriófago denominado CTX. Sem os genes fornecidos pelo vírus, o *Vibrio cholerae* literalmente não sabe como se transformar em uma patogenia. A bactéria só aprende a matar ao pegar emprestada a informação genética de uma espécie inteiramente distinta. A troca entre o bacteriófago e a bactéria é um exemplo clássico de coevolução: dois organismos que cooperam em nível genético a fim de favorecer os respectivos interesses reprodutivos: o bacteriófago CTX se multiplica no interior do *Vibrio cholerae* e, em troca, o vírus oferece à bactéria uma dádiva que lhe permite aumentar significativamente suas chances de encontrar outro hospedeiro para infectar. Por mais improvável que possa parecer, o *Vibrio cholerae* não é um assassino nato. Ele precisa do bacteriófago CTX para passar para o mundo das trevas.

Por isso, temos boas razões para temer o cruzamento genético entre o H5N1 e o vírus da gripe comum. Mas deveríamos igualmente nos confortar ao perceber quanto avançamos em nossa capacidade de antecipar essas transmissões interespécies. Quando identificou a origem aquática do cólera em meados do século XIX, John Snow empregava as ferramentas da ciência e da estatística com o intuito de descobrir uma forma de superar os limites básicos de percepção espacial: a criatura que ele buscava era literalmente pequena demais para ser vista. Assim, Snow teve de identificá-la indiretamente: em padrões de vida e de morte que esvaziaram as ruas e as casas de um agitado centro metropolitano. Hoje já dominamos essa dimensão espacial: podemos observar à vontade o reino das bactérias com nossos olhos, podemos percorrer todo o caminho até os fios moleculares do DNA e, até mesmo, entrever suas conexões atômicas. Portanto, agora nos defrontamos com um outro limite perceptivo – não mais espacial, mas temporal. Usamos as mesmas ferramentas metodológicas que Snow, mas agora as empregamos para rastrear um vírus que não podemos ver simplesmente porque ainda não existe. A campanha de vacinação contra a gripe na Tailândia é um golpe preventivo contra um possível futuro. Ninguém sabe quando o H5N1 aprenderá a passar diretamente de um ser humano para outro, e, ao menos teoricamente, há a possibilidade que ele jamais desenvolva essa peculiaridade. Porém, se programar para essa emergência faz sentido, pois, se esse traço de fato se manifestar e se espalhar pelo mundo, não haverá o equivalente da manivela da bomba-d'água para se remover.

É por isso que estamos vacinando os avicultores da Tailândia e que as notícias da presença de algumas aves migratórias na Turquia causam arrepios em Los Angeles. É por isso que o reconhecimento de padrões, o conhecimento local e o mapeamento da doença, que ajudaram a compreender o fenômeno da Broad Street, nunca foram tão importantes como agora. É por isso que um compromisso permanente com as instituições de saúde pública constitui um dos papéis mais essenciais dos Estados e organismos internacionais. Caso o H5N1 de fato consiga permutar o trecho exato do DNA de um vírus da gripe do tipo A, poderíamos assistir a uma epidemia descontrolada que se alastraria por algumas das maiores cidades do mundo a uma velocidade inacreditável, em razão tanto das enormes densidades de nossas cidades quanto da conectividade global do transporte aéreo. Milhões poderiam morrer em poucos meses. Alguns especialistas acreditam que uma epidemia da magnitude da de 1918 é uma iminente inevitabilidade. Uma centena de milhões de mortos – a grande maioria dos quais moradores das grandes cidades – seria suficiente para devastar o processo de urbanização do planeta? Enquanto não houver uma temporada para eclosão de novas epidemias, assim como há a de furacões, isso é improvável. Mas pensemos no trauma prolongado que o 11 de Setembro infligiu a cada nova-iorquino que imagina se ainda é seguro permanecer na cidade. Quase todos optaram por ficar, é claro, e a população da cidade continua – admiravelmente – a se expandir, graças em grande parte à imigração dos países em desenvolvimento.

Mas imaginemos se quinhentos mil nova-iorquinos tivessem morrido de gripe em 2001, em vez de dois mil e quinhentos no desmoronamento de um arranha-céu. As mortes, por si só, dariam àquele ano o infame título da mais drástica e súbita perda populacional na história da cidade e, sem dúvida, seriam superadas pela grande quantidade de pessoas que abandonariam a cidade em busca da relativa segurança do campo. Minha mulher e eu somos apaixonadamente comprometidos com a ideia de criar nossos filhos em um ambiente urbano, mas, se quinhentos mil nova-iorquinos morressem no espaço de poucos meses, tenho certeza de que procuraríamos um novo lar. Faríamos isso com grande pesar e com a esperança de que voltaríamos depois de alguns anos, assim que as coisas se acalmassem. Mas nos mudaríamos da mesma forma.

É PERFEITAMENTE CONCEBÍVEL, PORTANTO, que um organismo vivo – ou um produto da evolução, ou mesmo da engenharia genética – possa ameaçar nossa monumental transformação em um planeta urbano. Mas há razão para se ter esperança. Temos uma janela de algumas décadas na qual os micróbios baseados em DNA manterão a capacidade de desencadear uma epidemia após a outra que podem eliminar uma parcela significativa da humanidade. No entanto, em certo ponto – daqui a dez ou quinze anos –, a janela pode muito bem se fechar e a ameaça arrefecer, da mesma forma que outras ameaças biológicas mais específicas arrefeceram no passado: pólio, varíola, catapora.

Se esse cenário se tornar realidade, a ameaça de uma pandemia será, no fim, derrotada por uma outra espécie de mapa – que não assinale vidas e mortes em uma rua da cidade ou surtos de gripe aviária, mas os nucleotídeos envoltos por uma dupla-hélice. Embora nossa capacidade de analisar a composição genética de qualquer forma de vida tenha feito surpreendentes avanços nos últimos dez anos, ainda estamos no início de uma revolução genômica. Já testemunhamos maravilhosos avanços em nossa *compreensão* do modo como os genes constituem os organismos, mas a *aplicação* desse conhecimento – particularmente no domínio da medicina – mal começou a dar os primeiros frutos. Daqui a uma ou duas décadas, talvez tenhamos instrumentos que nos permitirão analisar a composição genética de uma bactéria recém-descoberta, e, assim, usando modelos de computador, poderemos desenvolver vacinas eficazes ou drogas antivirais em poucos dias. Nesse estágio, o principal objetivo será a produção e distribuição de drogas. Descobriremos a cura para qualquer vírus nocivo que apareça; a questão será se teremos suprimento suficiente da cura para impedir o avanço da doença. Isso talvez exija também um novo tipo de infraestrutura urbana, que seria o equivalente do século XXI dos esgotos de Bazalgett: a construção de fábricas localizadas em cada centro metropolitano, prontas para produzir rapidamente milhões de vacinas na eventualidade de uma epidemia. Isso demandará a criação de instituições de saúde pública nos países em desenvolvimento – instituições que simplesmente ainda não existem – em conjunto com o compromisso renovado com a saúde pública no mundo industrializado, em particular nos Estados Unidos. No entanto, teremos à nossa disposição as ferramentas para lidar com as ameaças emergentes, caso sejamos suficientemente espertos para empregá-las.

A abordagem do século XX de combate aos vírus desenvolveu-se, em larga medida, na mesma escala temporal da própria evolução microbiana. Tem sido uma clássica corrida armamentista darwiniana. Tomamos uma amostra do mais prolífico vírus do ano anterior e o usamos como base para uma vacina que, em seguida, distribuímos ao sistema imunológico do público em geral; e os vírus desenvolvem novas maneiras de burlar essas vacinas e, então, criamos novas vacinas que, esperamos, darão conta das novas doenças causadas por vermes ou vírus. Porém, a revolução genômica permite que nossos mecanismos de defesa passem agora a operar em uma velocidade mais rápida do que a da evolução. Não mais estamos limitados às vacinas sazonais, feitas com as amostras do ano anterior. Temos a capacidade de projetar o futuro, antecipar variações e, de modo crescente, lidar com a ameaça específica apresentada pelo mais ativo vírus em ação. Nossa compreensão dos blocos constitutivos da vida avança de modo quase exponencial – graças, em parte, ao avanço exponencial da capacidade dos computadores conhecida como Lei de Moore. Porém, por si só, esses blocos não estão ficando mais complexos. O tipo A da *influenza* possui somente oito genes. Em virtude da recombinação genética da vida microbiana, esses oito genes apresentam uma surpreendente quantidade de variações; mas, afinal, essas possibilidades são finitas e não serão páreo para o processo de modelação à nossa disposição com a tecnologia de, digamos, 2025. Neste exato momento, disputamos uma corrida armamentista contra os micróbios, uma vez que, de fato, operamos na mesma escala em que eles se encontram. Os vírus são nossos inimigos e também nossos fornecedores de armas. Mas à medida que adentramos uma era de rápida análise e criação de protótipos moleculares, muda toda a abordagem. A complexidade de nossa compreensão das doenças microbiais já está avançando muito mais rápido do que a complexidade dos próprios micróbios. Cedo ou tarde, os micróbios ficarão para trás.

É possível, porém, que a corrida armamentista não seja só uma figura de linguagem. Deixado à própria sorte, talvez o vírus da gripe não se torne suficientemente complexo para desafiar a tecnologia da ciência genômica. Mas o que aconteceria se esta fosse usada para "armar" um vírus? A engenharia genética poderia , em última instância, superar a evolução, mas não seria algo bastante diverso se os vírus fossem, eles próprios, o produto dessa engenharia? As execráveis tendências da guerra assimétrica – tecnologias cada vez mais avançadas nas mãos de grupos cada vez menores – não se tornariam ainda mais execráveis com o desenvolvimento de armas biológicas? Se um homem-bomba, com explosivos caseiros, pode de fato tomar como refém o Exército norte-americano, imaginem o que faria tendo um vírus como arma.

A diferença crucial, no entanto, é que enquanto há vacinas contra as armas biológicas, elas não existem contra os explosivos. Efetivamente, qualquer agente baseado em DNA pode ser neutralizado após sua liberação por um grande número de mecanismos: detecção e mapeamento antecipado, quarentenas, vacinação preventiva, drogas antivirais. Todavia, não se pode neutralizar um explosivo após sua detonação. Por isso uma parte da civilização está fadada a conviver com homens-bomba, enquanto existirem ideologias políticas ou religiosas que encorajam as pessoas a se explodirem em locais lotados. Entretanto, as armas produzidas com base no DNA não têm o mesmo futuro, porque, para cada terrorista que se dedica à criação de uma arma biológica, há mil pesquisadores trabalhando na descoberta da cura. É inteiramente possível, é claro, que vejamos a liberação em algum lugar de um agente infeccioso desenvolvido em um laboratório criminoso. E é ao menos cabível que esse ataque possa desencadear uma pandemia que mate milhares ou milhões de pessoas – principalmente se um ataque como esse ocorrer nas próximas décadas, antes de nossos mecanismos de defesa terem amadurecido. Mas há boas razões para acreditar que os mecanismos de defesa, por fim, prevalecerão também nesse campo de batalha, não só porque serão fruto da compreensão da própria genética, mas também porque os recursos destinados ao seu desenvolvimento superarão significativamente os recursos devotados à criação de armas – supondo-se, é claro, que os Estados-nações mantenham suas proibições à produção de armas biológicas. O terrorismo biológico pode igualmente estar presente em nosso futuro e, se assim for, constituirá um dos mais terríveis capítulos da história das guerras humanas. A longo prazo, porém, não representará uma ameaça à nossa marcha em direção a um planeta urbano, se continuarmos a encorajar a pesquisa científica na busca de vacinas defensivas e outros tratamentos e permanecermos firmes em nosso embargo à pesquisa de armas biológicas com patrocínio governamental.

Aqui também o legado do mapa de Snow é essencial para a batalha. A peculiar ameaça de um ataque biológico reside no fato de que só nos tornamos cientes de que fomos atacados depois de algumas semanas desde a liberação do agente infeccioso. O maior risco de uma epidemia urbana deliberadamente planejada não é que não tenhamos a vacina, mas que reconheçamos o surto tarde demais para conter o avanço da doença com a administração da vacina. No século XXI, o combate a essa nova realidade exigirá uma versão atualizada do mapa de Snow, a fim de evidenciar o fluxo diário de vida e morte que constitui o metabolismo de uma cidade, o aumento e o declínio dos estados de saúde e doença. Teremos à nossa disposição ferramentas excepcionais para nos defender contra um ataque biológico, mas precisaremos primeiro *perceber* o ataque, antes de empregar essas medidas defensivas. Antes de lançar mão de toda a tecnologia com a qual Snow teria se espantado – os sequenciadores genômicos e as instalações para a produção maciça de antivirais –, precisaremos empregar uma tecnologia que Snow não teria dificuldade em reconhecer. Usaremos um mapa. Esse mapa, porém, não será ilustrado à mão com base em dados coletados de porta em porta. As informações serão colhidas por uma elaborada rede de sensores que farejarão o ar dos centros urbanos em busca de potenciais ameaças, ou por hospitais de pronto-socorro que relatarão sintomas incomuns entre seus pacientes, ou por sistemas de água que identificarão indícios de contaminação. Quase dois séculos depois de William Farr ter se deparado pela primeira vez com a ideia de reunir estatísticas semanais sobre a mortalidade da população britânica, a técnica da qual foi pioneiro atingiu um nível de precisão e abrangência que o deixaria admirado. Os vitorianos mal podiam ver as formas de vida microbiana que flutuavam em um prato debaixo de seu nariz. Hoje, uma molécula suspeita atravessa um sensor em Las Vegas e, dentro de poucas horas, as autoridades da Agência de Controle e Prevenção de Doenças, em Atlanta, já estão trabalhando no caso.

Há menos motivos para otimismo no que diz respeito às armas nucleares. Uma técnica que neutralize com eficiência a ameaça representada pelo vírus da *influenza* pode vir de um grande número de linhas de pesquisa: de nossa compreensão do vírus, do sistema imunológico humano e, até mesmo, do funcionamento do sistema respiratório. Há milhares de cientistas e bilhões de dólares anuais voltados para a descoberta de novas formas de combater doenças epidêmicas letais. No entanto, nenhum cientista se dedica à descoberta de um modo de neutralizar uma explosão nuclear, presumivelmente por um motivo bastante racional: é impossível neutralizar uma explosão nuclear. Fizemos alguns avanços na detecção – todos os artefatos nucleares emitem um sinal radioativo que pode ser captado por sensores –, mas a detecção não é uma alternativa infalível. (Se confiássemos exclusivamente em nossa habilidade de detecção de vírus emergentes, o combate a doenças epidêmicas pareceria igualmente pouco animador a longo prazo.) Há, na medicina, algumas pesquisas promissoras que inibiram os efeitos da contaminação radioativa e salvariam milhões de vidas no caso de uma explosão em uma metrópole, mas ainda assim outros milhões morreriam em decorrência da explosão.

Caso se olhe unicamente para o lado nefasto da equação, tanto as doenças epidêmicas quanto as explosões nucleares parecem, no momento, que se tornarão uma ameaça cada vez maior ao longo das próximas décadas: em razão da grande densidade urbana e das viagens de avião, bem como da facilidade de adquirir material radioativo e construir a própria bomba, decorrente do colapso da União Soviética e do aumento da capacidade tecnológica. (Enquanto escrevo, o mundo discute as implicações do renovado interesse do Irã em um programa nuclear.) Porém, caso se olhe para o outro lado da equação – nossa capacidade de neutralizar a ameaça –, a história é bem diferente. Nossa capacidade de tornar um vírus inócuo cresce em um ritmo exponencial, enquanto a nossa capacidade de desfazer os danos causados pela detonação de um artefato nuclear é, literalmente, inexistente, sem qualquer perspectiva de que venha *algum dia* a ser tecnicamente possível.

Em certo sentido, o problema nuclear talvez jamais encontre uma solução e, no fim, a questão pode se resumir a saber com que frequência uma nação criminosa ou uma célula terrorista consegue pôr as mãos em um artefato desses. Talvez as explosões nucleares nas cidades venham a se tornar algo como um grande evento a cada cem anos: uma bomba é detonada uma vez a cada século, milhões morrem, o planeta treme de horror e, vagarosamente, volta a cuidar da vida. Se for esse o caminho, a longo prazo, o sentimento de sustentabilidade urbana provavelmente permanecerá inalterado. No entanto, se a guerra assimétrica se tornar uma tendência e os homens-bomba detonarem seus dispositivos a cada década, em algum momento ninguém mais apostará suas fichas nas metrópoles.

Nossa conversão para um planeta urbano não é, portanto, de modo algum, irreversível. As mesmas forças que impulsionaram a revolução urbana em um primeiro momento – a dimensão e a conectividade da vida urbana – podem se voltar contra nós. Nas mãos de criminosos, vírus e armas podem mais uma vez tornar as áreas urbanas locais de morte e terror em massa. Mas se desejamos manter o modelo de sustentabilidade da vida metropolitana que Snow e Whitehead ajudaram a tornar possível há cento e cinquenta anos, ao menos duas coisas são nossa obrigação. A primeira é abraçar – como uma questão de filosofia de vida e de política pública – as descobertas da ciência, em particular nos campos que descendem da grande revolução darwinista que começou apenas alguns poucos anos depois da morte de Snow: genética, teoria evolucionista, ciência ambiental. Nossa segurança depende de nossa capacidade de prever o caminho evolucionário que vírus e bactérias tomarão nas próximas décadas, assim como a segurança na época de Snow dependia da aplicação racional do método científico às questões de saúde pública. Ontem e hoje, a superstição não representa somente uma ameaça à verdade. É igualmente uma ameaça à segurança nacional.

A segunda é nos comprometermos, mais uma vez, tanto no mundo desenvolvido quanto no em desenvolvimento, com o modelo de saúde pública que se desenvolveu no rastro do surto da Broad Street: abastecimento de água potável, serviços de remoção e reciclagem de lixo, programas de vacinação, programas de detecção e mapeamento de doenças. O cólera demonstrou que o mundo do século XIX era mais conectado do que jamais fora, que os problemas locais de saúde pública poderiam rapidamente repercutir ao redor do mundo. Em uma época de megacidades e viagens de avião, a conectividade é ainda mais pronunciada, para o melhor e para o pior.

Sob muitos aspectos, no que diz respeito a esses dois objetivos, a história dos últimos anos não é muito edificante. A "teoria" da criação inteligente (criacionismo) continua a desafiar o modelo darwiniano, nas cortes e na opinião pública; os Estados Unidos parecem estar gastando mais tempo e dinheiro na proposição de novas armas nucleares do que na eliminação das que já existem; os gastos per capita com saúde pública estão em declínio; enquanto escrevo, Angola enfrenta o pior surto de cólera que se viu nos últimos dez anos.

Porém, se as atuais perspectivas parecem desoladoras, basta pensar em Snow e Whitehead atravessando as ruas de Londres tantos anos atrás. O flagelo do cólera parecia, então, igualmente incontornável e a superstição tendia a marcar uma época. No entanto, no fim, ou ao menos mais próximo do fim do que conseguimos até agora, as forças da razão prevaleceram. Removeu-se a manivela da bomba-d'água, elaborou-se o mapa, abandonou-se a teoria do miasma, construíram-se os esgotos, saneou-se a água. Em meio aos desafios impostos pelo infortúnio dos dias de hoje, esse é o último consolo que o surto da Broad Street nos proporciona. Não importa quão aterradoras sejam as ameaças que enfrentamos, há solução, se compreendermos o problema subjacente, se ouvirmos a ciência e não a superstição, se mantivermos aberto o canal para vozes dissonantes que podem, na realidade, estar com a razão. Os desafios globais que enfrentamos não são necessariamente uma crise apocalíptica do capitalismo ou o choque final da arrogante humanidade com o equilibrado espírito de Gaia. No passado, enfrentamos crises igualmente terríveis. Só nos resta saber se saberemos contornar essa crise sem matar dez milhões de pessoas, ou mais. Então, mãos à obra.

Nota do autor

Este livro é uma narrativa histórica dos eventos que se desenrolaram em Londres, em setembro de 1854, com base nos muitos relatos de sobreviventes e nas exaustivas investigações feitas pelas autoridades nos meses que se seguiram ao surto. Todos os diálogos citados no texto provêm desses relatos de primeira mão e, onde existem imprecisões sobre nomes ou sobre a sequência dos eventos, fiz uma observação a esse respeito no texto ou nas notas finais. A única licença literária de que lancei mão foi a atribuição de pensamentos a certos indivíduos em alguns pontos específicos da narrativa. Nesses casos, de acordo com os registros históricos, está claro que, em algum momento, antes ou depois da epidemia, tais pensamentos ocorreram. Simplesmente fiz uma suposição, com base em fatos ou informações, sobre o momento exato em que lhes vieram à mente.

Notas

p.13: A seu redor, agitavam-se os lameiros... H. Mayhew, *London Labour*, p.150.

p.14: Acima do rio, nas ruas... "O cocô coletado é usado pelos curtidores de couro e, em especial, por aqueles que se dedicam à produção do marroquim e da pelica. Estes são oriundos das peles de bodes e cabritos, importadas em grande quantidade, e do couro de carneiros e cordeiros, que são o falso marroquim e pelica do 'emporcalhado' comércio de couro e que são usados pelo melhores sapateiros, encadernadores e fabricantes de luvas, em razão da pouca exigência de seus negócios. O excremento de cachorro, bem como o de pombo, é igualmente empregado pelos curtidores na tintura dos tipos mais finos de couro, como a pele de bezerro, que, para esse fim, são colocados em tambores com uma mistura de cal e casca de árvore. Na fabricação do marroquim e do couro de carneiro, o operário esfrega com as próprias mãos o excremento sobre a pele que está trabalhando. Disse-me um experiente curtidor que isso é feito para 'purificar' o couro, e, desse termo, derivou o termo '*pure*' (cocô). O esterco tem qualidades adstringentes, bem como altamente alcalinas, ou, para usar a expressão de meu informante, 'polidoras'. Quando se esfrega o cocô na carne (interior da cutícula) ou no grão da pele (exterior da cutícula) e a pele, assim purificada, é pendurada para secar, o esterco remove, por assim dizer, toda a umidade, que, caso permanecesse, levaria ao apodrecimento ou à imperfeita curtição da peça." Ibid., p.143.

p.14: "A que mundo pertence um homem morto?"... C. Dickens, *Black House*, p.7.

p.14: "Em geral o catador de ossos leva"... H. Mayhew, op.cit., p.139.

p.16: "a mais desagradável entre todas as manufaturas"... Ibid., p.143.

p.16: "A remoção de dejetos de uma grande cidade"... Ibid., p.159. "Ora, em Londres, a remoção de resíduos não é uma tarefa fácil, consistindo, por assim dizer, em uma limpeza de dois mil e oitocentos quilômetros de ruas e estradas; da coleta dos restos depositados em trezentas mil latas de lixo; do esvaziamento (de acordo com os registros do Comitê de Saúde) de um igual número de fossas; e da varredura de quase três milhões de chaminés." Ibid., p.162.

p.16: o Coliseu serviu como uma verdadeira pedreira... W.L. Rathje e C. Murphy, *Rubbish!*, p.192.

p.19: No entanto, se as bactérias desaparecessem da noite para o dia... "Tão significativas são, na verdade, as bactérias e sua evolução, que a divisão fundamental das formas de vida na Terra não é entre as plantas e os animais, como normalmente se acredita, mas entre os procariontes – organismos cujas células são desprovidas de núcleo, isto é, as bactérias – e os eucariontes – todas as outras formas de vida. Nos primeiros dois bilhões de anos na Terra, os procariontes continuadamente transformaram a superfície e a atmosfera terrestres. Inventaram os mais diminutos e essenciais processos vitais e sistemas químicos – conquistas que, até o momento, a humanidade ainda não reproduziu. Essa antiga e sofisticada biotecnologia levou ao desenvolvimento da fermentação, da fotossíntese, da respiração do oxigênio e da remoção do nitrogênio da atmosfera. Levou igualmente à crise de fome mundial, à poluição e à extinção, muito antes do alvorecer das formas de vida mais complexas." L. Margulis, *Microcosmos*, p.28.

p.19: Nenhuma descrição da Londres daquele período estaria completa... *Punch* (n.27, 2 set 1854, p.102) até mesmo capturou a fedentina da metrópole em versos:

In every street is a yawning sewer;
In every court is a gutter impure;
The river runs stinking , and all its brink
Is a fringe of every delectable stinck:
Bone-boilers and gas-workers and gut-makers there
Are poisoning earth and polluting air.
But touch them who dares; prevent them who can;
*What is the health to the wealth of man?**

p.20: afundou em merda humana... S. Halliday, *The Great Stink of London*, p.119.

p.21: "Descobri que toda a área dos porões"... Ibid., p.40.

p.21: um monte de esterco... L. Picard, *Victorian London*, p.60.

p.21-2: Percorremos, então, a London Street... H. Mayhew, in *Morning Chronicle*, 24 set 1849.

p.22: Os visitantes, sem dúvida, se maravilharam... S. Halliday, op.cit., p.42.

p.23-4: Os cadáveres [dos desvalidos]... F. Engels, *A situação da classe operária na Inglaterra*, p.55.

p.24: "em carne humana até os joelhos"... L. Picard, op.cit., p.297.

---

* Em cada rua há um esgoto aberto;/ Em cada pátio uma sarjeta impura;/ Fétido, corre o rio, e todas as suas margens/ São franjas de deleitável fedor:/ ali, a cocção de ossos, a produção de gás e a manufatura de cordas com tripas de animais/ Contaminam a terra e poluem o ar./ Mas quem ousa tocá-las; quem pode evitá-las; o que representa a saúde para a riqueza do homem?

p.24: um cemitério cercado... C. Dickens, op.cit., p.165.

p.24: "Não há qualquer documento de civilização"... W. Benjamin, *Illuminations*, p.256.

p.26: Finalmente, o inexorável apelo da cidade... J. Summers, *A History of London's Most Colourful Neighbourhood*, p.15-7.

p.26: Outro irmão de Blake abriu uma padaria... Ibid., p.121.

p.27: "No bairro de Londres"... C. Dickens, *Nicholas Nickleby*, p.162-3.

p.28: "[O apartamento] tem dois cômodos"... Apud. J. Summers, op.cit., p.91.

p.30-1: A certa altura, no fim de 1840... P. Vinten-Johansen et al., *Cholera*, p.283.

p.31: Pestes e agitações políticas... O democrata radical James Kay-Shuttleworth descreveu o cólera como uma oportunidade para explorar "os domicílios da pobreza ... os becos estreitos, os pátios abarrotados, as superpovoadas moradias do infortúnio, nas quais o pauperismo e a doença se unem ao redor do berço do descontentamento social e da desordem política no centro de nossas grandes cidades, e olhar, com alarme, no canteiro da pestilência, as doenças que corrompem em segredo, no próprio coração da sociedade". Apud. P. Vinten-Johansen et al., op.cit., p.170.

p.34: "Prestem atenção, o homem"... H.D. Rawnsley, *Henry Whitehead*, p.4.

p.34-5: "Não se percebe"... Ibid., p.32.

p.35: Em alguns casos, estas eram inçadas... L. Picard, op.cit., p.2.

p.35: definia o espaço que o "cavalheiro"... H.D. Rawnsley, op.cit., p.34.

p.36: em troca de árduos trabalhos... Embora, de uma forma ou de outra, os asilos existissem havia muitos séculos, a Emenda à Lei dos Pobres de 1834 aumentou significativamente seu número e a severidade do "castigo" que impingiam aos desvalidos do período: "Sob a nova lei, o asilo da União tinha a intenção ... de ser uma forma de intimidação aos desvalidos mais robustos. Foi esse um princípio que se conservou na renovação do 'exame do asilo' – um parco alívio que somente seria concedido àqueles suficientemente desesperados a ponto de ousar adentrar as repugnantes condições da instituição. Se um homem robusto ali penetrava, toda a sua família era obrigada a acompanhá-lo. Homens, mulheres, crianças, indivíduos sãos e enfermos eram abrigados separadamente e recebiam porções extremamente simples e fastidiosas de comida, tais como mingau ou pão com queijo. Todos os internos eram obrigados a vestir o uniforme grosseiro do asilo e a dormir em alojamentos coletivos. Os banhos, supervisionados, ocorriam uma vez por semana. Os mais robustos ficavam encarregados de trabalhos árduos, como quebrar pedras ou desfiar cordas velhas. ... Os idosos e os enfermos sentavam-se nos salões de convivência ou nas alas dos doentes, com poucas oportunidades de visita. Aos pais ... permitia-se um limitado contato com os filhos – quando muito, uma hora por semana nas tardes de domingo." Ver: www.workhouses.org.uk.

p.37: "o ruidoso e o impetuoso"... C. Dickens, *Little Dorrit* (Londres, Wordsworth, 1996), p.778.

p.40: "irrompeu ... com extraordinária impetuosidade"... *Times*, 12 set 1849, p.2.

p.41: A epidemia de 1848-49... T. Koch, *Cartographies of Disease: Maps, Mapping, and Medicine*, p.42.

p.41: "Enquanto o mecanismo da vida"... *Times*, 13 set 1849, p.6.

p.41: "fisionomia bastante contraída"... D. Shephard, *John Snow: Anaesthetist to a Queen and Epidemiologist to a Nation: A Biography*, p.158.

p.43: Com exceção de alguns poucos complexos incomuns... "Louis Pasteur, que comprovou a origem microbiana de doenças tão avassaladoras como a febre aftosa, a peste e a degradação do vinho, estabeleceu, desde o início, o caráter dessa relação. O contexto em que ocorreu o encontro entre o intelecto e as bactérias definiu a medicina como um campo de batalha: as bactérias eram vistas como 'germes' que precisavam ser destruídos. Somente agora começamos a apreciar o fato de que as bactérias são normais e necessárias para o corpo humano e que a saúde não depende tanto da destruição dos microrganismos, mas principalmente da restauração das comunidades microbianas adequadas." L. Margulis, op.cit., p.95.

p.43: Um copo de água contém facilmente... Boa parte das informações sobre o tamanho, a visibilidade e a taxa de reprodução do *Vibrio cholerae* provém de uma entrevista com o professor de Harvard John Mekalanos. Os Centros de Controle de Doença têm um excelente apanhado sobre o cólera, disponível *online* no seguinte endereço: www.cdc.gov/ncidod/dbmd/diseaseinfo/cholera_g.htm.

p.45: "Algumas espécies de animais que se adaptaram totalmente"... Ibid., p.183.

p.47: "Vivemos um maravilhoso momento"... Apud. L. Picard, op.cit., p.215. Embora a Grande Exposição seja mais célebre do que a epidemia da Broad Street, em um estranho sentido, os dois eventos apresentam, em contraste, um valor simbólico comparável: por um lado, a Grande Exposição marca a emergência de uma cultura verdadeiramente global, com todo o dinamismo e a diversidade que sugere; por outro, a Broad Street assinala a emergência de uma cultura metropolitana, com todas as promessas e os perigos que oferece. O século XX seria, afinal, a história de cidades cada vez maiores, cada vez mais interconectadas; a Grande Exposição e a Broad Street contribuíram, cada qual à sua maneira, para tornar isso realidade.

p.48: "Fundamentalmente todas as bactérias do mundo"... L. Margulis, op.cit., p.30.

p.50: Thomas Latta, um médico britânico, defrontou-se... D. Shephard, op.cit., p.158.

p.51-2: "entre os primeiros a reconhecerem"... T. Standage, *História do mundo em 6 copos*, p.185. "O elixir da vida vendido por um certo Dr. Kidd, por exemplo, alegava ser capaz de curar 'qualquer doença conhecida. ... Os mancos jogaram fora suas muletas e andaram depois de duas ou três experiências com o remédio. ... Reumatismo, nevralgia, doenças do estômago, do coração, do fígado, dos rins, do sangue e da pele desaparecem como se fosse mágica'. Os jornais que publicavam esses anúncios não faziam perguntas. Consideravam bem-vinda a receita, proveniente deles que permitiu à indústria dos jornais expandir-se enormemente: ao final do século XIX, os remédios patenteados representavam a maior fonte de anúncios em jornais. Os produtores do óleo de Santo Jacó – que se dizia capaz de curar 'músculos doloridos', gastaram 500 mil dólares em propaganda em 1881, e alguns anunciantes estavam gastando mais de um milhão de dólares por ano em 1895."

p.52: "FEBRE e CÓLERA"... *Morning Chronicle*, 7 set 1854.

p.52-3: "Prezado senhor, observei"... *Morning Chronicle*, 25 ago 1854.

p.53: "Permitam-me ... gentilmente"... *Times*, 18 ago 1854, p.9.

p.54: "Prezado senhor, persuadido"... *Times*, 21 set 1854, p.7.

p.54-5: "É realmente nauseante"... *Punch*, n.27, 2 set 1854, p.86.

p.56: "Tendo, por fim, emergido"... *Morning Chronicle*, 1º set 1854, p.4.

p.56: Durante a noite, as costumeiras visitas de Henry Whitehead... As experiências e os pensamentos de Henry Whitehead apresentados aqui se baseiam inteiramente em quatro relatos sobre o surto de autoria do próprio Whitehead: *The Cholera in Berwick Street*, o panfleto original, publicado logo após o fim do surto; o relatório oficial para a Comissão de Investigação do Cólera, publicado no ano seguinte; um artigo em que relembra a epidemia, publicado na *Macmillan's Magazine* em 1865; e a transcrição de um discurso surpreendentemente longo, proferido em um jantar de despedida na noite de sua partida de Londres em 1873, publicado na biografia de H.D. Rawnsley, em 1898.

p.58: Todos, com uma única exceção, morreriam. H. Whitehead, *The Cholera in Berwick Street*, p.5.

p.62: Porém, um contumaz visitante do Soho... Os detalhes da investigação de John Snow sobre o surto da Broad Street se baseiam primordialmente em sua descrição da epidemia e seus desdobramentos, publicada no relatório da Comissão de Investigação do Cólera de 1855, e em sua monografia revisada, *On the Mode of Communication of Cholera*.

p.62: Evitaria em larga medida a carne... Detalhes sobre a vida de Snow que antecedem às investigações sobre o cólera se baseiam em quatro fontes primárias: a hagiografia de Richardson, "The Life of John Snow", publicada logo após a morte deste; a biografia de David Shephard, *John Snow: Anaesthetist to a Queen and Epidemiologist to a Nation*; o estupendo *Cholera, Chloroform, and the Science of Medicine*; e o inestimável arquivo *online* de Ralph Frerich sobre John Snow, hospedado pela Escola de Saúde Pública da Ucla.

p.63: Um título universitário abria... "Com experiência clínica e leitos para seus pacientes em um dos hospitais-escola de Londres, um sujeito, com o caráter e a formação adequados, poderia angariar uma boa dose de sucesso no atendimento à alta sociedade. O chamariz de leitos em hospitais privados seduzia uma grande quantidade de médicos. Para eles, o título universitário – um mestrado em ciências humanas ou em medicina, em especial de Oxford ou Cambridge – era importante não tanto por suas glórias acadêmicas, mas por sua chancela social, pois, caso desejassem praticar em círculos da moda, era tão importante ser visto como um cavalheiro quanto como um médico de boa formação. Um conhecimento de latim e grego abria as portas para esse tipo de prática tanto quanto o conhecimento da própria medicina." D. Shephard, op.cit., p.21.

p.64: Seu primeiro texto... "As experiências com o arsênico revelam o trabalho adicional de Snow como cientista, a fim de se manter a par das novas abordagens científicas que faziam parte de seu treinamento. Nessas experiências, sua abordagem evidencia igualmente um modelo que reapareceria em suas pesquisas sobre a anestesia e o cólera. Em um estágio inicial da carreira, demonstrou uma grande capacidade para estabelecer uma série de experimentos que identificava um agente em circulação nas salas de dissecação de uma escola de medicina, nas salas em que se queimava o arsênico e nos corpos de qualquer um que as adentrasse. Isto é, Snow já estava preocupado com a análise química, empregando experimentos animais e levantando questões sobre o que, mais tarde, chamaria de maneiras de transmissão – as vias por meio das quais determinado agente infeccioso se introduziu em uma comunidade, e onde e como ele se alojava no corpo." P. Vinten-Johansen et al., op.cit., p.73.

p.64: "seria melhor o sr. Snow dedicar-se"... "A afirmação de Wakley [editor do *Lancet*] pode ser compreendida como uma reprimenda: Snow era um desconhecido em busca de renome por meio da crítica a seus antecessores. Também pode ser entendida como a reação irritada de um editor que julgava estar sendo criticado por Snow por incluir artigos inexatos em seu jornal. E pode, ainda, ser entendida como uma delicada, embora canhestra, advertência feita por um velho colega para que Snow se controlasse em um estágio tão inicial de sua carreira. Qualquer que fosse sua intenção, o comentário de Wakley era evidentemente injusto com Snow. A primeira carta que este escreveu ao editor apresentara em detalhes as experiências com o arsênico e o *Lancet* noticiara os encontros da Westminster Society nos quais Snow lera vários textos sobre suas investigações. Ao que parece, ficara ofendido, uma vez que encontrou uma recepção mais amigável na [*Gazeta Médica de Londres*]." Ibid., p.89.

p.66: "Quando o aço terrível penetrou"... "Antes do advento de anestesias eficazes, as cirurgias eletivas raramente eram realizadas. De 1821 a 1846, os relatórios anuais do Hospital Geral de Massachusetts registraram trezentas e trinta e três cirurgias, representando quase uma intervenção por mês. A cirurgia era um recurso último e desesperado. Ao relembrar em 1897 as cirurgias do período pré-anestésico, um velho médico de Boston comparava-as à Inquisição espanhola. Recordava 'os brados e os gritos, mais terríveis agora em minha lembrança, após a passagem de tantos anos. ... Em uma dessas operações, realizada pelo cirurgião-chefe do hospital, John Collins Warren, a ponta cancerosa da língua de um jovem paciente foi decepada pelo súbito e decisivo golpe de uma faca, e, em seguida, aproximou-se um ferro em brasa do ferimento a fim de cauterizá-lo. Ensandecido pela dor e pelo chiado da carne tostada em sua boca, o paciente, em um esforço explosivo, livrou-se das amarras e foi necessário contê-lo antes que a cauterização fosse concluída, tendo seu lábio inferior se queimado durante o procedimento'." J. Sullivan, "Surgery Before Anesthesia", in *ASA Newsletter*.

p.68: Alcança a pena... Richardson, o primeiro biógrafo de Snow, relatou que ele investigara as seguintes substâncias: "Ácido tânico, gás carbônico, cianogênio, cianídrico, cloreto de etileno, amoníaco, nitrogênio, éter amílico, bufa-de-lobo, álcool alílico, cianeto de etileno, cloreto de amila, um hidrocarboneto que deriva do amileno." Em uma nota, acrescentou: "Se, após essas investigações, a substância se mostrava relevante, passava a aplicá-la em seres humanos; e sua primeira cobaia era, invariavelmente, ele mesmo." B.W. Richardson, *John Snow, On Chloroform and Other Anaesthetics*, p.28.

p.69: "Quinta-feira, 7 de abril"... J. Snow e R.H. Ellis, *The Case Books of Dr. John Snow*, p.271.

p.70: Sua mente percorria com prazer... Vinten-Johansen assinala esse ponto com a costumeira eloquência: "O raciocínio de Snow constituía um sistema de redes. Ele raramente lidava com cadeias lineares de causas e efeitos, mas como redes inter-relacionadas de causas e efeitos. Via o organismo humano e o mundo em que habitava como um sistema complexo de variáveis inter-relacionadas, qualquer uma das quais, temporariamente isolada para um estudo cuidadoso, talvez oferecesse uma pista proveitosa para o problema clínico-científico – mas somente quando vista no contexto apropriado e somente quando a variável, depois de ter sido isolada para estudo, voltava a ocupar seu lugar no sistema e passava a ser estudada em seu ambiente natural." P. Vinten-Johansen et al., op.cit., p.95.

p.71: "Podemos apenas supor a existência"... "History of the Rise, Progress, Ravages etc. of the Blue Cholera of India", *Lancet*, 1831, p.241-84.

p.72: Quando a epidemia arrefeceu... Praticamente todos os detalhes sobre os surtos de cólera – e as respectivas investigações de Snow – que levaram ao episódio da Broad Street baseiam-se nos próprios relatos de Snow, publicados nas várias edições de *On the Mode and Communication of Cholera.*

p.76: não incluía a pista falsa... J.M. Eyler, "The Changing Assessments of John Snow's and William Farr's Cholera Studies", *Sozial- und Präventivmedizin,* n.46, 2001, p.225-32.

p.76: O *experimentum crucis* seria... *Gazeta Médica de Londres,* n.9,1849, p.466.

p.84: Os jornais da época viviam recheados... Às vezes, na área central de Londres, as entregas postais levavam apenas uma hora para chegar ao destino. Uma residência podia esperar doze entregas regulares em um dia da semana. L. Picard, op.cit., p.68.

p.85: "Afirma-se que a noite de sexta-feira"... *Observer*, 3 set 1854, p.5.

p.86: Um estudo sobre as taxas de mortalidade de 1842... L. Picard, op.cit., p.180.

p.86: "Jo vive – quer dizer"... C. Dickens, op.cit., p.475.

p.87: "As estradas, em todas as direções"... Apud. C.E. Rosenberg, *The Cholera Years: The United States in 1832, 1849, and 1866*, p.28.

p.89: "O imenso número de incêndios"... Apud. R. Porter, *London: A Social History*, p.162.

p.90: "as casas se tornarão muito numerosas"... Ibid., p.164.

p.91: A engenharia ocasional ... das colônias de formigas... Para saber mais sobre a relação entre a organização e a sagacidade das colônias de formigas e o desenvolvimento coletivo das cidades, ver meu livro *Emergence*, de 2001. Eis a citação completa de Wordsworth: "Rise up, thou monstrous ant-hill on the plain/ Of a too busy world! Before me flow/ Thou endless stream of men and moving things!/ The every-day appearance, as it strikes –/ With wonder heightened, or sublimed by awe –/ On strangers, of all ages; the quick dance/ Of colours, lights, and forms ..."*

p.92: "cidade monstro ... se alongava"... Apud. R. Porter, op.cit., p.186.

p.93: O londrino que saboreasse uma xícara de chá... Para uma visão abrangente – e bastante divertida – do impacto sócio-histórico do chá (junto com outras bebidas) ver: T. Standage, *História do mundo em 6 copos*, Rio de Janeiro, Zahar, 2005.

p.94: Um conjunto de moléculas de água... A.S. Iberall, *Self-Organizing Systems: The Emergence of Order*, p.531-3.

p.95: Em certo sentido, a Revolução Industrial... "Se a fábrica a vapor, produzindo para o mercado mundial, foi o primeiro fator que levou ao aumento da área de congestão urbana, o novo sistema de transporte ferroviário, depois de 1830, estimulou ainda mais essa tendência. A energia estava concentrada nas minas de carvão. Onde quer que o carvão pudesse ser explorado ou obtido, empregando meios de transporte baratos, a indústria podia produzir regularmente ao longo de todo o ano, sem interrupções sazonais por falta de energia. Em um sistema de negócios que se baseia em contratos e pagamentos temporais, essa regularidade era extremamente importante. O carvão e o ferro exerciam uma força gravitacional sobre muitas indústrias subsidiárias e secundárias: primeiro, por meio do canal; e, em seguida, após 1830, por meio das novas ferrovias. Uma relação direta com as áreas mineradoras era uma condição básica para um aglomerado urbano: até nossos dias, a principal mercadoria transportada pelas ferrovias era o carvão utilizado como fonte de calor e de energia." L. Mumford, *The City in History: Its Origins, Its Transformations and Its Prospects*, p.457.

p.95: um operário afirmou que gastava... L. Picard, op.cit., p.82.

p.95: Amplamente livres dos agentes de doenças transmissíveis pela água... T. Standage, op.cit., p.201.

p.98: John Snow iria para o túmulo... Uma visão abrangente da descoberta da bactéria do cólera, incluindo o esboço biográfico do próprio Pacini, encontra-se disponível *online* no arquivo sobre John Snow da Ucla no endereço: www.ph.ucla.edu/EPI/snow/firstdiscoveredcholera.html.

---

* "Erga-se, ó monstruoso formigueiro na planície/ De um mundo tão atarefado! Diante de mim flui/ Sua infindável torrente de homens e objetos móveis!/ A compleição cotidiana se lança/ Com elevado assombro, ou exaltado horror –/ Sobre os estranhos, de todas as idades; a rápida dança/ De cores, luzes e formas..."

p.100: Em meados da década de 1840, seus relatórios... "Dirigiu-se aos presidentes do Royal College of Physicians and Surgeons e da Sociedade dos Boticários e convenceu-os a escrever a seus membros em todo o reino, incitando-os 'a dar, em cada ocasião que se apresentasse aos nossos cuidados, o verdadeiro nome da doença fatal', para que fosse assinalado nos livros de registro locais, com base nos quais Farr compilava suas estatísticas. Ao mesmo tempo, Farr compilou uma 'estatística nosológica', que listava e definia vinte e sete categorias de doenças fatais a serem usadas pelos oficiais de registro locais no momento de relatar a causa de uma morte. Desse modo, a disenteria ('fluxo de sangue') se distinguia da diarreia ('lassidão, purgação, enfermidade do intestino'). Farr igualmente listou os 'sinônimos' e os 'termos provincianos' pelos quais as doenças podiam ser conhecidas em determinada localidade. As cartas foram redigidas em nome do Registro Geral, estabelecendo as qualificações necessárias para os oficiais de registro locais e também as instruções relacionadas às responsabilidades dos capitães de navios." S. Halliday, op.cit., p.223.

p.101: "Para medir os efeitos do abastecimento de água, a boa e a ruim"... Apud. P. Vinten-Johansen et al., op.cit., p.160. Os autores apresentam este instrutivo comentário sobre a própria expressão: "O uso de Farr do mesmo termo baconiano que Snow empregara em sua primeira publicação indica a importância do método hipotético-dedutivo para alguns médicos daquela geração. No laboratório se pode conduzir um 'experimento crucial' no qual duas amostras são tratadas de modo idêntico, exceto pelo fator em questão. Assim, os resultados do experimento comprovam, com exatidão, se a teoria subjacente está correta, mas Londres não era um laboratório."

p.102: Para digerir grandes quantidades de álcool... M. Ridley, *Genome: The Autobiography of a Species in 23 Chapters*, p.192.

p.103: Um origina a efervescência; outro, a ebulição. L. Margulis, op.cit., p.75.

p.104: A S&V optou por protelar a mudança... De muitas maneiras, o "grande experimento" de Snow com o suprimento de água metropolitano é um exemplo de investigação médica mais expressivo – e, por certo, mais persuasivo – do que o caso da Broad Street. Para um relato detalhado, ver P. Vinten-Johansen et al., p.254-82.

p.105: "O experimento ... desenrolava-se na maior"... J. Snow, *On the Mode of Communication of Cholera*, p.75.

p.107: "Na Broad-street, na noite de segunda-feira"... *Observer*, 3 set 1854, p.5.

p.110: "Os guardiões da saúde pública vêm atuando"... *Times*, 6 set 1854, p.5.

p.111: Essa é a grande ironia de sua vida... Para saber mais sobre a vida de Chadwick, ver S.E. Finer, *The Life and Times of Sir Edwin Chadwick*.

p.111-2: "Todo mau cheiro, se intenso for, de imediato acentua a doença"... Apud. S. Halliday, op.cit., p.127.

p.112: Um em vinte apresentava amontoados de dejetos humanos... Ibid., p.133.

p.113: De acordo com a média dos resultados... Mayhew podia igualmente aplicar a esses temas um verniz filosófico, em uma linguagem que estava evidentemente à frente de seu tempo: "Ora, na natureza tudo se move em círculos – em perpétua transformação –, e, ainda assim, retorna ao ponto de partida. Nossos corpos estão em contínua decomposição e recomposição – de fato, o próprio processo de respiração não passa de uma decomposição. Assim como os animais se alimentam dos vegetais, o dejeto do animal é o alimento do vegetal. O gás carbônico que sai de nossos pulmões, e cuja inalação é para nós venenosa, não apenas é o ar vital das plantas, como também, de modo positivo, seu nutriente. Com a mesma maravilhosa economia que marca toda a criação, ordenou-se que aquela que é imprópria para o sustento dos organismos superiores seja, entre todas as substâncias, a que melhor se adaptou para dar força e vigor aos organismos inferiores. O que excretamos como poluição para o nosso sistema, eles absorvem como alimento. As plantas não são apenas lixeiros da natureza, mas purificadores desta. Removem a sujeira da terra e purificam a atmosfera, a fim de torná-la adequada à respiração dos seres de uma ordem mais elevada. Sem a criação vegetal, o animal não poderia ter existido ou existir. As plantas não só tornaram a Terra, em sua origem, o abrigo do homem e do animal irracional, mas também hoje a tornam habitável para nós. Para esse fim, sua natureza foi feita a exata antítese da nossa. O processo pelo qual vivemos é o processo pelo qual são destruídas. O que sustenta nossa respiração, produz, nelas, a putrefação. O que nossos pulmões expelem, os delas absorvem – o que nossos corpos rejeitam, suas raízes assimilam. ... Em todo Estado bem-estruturado, portanto, um meio eficaz e rápido para o transporte dos dejetos das pessoas para uma localidade em que possam ser fecundos, ao invés de destrutivos, torna-se objeto da mais importante reflexão. Tanto a saúde quanto a riqueza da nação dependem disso. Se tornar possível que duas hastes de trigo cresçam onde antes havia apenas uma é uma dádiva que se oferece ao mundo, certamente remover aquilo que permitirá que isso ocorra de imediato, ao mesmo tempo que purifica o próprio ar que respiramos, bem como a água que ingerimos, há de ser um benefício ainda maior para a sociedade. É, de fato, dar à comunidade não apenas o dobro da quantidade de alimento, mas o dobro da quantidade de saúde para usufruir. Estamos agora começando a compreender esse fato. Até o momento, apenas consideramos a remoção de nossos dejetos – a ideia de usá-los nunca penetrou em nossas cabeças. Foi somente quando a ciência nos ensinou a dependência de uma ordem da criação em relação a outra que começamos a perceber que o que parecia ser completamente inútil para nós era um capital da natureza – uma riqueza reservada para a futura produção." L. Mayhew, op.cit., p.160.

p.114: Ele igualmente considerou uma versão aquática... Outro visionário chamado William Hope acreditava que essas novas usinas de tratamento de esgoto deveriam atrair visitantes como uma espécie de parque temático dos excrementos: "As beldades de Londres poderiam sair para reabastecer suas perdidas energias no fim da estação, e ... talvez, eventualmente, pudessem assistir a uma palestra sobre agricultura feita pelo próprio agricultor, entre os goles de licor e os bafejos da brisa reconfortante." S. Halliday, op.cit., p.133.

p.115-6: "[Qualquer] Moradia ou construção"... Lei de Remoção de Estorvos e Prevenção de Doenças Contagiosas, 4 set 1848, p.1.

p.116: as tubulações começaram a entupir... S. Halliday, op.cit., p.30-4.

p.117: "agora o Tâmisa se tornou"... Ibid., p.35.

p.118-9: "Ao chegar aos arredores"... "A Visit to the Cholera Districts of Bermondsey", *Morning Chronicle*, 24 set 1849.

p.119: "Como se origina o cólera?" *Times*, 13 set 1854, p.6.

p.119: "teoria telúrica" ... "pecava por não incluir todos os fenômenos observados"... *Times*, 13 set 1846, p.6.

p.120: "O primeiro mandamento da enfermagem"... F. Nightingale, *Notes on Nursing* (Nova York, Dover, 1969), p.12.

p.120: "Se o teste der"... F. Nightingale, *Notes on Nursing: What It is, and What It Is Not*, p.17.

p.121-2: "Pode-se supor"... H. Mayhew, op.cit., p.152.

p.123: "Quem desejar investigar"... Hipócrates, *Hippocrates on Airs, Waters, and Places*, p.4.

p.123: "que a atmosfera, em todo o mundo"... Whitehead, op.cit., p.13.

p.124: Um estudo de 2003... J.P. Royet et al., p.724-6.

p.127: Para cada explorador de esgotos... Tom Koch apresenta um preciso e articulado panorama de alguns estudos estatísticos e cartográficos apresentados em defesa da teoria do miasma durante aquele período, incluindo uma obra sobre elevação de autoria de Farr. Na maioria dos casos, observa Koch, os estudos eram completa e intrinsecamente consistentes, mesmo que, em última instância, defendessem uma hipótese incorreta. "Embora a teoria do contágio pelo miasma estivesse incorreta, a relação inversa que se empregou para defendê-la era precisa. Que Acland e Farr não tenham visto o significado da relação não é um defeito dos pesquisadores ou do mapeamento que fizeram. Estavam em disputa diferentes teorias da doença, diferentes percepções da cidade e diferentes pressupostos sobre os dados necessários para um estudo patológico. Não se pode culpar um cientista por estar limitado pela ciência e o conhecimento de sua época." T. Koch, op.cit., p.126.

p.128: "Eu acreditava que a probabilidade"... Apud. P. Vinten-Johansen et al., op.cit., p.174.

p.136: Snow observou outra expressiva ausência... Há, nos registros da história, uma controvérsia acerca do exato momento em que se desenrolaram essas investigações. A pesquisa de Snow sobre a Broad Street se desenvolveu, basicamente, em duas fases: uma rápida investigação do bairro enquanto o surto ainda grassava e, em seguida, um estudo mais longo que começou algumas semanas após o surto se encerrar, baseado, em parte, nos relatos de segunda mão feitos por outros cirurgiões e médicos do bairro. Snow pode, na verdade, ter se deparado com as informações acerca da cervejaria e do asilo em sua investigação posterior, embora a proeminência de ambos os casos, em termos de quantidade de empregados e da proximidade em relação à bomba-d'água, torne mais provável que Snow tenha visitado esses locais durante o próprio surto. No relato que publicou, Snow fez um breve comentário: "Há uma cervejaria na Broad Street, próximo à bomba-d'água, e, ao constatar que não havia sequer um registro de que algum de seus empregados morrera em decorrência do cólera, fiz uma visita ao sr. Huggings, o proprietário." Isso aparece alguns parágrafos depois de ter descrito que solicitara os *Weekly Returns* ao Departamento de Registro Geral logo após o 2 de setembro.

p.138: Snow estava naturalmente inclinado... "Talvez sua pesquisa sobre a natureza e os mecanismos da anestesia pela inalação de gases o tenha convencido de que os vapores gasosos, de um modo geral ou localizado, não pudessem provocar doenças epidêmicas específicas, tal qual postulava a teoria miasmática. Além do mais, sua investigação sobre o arsênico sugeria que, ao inalar determinado veneno, o corpo revelava os efeitos específicos daquele veneno, não as febres generalizadas que, em geral, se atribuíam à contaminação provocada pelo miasma e pelo eflúvio local. Contrariando a geração mais antiga de médicos que consideravam a Lei de Difusão dos Gases uma teoria infundada, o treinamento e a experiência cotidiana de Snow na administração de anestesia o fizeram acreditar que a cuidadosa atenção à química e à física dos gases poderia ter benefícios práticos. Foi precisamente isso que lhe permitiu usar os agentes medicinais, de outro modo perniciosos, com segurança e na adequada dosagem de acordo com as necessidades particulares de cada paciente e de cada procedimento cirúrgico." P. Vinten-Johansen et al., op.cit., p.202.

p.138: "Cheguei à conclusão"... D.E. Lilienfeld, "John Snow, the Broad Street Pump and Modern Epidemiology", p.5.

p.139: Para Snow ... uma óbvia etiologia... "Uma reflexão sobre a patologia do cólera é capaz de nos revelar a maneira pela qual a doença se prolifera. Se fosse acompanhada por febre, ou qualquer outra desordem funcional, então não deveríamos ter pista alguma do meio pelo qual o mórbido agente entra no sistema; poderia ser, por exemplo, pelo canal digestivo ou pelos pulmões, ou de alguma outra forma, se deveria determinar esse ponto pelas circunstâncias não relacionadas à patologia da doença. No entanto, com base nisso, fui capaz de descobrir que o cólera invariavelmente se inicia com uma infecção no trato alimentar. A doença com frequência se origina com uma sensação tão diminuta de que não seja algo generalizado que o paciente não se julga em perigo, e não recorre por conselho, até que a enfermidade já está muito avançada. Na verdade, em alguns poucos casos, ocorrem vertigens, desmaios e a sensação de afundamento, antes de as evacuações do estômago ou intestino de fato acontecerem; mas pode também ser sem dúvida que esses sintomas dependam da exsudação da membrana mucosa, que logo depois é copiosamente evacuada." J. Snow, *On the Mode of Communication of Cholera*, n.9, p.6-9.

p.141: Aplicou clorofórmio a dois pacientes... Os cadernos de notas de Snow registram o amplo alcance de sua atividade profissional durante a semana: "Sábado, 2, administrei clorofórmio no consultório do sr. Duffins em uma garotinha de três anos de idade da vizinhança de Blackheath enquanto o sr. D. amputava o dedão do pé junto com o osso metatarso. Segunda-feira, 4, administrei clorofórmio no consultório do sr. Cartwright em uma senhora durante a extração de dois [?] dentes. Quarta-feira, 6, administrei clorofórmio no sr. Jenner, dono de um armarinho da Edgware Road, enquanto o sr. Salmon operava-lhe as hemorroidas. O paciente estava extremamente pálido em razão de uma prévia perda de sangue e marcada tendência hemorrágica. Nenhum desmaio ou abatimento decorrente do clorofórmio. Administrei clorofórmio no número 16 da Hanover Square enquanto o sr. A. Rogers extraía dois dentes. Quinta-feira, 7, administrei clorofórmio na King Street, em Covent Garden, em um cavalheiro, paciente do sr. Edwards, enquanto o sr. Partridge operava-lhe as hemorroidas. Nenhum enjoo etc. Sexta-feira, 8, administrei clorofórmio no número 46 da Wigmore Street, enquanto o sr. Salmon operava uma fístula anorretal. Nenhum enjoo." J. Snow e R.H. Ellis, op.cit., p.342-3.

p.144: Mas o cenário mais provável... Sou grato a John Mekalanos, de Harvard, pela sugestão desse cenário.

p.145: "Ninguém a não ser quem o conhecesse"... B.W. Richardson, op.cit., p.19.

p.146: O Hospital de São Bartolomeu recebera... *Lancet*, 16 set 1854, p.244.

p.150: E, assim ... o Conselho aprovou... O próprio Snow, ao descrever o encontro, foi bastante lacônico: "Tive uma audiência com o Comitê Administrativo da Paróquia de St. James, na noite de terça-feira, 7 de setembro, e demonstrei-lhe as circunstâncias mencionadas anteriormente. Em decorrência, minhas palavras levaram, no dia seguinte, à remoção da manivela da bomba-d'água." A última sentença encontra-se agora imortalizada em um broche usado pelos membros da John Snow Society. J. Snow, *On the Mode of Communication of Cholera.*

p.150: "Em razão da mudança favorável do tempo"... *Globe*, 8 set 1854, p.3.

p.150-1: "Lamentamos informar"... *Globe*, 9 set 1854, p.3.

p.152: Essas eram verdadeiras vitórias... Provavelmente Richardson fez mais do que qualquer um para promover a versão de que a remoção da bomba-d'água levou, por si só, ao desfecho da epidemia. "A manivela da bomba-d'água foi removida", anunciou triunfantemente, "e a peste, contida." Tradicionalmente, a versão popular do episódio da Broad Street segue esta apelativa linha narrativa: Snow identifica o agente e, de imediato, impõe um fim a seu reino de horror. Em minha pesquisa, praticamente a metade dos pequenos relatos sobre a epidemia narram a história dessa maneira.

Com a remoção da manivela, Snow não comprovou a relação entre a bomba-d'água e o cólera; demonstrou isso por meio da análise estatística dos dados acumulados durante as entrevistas de porta em porta. E, é claro, aquela bomba não era a única fonte de água do bairro; era, simplesmente, a mais popular. Na verdade, a existência de outras fontes era crucial para a argumentação de Snow. Todavia, a maior – e mais comum – distorção é a noção de que o mero fechamento da bomba-d'água conteve a epidemia. A remoção da bomba teve, muito provavelmente, pouco impacto no desenrolar do surto. O registro de novos casos já estava em queda antes de Snow obter a remoção da manivela e é inteiramente possível que a água já não oferecesse o menor perigo no momento em que as autoridades tomaram sua decisão.

As estatísticas finais do surto da Broad Street sugerem que a remoção da manivela da bomba-d'água desempenhou um papel secundário no desenlace da epidemia. A queda mais evidente na quantidade de mortes ocorreu entre os dias 4 e 5 de setembro, enquanto o segundo maior declínio dessa quantidade aconteceu entre os dias 10 e 12. A sequência de novos casos, não de mortes, atingiu o ápice no início da semana, ao qual se segue um momento de grande estabilidade. A quantidade de novos casos alcançou o padrão estatístico do bairro somente no dia 12. Caso se considerasse o período de incubação de 24 a 48 horas, da ingestão do *Vibrio cholerae* até o aparecimento dos primeiros sintomas, pareceria que o fechamento do poço pudesse ter contido o que restava do surto, do mesmo modo que o corpo de bombeiros chega para apagar as últimas brasas de um edifício que acabou de ser reduzido a cinzas. Embora possa ter sido contida por Snow, a pestilência já estava na verdade nas últimas. No entanto, como vemos no fim deste capítulo, a epidemia poderia muito bem ter reaparecido depois que John Lewis contraiu a doença, caso Snow não tivesse convencido as autoridades a fechar o poço.

p.153: "Peculiaridades estruturais das ruas"... Comissão de Investigações Científicas, p.138-64.

p.158: "Dufours Place. ... Cinco casas escaparam"... H. Whitehead, op.cit., p.4.

p.158: "Havia não menos que vinte e um casos"... Ibid., p.6.

p.158-9: "Os métodos de Deus são iguais"... Ibid., p.14.

p.160: "principalmente, tendo em vista"... Comissão de Investigação do Cólera, p.5.

p.162: Por mais que tenha resistido... Whitehead descreveu sua reação à teoria de Snow em suas memórias em 1865: "Logo que soube [dessa teoria], confidenciei a um amigo médico minha crença de que uma investigação criteriosa a refutaria, alegando, como prova de sua imprecisão, o fato de que inúmeras vítimas se recuperaram da prostração apesar, se não pelo fato, de ingerirem com constância a água da Broad Street. Acrescentei que eu conhecia os moradores da Broad Street, que tinha a oportunidade quase diária de passar bastante tempo entre eles e que não teria muitas dificuldades em fazer as necessárias investigações. Em consonância com isso, dei início a uma investigação, que, afinal, tornou-se bastante complexa.

No entanto, ainda nos primeiros momentos, encontrei um dia o mesmo amigo, que me indagou em que ponto se encontravam meus esforços para resgatar a boa reputação da bomba-d'água. Fui obrigado, então, a confessar que minha opinião sobre o assunto era menos categórica do que quando nos faláramos pela última vez." H. Whitehead, "The Broad Street Pump: An Episode in the Cholera Epidemic of 1854", in *Macmillan's Magazine*, p.116.

p.163: Não importava o que fosse, o agente causador do cólera... Idem.

p.166: "coisas abomináveis, imunes à água"... Ibid., p.121.

p.167: "Você e eu talvez não estejamos vivos"... H. Rawnsley, op.cit., p.206.

p.168: "O peso, tanto das evidências positivas quanto das negativas"... Comissão de Investigação do Cólera, p.55.

p.169: "Ao explicar a notável intensidade"... Comissão de Investigações Científicas, p.51.

p.170: "Que tal falta de asseio local"... Ibid., p.52.

p.170-1: "Pressão atmosférica"... Comissão de Investigações Científicas, p.4.

p.171: "A água estava, inegavelmente, maculada"... Ibid., p.52.

p.176: Se algum eflúvio pestilento... T. Koch, op.cit., p.106-8.

p.178: O que importava não era a técnica de mapeamento... Ibid., p.75-101. Vinten-Johansen tem também um extraordinário capítulo sobre o legado cartográfico de Snow, que aborda muitos desses temas.

p.179: mede quanto tempo se leva... Ibid., p.100.

p.181: cópias das cópias começaram a aparecer em manuais... O desenho original aparece no manual de saúde pública de Sedgwick de 1911. Para uma investigação meticulosa da intricada história do mapa da Broad Street, ver ibid., p.129-53.

p.186: Snow respondeu a esses trabalhos... "Prezado senhor – Não havia até o momento lido o importante e interessante texto de *sir* J.K. Shuttleworth, em *The Lancet* do último dia 2. Creio que alude, em termos lisonjeiros, às minhas conclusões relativas à propagação do cólera, de acordo com as modificações sugeridas pelos drs. Theirsch e Pettenkofer, no entanto atribui erroneamente essas opiniões, assim modificadas, ao dr. W. Budd. ... Algumas semanas depois de a primeira edição de meu ensaio sobre o cólera ter aparecido em 1849, o dr. W. Budd publicou um panfleto sobre o tema, no qual adotava meus pontos de vista, e fez um completo e generoso reconhecimento de minha primazia." *Lancet*, 16 fev 1856, p.184.

p.187: "Por que será, então, que o dr. Snow"... *Lancet*, 23 jun 1855, p.635.

p.187: "Pena..."... Apud. S. Halliday, op.cit., p.82.

p.188: "Dr. John Snow – Esse aclamado médico"... *Lancet*, 26 jun 1858, p.635.

p.189: "Era de fato um trabalho muito complicado"... Apud. Ibid., p.183.

p.192: noventa e três por cento dos mortos... O relato desse surto se baseia amplamente em ibid, p.137-43.

p.193: "O relatório final da comissão científica"... Documentos Parlamentares, 1867-68, vol.37, p.79-82.

p.195: reverter o fluxo do rio Chicago... www.sewerhistory.org/chronos/new_amer_roots.htm.

p.197: A rua principal ... de Sultaneyli... R. Neuwirth, *Shadow Cities: A Billion Squatters, a New Urban World*, p.1-11.

p.199: Um serviço denominado GeoSentinel... www.istm.org/geosentinel/main.html.

p.201: Cidades pequenas e subúrbios ... são o habitat... J. Jacobs, *The Economy of Cities*, p.146-7. A expressão atual para essa tendência é a economia da "cauda longa"; em vez de se concentrar exclusivamente na venda de grandes sucessos, uma empresa *online* pode se dedicar à "cauda longa" dos pequenos nichos. No modelo antigo, a economia ditava que era sempre melhor vender um milhão de cópias de um único álbum. No entanto, na era digital, pode ser mais lucrativo vender uma centena de cópias de mil álbuns distintos. Os sistemas de mapeamento de informação urbana oferecem um intrigante corolário para a teoria da "cauda longa". À medida que a tecnologia nos permite cada vez mais satisfazer necessidades particulares, sempre que estas se manifestam no mundo real, a lógica da "cauda longa" favorecerá os ambientes urbanos em detrimento dos meios menos densamente povoados. Caso se esteja baixando o último disco de um obscuro grupo de *doo-wop* escandinavo, a geografia não tem a menor importância: os bits chegam com a mesma facilidade quer se esteja no meio do Wyoming, quer no meio de Manhattan. Mas, caso se esteja interessado em conhecer outros fãs do *doo-wop* escandinavo, será mais fácil em Manhattan ou Londres. A "cauda longa" pode igualmente nos levar do domínio dos grandes sucessos e das estrelas pop na direção dos gostos peculiares e dos artistas menores. Mas também pode nos levar para as grandes cidades.

p.205: Os espaços públicos e cafés... "'O café era o lar dos londrinos, e quem desejasse encontrar um cavalheiro comumente perguntava não se este morava em Fleet Street ou Chancery Lane, mas se frequentava o Grecian ou o Rainbow.' Algumas pessoas frequentavam vários cafés, de acordo com seus interesses. Um comerciante, por exemplo, poderia escolher entre um café financeiro e um especializado no comércio marítimo com o Báltico, as Índias Ocidentais ou Orientais. O amplo leque de interesses do cientista inglês Robert Hooke refletia-se no fato de frequentar cerca de sessenta cafés de Londres, durante os anos 1670, registrados em seu diário. Rumores, notícias e fofocas se espalhavam pelos cafés por meio de seus fregueses e, ocasionalmente, um mensageiro corria de um a outro café a fim de divulgar os eventos mais importantes, tais como a eclosão de uma guerra ou a morte de um chefe de Estado." T. Standage, op.cit., p.155.

p.206: "Na epidemia de cólera da Broad Street"... Apud. H. Rawnsley, op.cit., p.76.

p.206: "de que, em qualquer profissão, se atinge o mais alto grau de realização"... H. Rawnsley, op.cit., p.206.

p.210: Dois terços das mulheres que vivem em áreas rurais... Estatísticas do relatório da "Condição da População Mundial 1996". Ver www.unfpa.org/swp/1996/.

p.211: "Praticamente todos os sistemas de serviços"... Toby Hemenway, "Cities, Peak Oil, and Sustainability". Publicado em www.patternliteracy.com/urban2.html.

p.211: Para que um planeta de seis bilhões de pessoas sobreviva... Muito se fez para minimizar o tamanho da pegada ambiental da moderna cidade de nossos dias, o tamanho da área necessária para garantir de modo sustentável os influxos energéticos da população urbana. A pegada ambiental de Londres, por exemplo, é quase tão grande quanto a de todo o Reino Unido. A magnitude absoluta dessa pegada já foi invocada como parte da argumentação antiurbana dos ambientalistas, mas a objeção básica é, na verdade, à industrialização, não à urbanização. No entanto, por maior que possa ser hoje a pegada de Londres, poderia ser ainda maior caso a população da cidade se dispersasse em aglomerados suburbanos ou ex-urbanos. A menos que renunciemos completamente a nosso estilo de vida pós-industrial, as cidades são, do ponto de vista ambiental, preferíveis às outras formas de organização menos densas. O *Panorama Ambiental Global* das Nações Unidas descreve a situação da seguinte maneira: "A pegada ambiental urbana relativamente desproporcional é aceitável até certa medida porque, em certas questões, o impacto ambiental per capita das cidades é menor do que o de um número semelhante de pessoas em um ambiente rural. As cidades concentram as populações de um modo que reduz a pressão por terra e provê economias de escala e proximidade de infraestrutura e serviços. ... As áreas urbanas têm, portanto, um compromisso com o desenvolvimento sustentável em virtude de sua capacidade de sustentar uma grande quantidade de pessoas e de limitar, ao mesmo tempo, o impacto per capita sobre o meio ambiente."

p.212: "Todo o aparato de cirurgia"... J. Jacobs, op.cit., p.447-8.

p.215: "O dano mais devastador"... D. Owen, "Green Manhattan", in *The New Yorker*, p.47. Owen descreve o impacto ambiental provocado pela mudança de sua família de Manhattan para o noroeste rural de Connecticut: "No entanto, nossa mudança foi uma verdadeira catástrofe ecológica. Nosso consumo de energia passou de cerca de quatro mil quilowatts/hora por ano, no fim de nosso período em Nova York, para quase trinta mil quilowatts/hora em 2003 – e nossa casa nem ao menos tinha ar-condicionado central. Compramos um carro pouco antes de mudar, outro logo depois que chegamos e um terceiro, dez anos depois. (Quando se vive no campo sem um segundo carro, não se pode buscar o primeiro no mecânico depois do conserto; o terceiro carro era fruto de uma leve crise de meia-idade, mas logo se tornou indispensável.) Embora trabalhemos em casa, minha mulher e eu conseguimos, juntos, rodar cinquenta mil quilômetros por ano, geralmente em pequenas viagens cotidianas. Quase tudo o que fazemos fora de casa exige uma viagem de carro. Alugar um filme e, mais tarde, devolvê-lo, por exemplo, consome quase oito litros de gasolina, uma vez que a locadora mais próxima se encontra a dezesseis quilômetros de distância e cada transação envolve duas viagens de ida e volta. Quando morávamos em Nova York, o calor que emanava de nosso apartamento ajudava a aquecer os apartamentos superiores; hoje em dia, boa parte do calor que emana de nosso forno a óleo, novinho em folha e extremamente eficiente, atravessa nosso telhado de duzentos anos em direção a um deslumbrante e estrelado céu de inverno."

p.217: Mas não temos essa opção. Uma "terceira via" para a solução desse problema seria adotar o sistema medieval de distribuição populacional, ainda visível em algumas vilas no Norte da Itália: uma rede de nódulos muito próximos e em quantidade finita e, separados por largas faixas de baixa densidade, formadas por vinhedos e fazendas. Essa não é a abordagem descentralizada da expansão além dos limites da cidade; as vilas do sistema medieval não eram tão densas e economicamente diversificadas como a maioria dos centros urbanos modernos, mas tinham um teto para seu próprio crescimento global, usualmente definido pelas muralhas que assinalavam os limites da cidade. Uma cidade pós-11 de Setembro poderia ser construída de acordo com princípios semelhantes: a densidade do espaço metropolitano tradicional distribuída em nódulos dispersos, cada um limitado a uma população de cinquenta a cem mil habitantes, e separados por extensões de empreendimentos de baixa densidade: parques, reservas naturais, centros esportivos e, até mesmo, vinhedos nos quais o clima fosse favorável. Tal modelo inverteria a concepção de parques urbanos de Olmsted: mais do que fincar um parque no meio de uma grande cidade, o novo modelo constrói um espaço para a natureza nos limites de um centro urbano – um parque periférico, em vez de um parque central. No período medieval, as muralhas protegiam a população da cidade. Nesses aglomerados hipotéticos, os espaços abertos que separam os nódulos garantiriam a segurança da cidade. Imagine-se uma cidade de dois milhões de habitantes, constituída por vinte nódulos. Na pior das hipóteses, um terrorista com uma mochila abarrotada com o vírus da varíola poderia fazer um grande estrago a um único nódulo e talvez matasse algumas dezenas de milhares de pessoas, mas não milhões. Os nódulos remanescentes permaneceriam, em grande medida, a salvo, de modo semelhante à arpanet e à sua já folclórica capacidade de contornar danos eventuais. Um ataque como os que foram feitos às Torres Gêmeas ainda causaria um grande estrago, mas não haveria um nódulo centralizado e simbólico como alvo. A vida em um complexo metropolitano como esse não pareceria, de modo algum, suburbana: a força motriz da cultura das ruas e a densidade urbana seriam preservadas e, possivelmente, intensificadas.

p.219: Em setembro de 2004, agentes de saúde na Tailândia... "Asian Shots Are Proposed as Flu Fighter", *New York Times*, 13 out 2005.

p.222: Ele precisa do bacteriófago CTX para passar... J.J. Mekalanos et al., p.241-8.

p.228: mas a detecção não é uma alternativa infalível... Descrevi alguns dos mais recentes avanços em detecção radioativa – e especulei sobre como podem ser empregados para defender grandes áreas metropolitanas do terrorismo nuclear – no artigo "Stopping Loose Nukes", publicado na *Wired*, novembro de 2002.

p.229: No entanto, se a guerra assimétrica se tornar... Algo que podemos fazer agora a fim de evitar um futuro tão sombrio é reduzir radicalmente, se não eliminar, o atual estoque mundial de armas nucleares Os Estados Unidos, sozinhos, têm cerca de dez mil armas em seu arsenal ativo. Esse estoque é um verdadeiro absurdo em um período de guerras assimétricas, no qual a ameaça de uma destruição mutuamente assegurada é insignificante. (Já era um absurdo durante a Guerra Fria, mas por outros motivos.) Se todas as potências nucleares concordassem em limitar seus estoques para não mais que dez armas por país – reduzindo, assim, a quantidade total de armas no mundo de vinte mil para pouco mais de cem –, reduziríamos significativamente o risco de que uma arma dessas venha a cair em mãos erradas. Ainda teríamos, somente com essas dez armas, a capacidade de exterminar cem milhões de pessoas e causar danos ambientais indescritíveis, mas, ao menos, estaríamos fazendo um significativo progresso contra a crescente ameaça de proliferação. Embora esse seja um feito de dimensões épicas, a história já demonstrou que, quando nos comprometemos, somos capazes de empreendimentos dessa magnitude. Afinal, já eliminamos a varíola da natureza. Se conseguimos livrar o mundo de um vírus microscópico, podemos eliminar armas do tamanho de um trator. Estamos bastante acostumados à retórica da guerra contra o terror que nos induz a sermos realistas a respeito das ameaças que enfrentamos e a encararmos essas ameaças sem piedade ou tolos idealismos. É por isso que temos guerras opcionais e escutas telefônicas não autorizadas: porque agora somos realistas ou, ao menos, é o que nos dizem. Mas onde quer que guerras e escutas eletrônicas sejam nossa garantia, há de se concordar que a manutenção de um estoque de dez mil armas nucleares nada tem de realista. É, na verdade, o tipo mais ilusório de realismo: a ilusão de que estamos mais seguros se gastarmos bilhões de dólares com dispositivos que, se forem detonados, eliminarão a vida, tal qual a conhecemos, da face da Terra. Somos uma espécie que dorme com uma arma debaixo do travesseiro. Talvez nos sintamos mais seguros com todo esse poder de fogo à mão, mas um dia a arma dispara.

p.230: Angola enfrenta o pior surto de cólera... "Angola enfrenta o pior surto de cólera em mais de uma década, registrando, de acordo com os Médicos sem Fronteiras, quinhentas e cinquenta e quatro mortes e doze mil e cinquenta e dois casos em um período de um pouco mais de dois meses. A doença se espalhou de forma rápida e incomum, até mesmo para os padrões da África, onde as epidemias de cólera são comuns e frequentemente difíceis de controlar, afirmou Stephan Goetghebuer, um dos coordenadores operacionais da organização, que montou oito clínicas em Angola para o tratamento dos doentes e planeja abrir outras." "Angola Is Hit by Outbreak of Cholera", *New York Times*, 20 abr 2006.

Apêndice: Para saber mais

Há duas fontes indispensáveis para a compreensão da vida e da obra de John Snow. A primeira é o exaustivo arquivo na internet dedicado a qualquer coisa que se relacione a Snow, mantido pelo professor de epidemiologia da Universidade da Califórnia (Ucla) Ralph Frerich. O site, acessível em www.ph.ucla.edu/epi/snow.html, oferece de tudo, desde a reprodução comentada de vários mapas do período e um *tour* virtual pelo surto da Broad Street até uma coleção digital completa dos escritos de Snow. A segunda é *Cholera, Chloroform, and the Science of Medicine*, escrito por uma equipe de especialistas multidisciplinares (Peter Vinten-Johansen e outros) da Universidade Estadual de Michigan. O livro é tanto uma biografia do próprio Snow quanto um panorama claro e compreensível da trajetória intelectual que percorreu ao longo de sua vida. Ambas as fontes foram essenciais para a elaboração deste livro e recomendo-os imensamente a qualquer interessado em explorar a obra de John Snow com mais detalhes.

Para os leitores interessados no mapa em si e no legado de Snow como designer da informação, o relato de Edward Tufte é, até o momento, a mais importante referência, embora sua narrativa inicial do episódio – em seu livro *The Visual Display of Quantitative Information*, de 1983 – estivesse factualmente incorreta em vários aspectos, como ele reconheceu em seu trabalho posterior, *Visual Explanations*, que apresentou um relato mais sutil do surto da Broad Street (e que conseguiu reproduzir o mapa original de Snow, em vez de uma cópia de segunda mão que apareceu no primeiro livro). O brilhante *Cartographies of Disease*, de Koch, oferece uma visão compreensível sobre o lugar ocupado por Snow na particular tradição do mapeamento de doenças.

Há inúmeros retratos da Londres vitoriana, mas o *London Labour and the London Poor*, de Henry Mayhew, é ainda o relato mais interessante e completo das vastas subclasses da cidade, apenas igualado pelos capítulos sobre Londres que Engels incluiu em *A situação da classe operária na Inglaterra*. Entre os relatos contemporâneos, *Victorian London*, de Liza Picard; *London: A Social History*, de Roy Porter; e *London: A Biography*, de Peter Ackroyd, valem a leitura. Sobre o futuro das cidades, recomendo o ensaio de Stewart Brand, "City Planet", e *Cities for a Small Planet*, de Richard Rogers. O melhor relato do impacto psicológico e cultural da urbanização ainda é o brilhante *O campo e a cidade*, de Raymond Williams. *The Great Stink*, de Stephen Halliday, narra a surpreendente história da batalha de Joseph Bazalgett para construir o sistema de esgotos de Londres. Para uma visão moderna do manejo de dejetos, recomendo *Rubbish: The Archaeology of Garbage*, de William Rathje e Cullen Murphy. Os leitores interessados na história social das bebidas – incluindo o chá, o café e destilados – apreciarão a leitura de *História do mundo em 6 copos*, de Tom Standage.*

No que diz respeito às bactérias, o trabalho seminal no campo ainda é o instigante *Microcosmos*, de Lynn Margulis e Dorion Sagan. Embora não aborde diretamente o cólera, *Parasite Rex*, de Carl Zimmer, é igualmente uma fascinante exploração de nossos companheiros de viagem microscópicos. Para uma desconcertante visão do fracasso da moderna infraestrutura de saúde pública, ver *Betrayal of Trust*, de Laurie Garrett.

A história do surto da Broad Street, em si, foi esboçada em inúmeros livros, normalmente com distorções significativas. Muitos relatos consideram que Snow criou o mapa durante o surto ou que desenvolveu a teoria da transmissão pela água com base em suas investigações na Broad Street. Henry Whitehead é, em geral, completamente ignorado. E, assim, as melhores fontes para a compreensão do surto ainda são os próprios John Snow e Henry Whitehead. Os muitos relatos que publicaram sobre o episódio estão disponíveis *online* no site da Ucla e em um arquivo especial sobre John Snow, hospedado pela Universidade Estadual de Michigan.

---

* Publicado por esta editora. (N.E.)

Referências bibliográficas

Ackroyd, Peter. *London: The Biography*. Nova York, Anchor, 2000.

Barry, John M. *The Great Influenza: The Epic Story of the Deadliest Plague in History*. Nova York, Penguin, 2005.

Benjamin, Walter. *Illuminations*. Nova York, Schocken, 1986.

Bingham, P., N.O. Verlander e M.J. Cheal. "John Snow, William Farr and the 1849 Outbreak of Cholera That Affected London: A Reworking of the Data Highlights the Importance of the Water Supply", *Public Health*, n.118, 2004, p.387-94.

Brand, Stewart. "City Planet". www.strategy-business.com/press/16635507/06109.

Brody, H. et al. "John Snow Revisited: Getting a Handle on the Broad Street Pump". *Pharos Alpha Omega Alpha Honr Med. Soc.*, n.62, 1999, p.2-8.

Buechner, Jay S., Herbert Constantine e Annie Gjelsvik. "John Snow and the Broad Street Pump: 150 Years of Epidemiology". *Medicine & Health Rhode Island*, n.87, 2004, p.314-5.

Cadbury, Deborah. *Dreams of Iron and Steel: Seven Wonders of the Nineteenth Century, from the Building of the London Sewers to the Panama Canal*. Nova York, Fourth Estate, 2004.

Chadwick, Edwin. *Report on the Sanitary Condition of the Labouring Population of Great Britain: A Supplementary Report on the Results of a Special Inquiry into the Practice of Interment in Towns*. Londres, 1843.

The Challenge of Slums: Global Report on Human Settlements, 2003. Sterling, Earthscan, 2003.

Cholera Inquiry Committee, Report on the Cholera Outbreak in the Parish of St. James, Westminster, during the Autumn of 1854. Londres, 1855.

Committe for Scientific Inquiries. *Report of the Committee for Scientific Inquiries in Relation to the Cholera-Epidemic of 1854*. Londres, HMSO, 1855.

Cooper, Edmund. "Report on an Enquiry and Examination into the State of the Drainage of the Houses Situate in That Part of the Parish of St. James, Westminster...", 22 set 1854.

Creaton, Heather. *Victorian Diaries: The Daily Lives of Victorian Men and Women.* Londres, Mitchell Beazley, 2001.

De Landa, Manuel. *A Thousand Years of Nonlinear History.* Nova York, Zone, 1997.

Dickens, Charles. *Bleak House.* Londres, Penguin, 1996.

_________. *Our Mutual Friend.* Nova York, Penguin, 1997.

Engels, Friedrich. *The Condition of the Working Class in England.* Palo Alto, Stanford University, 1968. (Ed. bras.: *A situação da classe trabalhadora na Inglaterra,* São Paulo, Global, 1985.)

Eyler, J.M. "The Changing Assessments of John Snow's and William Farr's Cholera Studies". *Sozial- und Präventivmedizin,* n.46, 2001, p.225-32.

Farr, William. "Report on the Cholera Epidemic of 1866 in England". U.K. Parliament, Sessional Papers, vol.37, p.1.867-8.

Faruque, S.M., M.J. Albert e J.J. Mekalanos. "Epidemiology, Genetics, and Ecology of Toxigenic *Vibrio cholerae*". *Microbiology and Molecular Biology Reviews,* n.62, 1998, p.1.301-14.

Faruque, Shah M. et al. "Self-Limiting Nature of Seasonal Cholera Epidemics: Role of Host-Mediated Amplification of Phage". *Proceedings of the National Academy of Science U.S.A.,* n.102, 2005, p.6.119-24.

Finer, S.E. *The Life and Times of Sir Edwin Chadwick.* Nova York, Barnes & Noble, 1970.

Garrett, Laurie. *The Coming Plague: Newly Emerging Diseases in a World out of Balance.* Nova York, Farrar, Straus & Giroux, 1994.

_________. *Betrayal of Trust: The Collapse of Global Health.* Nova York, Oxford University, 2001.

Gould, Stephen Jay. *Full House: The Spread of Excellence from Plato to Darwin.* Nova York, Harmony, 1996.

Halliday, Stephen. *The Great Stink of London: Sir Joseph Bazalgett and the Cleasing of the Victorian Metropolis.* Phoenix Mill, Sutton, 1999.

_________. "William Farr: Campaigning Statistician". *Journal of Medical Biography,* n.8, 2000, p.220-7.

Häse, C.C. e J.J. Mekalanos. "TcpP Protein Is a Positive Regulator of Virulence Gene Expression in *Vibrio cholerae*". *Proceedings of the National Academy of Science U.S.A.,* n.95, 1998, p.730-4.

Hippocrates. *Hippocrates on Airs, Waters, and Places.* Traduzido por Emile Littré, Janus Cornarius, Johannes Antonides van der Linden e Francis Adams. Londres, s.n.,1881.

Hohenberg, Paul M. e Lynn Hollen Lees. *The Making of Urban Europe 1000-1994.* Cambridge, Harvard University, 1995.

Iberall, Arthur S. "A Physics for Studies of Civilization". *Self-Organizing Systems: The Emergence of Order,* F. Eugene Yates (org.). Nova York/Londres, Plenum, 1987.

Jacobs, Jane. *The Economy of Cities.* Nova York, Random House, 1969.

__________. *The Death and Life of Great American Cities.* Nova York, Vintage, 1992.

__________. *The Nature of Economies.* Nova York, Modern Library, 2000.

KELLY, John. *The Great Mortality: An Intimate History of the Black Death, the Most Devastating Plague of All Time.* Nova York, HarperCollins, 2005.

KOCH, Tom. *Cartographies of Disease: Maps, Mapping, and Medicine.* Redlands, ESRI, 2005.

KOSTOF, Spiro. *The City Shaped: Urban Patterns and Meanings Through History.* Boston, Little, Brown, 1991.

LILIENFELD, A.M. e D.E. Lilienfeld. "John Snow, the Broad Street Pump and Modern Epidemiology". *International Journal of Epidemiology*, 1984.

LILIENFELD, D.E. "John Snow: The First Hired Gun?" *American Journal of Epidemiology*, n.52, 2000, p.4-9.

MCLEOD, K.S. "Our Sense of Snow: The Myth of John Snow in Medical Geography". *Social Science in Medicine*, n.50, 2000, p.923-35.

MCNEILL, William Hardy. *Plagues and Peoples.* Nova York, Anchor, 1976.

MARCUS, Steven. *Engels, Manchester, and the Working Class.* Nova York, Norton, 1985.

MARGULIS, Lynn e Dorion Sagan. *Microcosmos: Four Billion Years of Evolution from Our Microbial Ancestors.* Berkeley, University of California, 1997.

MAYHEW, Henry. *London Labour and the London Poor.* Nova York, Penguin, 1985.

MEKALANOS, J.J., E.J. Rubin e M.K. Waldor. "Cholera: Molecular Basis for Emergence and Pathogenesis". *FEMS Immunol. Med. Microbiol.*, n.18, 1997, p.241-8.

MUMFORD, Lewis. *The City in History: Its Origins, Its Transformations and Its Prospects.* Nova York/Londres, Harcourt Brace Jovanovich, 1961.

NEUWIRTH, Robert. *Shadow Cities: A Billion Squatters, a New Urban World.* Nova York, Routledge, 2005.

NIGHTINGALE, Florence. *Notes on Nursing: What It is, and What It Is Not.* Filadélfia, Lippincott, 1992.

OWEN, David. "Green Manhattan". *The New Yorker*, 18 out 2004.

PANETH, Nigel. "Assessing the Contributions of John Snow to Epidemiology: 150 Years After Removal of the Broad Street Pump Handle". *Epidemiology*, n.15, 2004, p.514-6.

PICARD, Liza. *Victorian London: The Life of a City, 1840-1870.* Nova York, St. Martin's, 2006.

PORTER, Roy. *London: A Social History.* Cambridge, Harvard University, 1995.

RATHJE, William L. e Cullen Murphy. *Rubbish! The Archaeology of Garbage.* Tucson, University of Arizona, 2001.

RAWNSLEY, Hardwicke D. *Henry Whitehead. 1825-1896: A Memorial Sketch.* Glasgow, s.n., 1898.

RICHARDSON, Benjamin W. "The Life of John Snow", in *John Snow, On Chloroform and Other Anaesthetics*, B.W. Richardson (org.). Londres, 1858.

Ridley, Matt. *Genome: The Autobiography of a Species in 23 Chapters.* Nova York, HarperCollins, 1999.

Rogers, Richard. *Cities for a Small Planet.* Boulder, Westview, 1998.

Rosenberg, Charles E. *The Cholera Years: The United States in 1832, 1849, and 1866.* Chicago, University of Chicago, 1987.

__________. *Explaining Epidemics and Other Studies in the History of Medicine.* Nova York, Cambridge University, 1992.

Royet, Jean-P. et al. "fMRI of Emotional Responses to Odors: Influence of Hedonic Valence and Judgment Handedness, and Gender". *Neuroimage*, n.20, 2003, p.713-28.

Schonfeld, Erick. "Segway Creator Unveils His Next Act". *Business 2.0*, 16 fev 2006.

Sedgwick, W.T. *Principles of Sanitary Science and the Publick, Health with Special Reference to the Causation and Prevention of Infectious Diseases.* Nova York, 1902.

Shephard, David A.E. *John Snow: Anaesthetist to a Queen and Epidemiologist to a Nation: A Biography.* Cornwall, York Point, 1995.

Smith, George Davey. "Commentary: Behind the Broad Street Pump: Aetiology, Epidemiology and Prevention of Cholera in Mid-19th Century Britain". *International Journal of Epidemiology*, n.31, 2002, p.920-32.

Snow, John. "The Principles on Which the Treatment of Cholera Should Be Based". *Medical Times and Gazette*, n.8, 1854a, p.180-2.

__________. "Communication on Cholera by Thames Water". *Medical Times and Gazette*, n.9, 1854b, p.247-8.

__________. "The Cholera Near Golden-square, and at Deptford". *Medical Times and Gazette*, n.9, 1854c, p.321-2.

__________. "On the Communication of Cholera by Impure Thames Water". *Medical Times and Gazette*, n.9,1854d, p.365-6.

__________. *On the Mode of Communication of Cholera.* 2ª ed. Londres, Churchill, 1855a.

__________. "Further Remarks on the Moder of Communication of Cholera; Including Some Comments on the Recent Reports on Cholera by the General Board of Health". *Medical Times and Gazette*, n.11, 1855b, p.31-5, p.84-8.

__________. "On the Supposes Influence of Offensive Trades on Mortality". *Lancet*, n.2, 1856, p.95-7.

__________. "On Continuous Molecular Changes, More Particularly in Their Relation to Epidemic Diseases". Londres, Churchill, 1853, in Wade Hampton Frost (org.). *Snow on Cholera.* Nova York, Harner, 1965.

Snow, John e Richard H. Ellis. *The Case Books of Dr. John Snow.* Londres, Wellcome Institute for the History of Medicine, 1994.

Snow, John, Wade Hampton Frost e Benjamin Ward Richardson. *Snow on Cholera: Being a Reprint of Two Papers.* Nova York, The Commonwealth Fund, 1965.

Specter, Michael. "Nature's Bioterrorist". *The New Yorker*, 28 fev. 2005, p.50-62.

STANDAGE, Tom. *A History of the World in Six Glasses*. Nova York, Holtzbrinck, 2005. (Ed. bras.: *História do mundo em 6 copos*, Rio de Janeiro, Zahar, 2005.)

STANWELL-SMITH, R. "The Making of an Epidemiologist". *Communicable Disease and Public Health*, 2002, p.269-70.

SULLIVAN, John. "Surgery Before Anesthesia". *ASA Newsletter*, n.60.

SUMMERS, Judith. *Soho: A History of London's Most Colourful Neighbourhood*. Londres, Bloomsbury, 1989.

TUFTE, Edward R. *The Visual Display of Quantitative Information*. Cheshire, Graphics, 1983.

__________. *Envisioning Information*. Cheshire, Graphics, 1990.

__________. *Visual Explanations: Images and Quantities, Evidence and Narrative*. Cheshire, Graphics, 1997.

United Kingdom General Board of Health. "Report of the Committee for Scientific Inquiries in Relation to the Cholera-Epidemic of 1854". Londres, HMSO, 1855.

VANDENBROUCKE, J.P. "Snow and the Broad Street Pump: A Rediscovery". *Lancet*, 11 nov 2000, p.64-8.

VANDENBROUCKE, J.P., H.M. Eelkman Rooda e H. Beukers. "Who Made John Snow a Hero?". *American Journal of Epidemiology*, vol.133, n.10, 1991, p.967-73.

VINTEN-JOHANSEN, Peter et al. *Cholera, Chloroform, and the Science of Medicine: A Life of John Snow*. Nova York, Oxford University, 2003.

WHITE, G.L. "Epidemiologic Adventure: The Broad Street Pump". *South. Med. J.*, n.92, 1999, p.961-2.

WHITEHEAD, Henry. *The Cholera in Berwick Street*. 2ª ed. Londres, Hope & Co.,1854.

__________ "The Broad Street Pump: An Episode in the Cholera Epidemic of 1854". *Macmillan's Magazine*, 1865, p.113-22.

__________. "The Influence of Impure Water on the Spread of Cholera". *Macmillan's Magazine*, 1866, p.182-90.

WILLIAMS, Raymond. *The Country and the City*. Nova York, Oxford University, 1973.

ZIMMER, Carl. *Parasite Rex: Inside the Bizarre World of Nature's Most Dangerous Creatures*. Nova York, Free, 2000.

ZINSSER, Hans. *Rats, Lice, and History*. Nova York, Black Dog & Leventhal, 1996 [1934].

Agradecimentos

Ocorreu-me, em algum momento durante a elaboração de *O mapa fantasma*, que este era um livro que eu vinha preparando por quase vinte anos, desde que decidi escrever minha monografia de graduação sobre a forma como as culturas reagem às epidemias. Na pós-graduação, alguns anos depois, meu foco principal era o romance metropolitano da sociedade vitoriana, especificamente o desafio imaginativo com que se deparavam todos que tentavam representar a extraordinária experiência que era Londres naquele período. Aos professores e amigos que participaram da minha formação – Robert Scholes, Neil Lazarus, Franco Moretti, Steven Marcus e ao saudoso Edward Said – agradeço por me conduzirem em direção à Broad Street com tanta inteligência e paciência.

Devo a um grande número de pessoas que leram o manuscrito e contribuíram imensamente com suas observações e suas críticas para o aperfeiçoamento deste livro: Carl Zimmer, Paul Miller, Howard Brody, Nigel Paneth, Peter Vinten-Johansen e Tom Koch. Inúmeros especialistas foram extremamente gentis ao comentarem determinadas partes do manuscrito ou ao responderem às minhas questões sobre o material de pesquisa: Sherwin Nuland, Steven Pinker, Ralph Frerichs, John Mekalanos, Sallie Patel e Stewart Brand. Meu assistente de pesquisa, Ivan Askwith, foi mais uma vez um inestimável colaborador, assim como o foi Russel Davies, que apareceu com alguns acréscimos de última hora, provenientes das ruas (e bibliotecas) de Londres. Os erros remanescentes são de minha inteira responsabilidade.

Sou grato a muitas bibliotecas de cujas fontes me vali ao longo da pesquisa: de Harvard, do MIT, da Universidade de Nova York e da Biblioteca

Pública de Nova York. Devo particularmente a duas instituições londrinas: à Wellcome Library for the History and Understanding of Medicine e, é claro, à insuperável Biblioteca Britânica – até a remota hemeroteca de Colindale. Meus editores em *Wired* e *Discover* – Steve Petranek, Dave Grogan, Chris Anderson, Ted Greenwald, Chris Baker, Mark Robinson e Rob Levine – ajudaram-me a explorar, ao longo dos últimos anos, vários dos temas abordados aqui nos capítulos finais. Sou extremamente grato aos amigos que tornaram a visita a Londres tão agradável e que foram a primeira inspiração para a elaboração de um livro sobre a cidade: Hugh Warrender, Richard Rogers, Ruthie Rogers, Roo Rogers, Brian Eno, Helen Conford e Stefan McGrath.

Na Riverhead, agradeço o apoio que recebi da equipe de publicidade – Kim Marsar, Matthew Venzon e Julia Fleischaker –, que me ajudou a sobreviver ao frenesi midiático do *Everything Bad* durante a organização deste livro. Sou grato a Larissa Dooley por estar em milhares de frentes a um só tempo. E sou grato a meu destemido editor, Sean McDonald, que bateu algum tipo de recorde ao ser o primeiro editor a sobreviver a dois de meus livros. O mesmo vale para minha agente, Lydia Wills – nos últimos agradecimentos fui demasiado sentimental e, desde então, isso realmente lhe subiu à cabeça, por isso desta vez não farei qualquer menção a ela.

Mas, como sempre, os agradecimentos começam e terminam com minha esposa, Alexa, a mais próxima de meus leitores, e nossos três filhos: Clay, Rowan e Dean, a mais nova aquisição, nascido, no momento em que escrevo, há apenas cinco dias.

Brooklyn
Julho, 2006

Índice remissivo

Os números em *itálico* indicam ilustrações.

Créditos das ilustrações

página 8: Cortesia da *Illustrated London News*.
página 32: Cortesia da Divisão Geral de Pesquisa da Biblioteca Pública de Nova York, Fundações Astor, Lenox e Tilden.
página 60: Cortesia de Ralph R. Frerichs, Departamento de Epidemiologia da Ucla, Escola de Saúde Pública, www.ph.ucla.edu/epi/snow.html.
página 108: Cortesia do Museu Nacional de Fotografia, Cinema e Televisão/Biblioteca Visual de Ciência e Sociedade.
página 132: Cortesia da Biblioteca Nacional de Medicina e da Light Inc.
página 174: Cortesia de Ralph R. Frerichs, Departamento de Epidemiologia da Ucla, Escola de Saúde Pública, www.ph.ucla.edu/epi/snow.html.
página 208: © Lester V. Bergman/Corbis.

ESTA OBRA FOI COMPOSTA POR LETRA E IMAGEM EM MINION E
IMPRESSA EM OFSETE PELA GRÁFICA PAYM SOBRE PAPEL ALTA ALVURA
DA SUZANO S.A. PARA A EDITORA SCHWARCZ EM MARÇO DE 2021

MISTO
Papel produzido
a partir de
fontes responsáveis
FSC® C133282

A marca FSC® é a garantia de que a madeira utilizada na fabricação do papel deste livro provém de florestas que foram gerenciadas de maneira ambientalmente correta, socialmente justa e economicamente viável, além de outras fontes de origem controlada.